普通高等教育规划教材

环境工程 CAD 应用技术

第二版

潘理黎　主　编

李仁浩　俞浙青　副主编

化学工业出版社

·北京·

本书以简明扼要的风格系统地介绍了 AutoCAD 2012 的命令和操作,文字简练,图文并茂,直观明了。图文形式接近操作界面,尽量缩短看书与上机的距离,压缩初学到熟练的过程。书中特别强调了初学者从一开始养成良好绘图习惯的重要性,突出了 CAD 的规律性和绘图的规范性。作者总结了多年的教学经验,对初学者经常遇到的问题和难点作了特别的解说和提示。书中精选了 46 幅水处理工程各个单元的设计图纸,这都出自经验丰富的设计人员之手,对初学者是很好的临摹练习的样板,从中可以学到环境工程设计图纸的基本要素和设计规范,对专业人员也有参考价值。附录还介绍了绘图技巧、快捷键对照表、命令全表和系统变量表等实用内容,使本书兼具了手册的功能。

　　本书为普通高等教育环境科学、环境工程、给水排水工程等专业本科生和研究生的教学用书,也可作为环境工程设计人员的参考用书。

图书在版编目(CIP)数据

　　环境工程 CAD 应用技术 / 潘理黎主编. —2 版. —北京:
化学工业出版社,2012.8　　(2024.1重印)
　　普通高等教育规划教材
　　ISBN 978-7-122-14726-4

　　Ⅰ. 环…　Ⅱ. 潘…　Ⅲ. 环境工程-计算机辅助设计-
高等学校-教材　Ⅳ. X5-39

　　中国版本图书馆 CIP 数据核字(2012)第 142710 号

责任编辑:王文峡　　　　　　　　　　文字编辑:云　雷
责任校对:吴　静　　　　　　　　　　装帧设计:尹琳琳

出版发行:化学工业出版社(北京市东城区青年湖南街 13 号　邮政编码 100011)
印　　装:三河市延风印装有限公司
787mm×1092mm　1/16　印张 18　字数　448　千字　　2024 年 1 月北京第 2 版第 15 次印刷

购书咨询:010-64518888　　　　　　　售后服务:010-64518899
网　　址:http:// www.cip.com.cn

凡购买本书,如有缺损质量问题,本社销售中心负责调换。

定　　价:48.00 元

第二版 前 言

本书第一版自 2006 年 3 月出版以来,由于文字简明精炼,插图丰富系统,学习练习并重,强化实践应用等特色受到学生普遍欢迎,被很多高校采用为教材。

几年过去了,AutoCAD 进行了多次改版,我国有关工程设计方面的标准规范也在不断更新,为了适应新的环境,弥补第一版的不足,更想把几年来新的内容呈现给读者,所以有必要进行第二版修订。

第二版修订仍然保留了第一版的总体结构与特色,在此基础上修订的内容有:

(1)精简了第一版练习图中不适合临摹的图纸,另外增加了不同处理工艺的图纸,精简后的图纸共 15 幅被列为第一阶段的练习图,第一阶段的练习图适合于初学者。

(2)新增了第二阶段的练习图 31 幅,它是一套完整的城镇污水处理厂的实际施工图。第二阶段的练习图内容全面系统,图纸质量更高,体现了最新的绘图标准与设计规范,展示了较高水平的临摹样板图,也增加了一定的难度,为读者提供了比较高的学习标杆。两个阶段的练习图数量从第一版的 29 幅增加到 46 幅,有利于读者更快地实现从初学到熟练的转变。

(3)增加了第 14 章环境工程设计绘图操作实例,从一个工程项目的初步设计开始,到打印出图全过程进行了讲解,结合第二阶段的练习图介绍了 CAD 绘图的环境设置、标准应用、规范要求、绘图方法和技巧,试图达到理论与实践的完美结合。

(4)为了帮助初学者,尤其是自学者尽快入门,本书根据内容的优先程度、重要性和常用性,把本书的内容做了标记。在标题后标记"**"的表示读者应优先学习的基础内容,也可以说是入门阶段必须掌握的内容;在标题后标记"*"的表示读者第二阶段要学习的内容,也就是读者在提高阶段要掌握的内容;未标注的是第三阶段要掌握的内容,也就是熟练阶段要掌握的内容。

(5)在教材的基础上强化了手册的功能,第二版修订了 AutoCAD 2012 的下拉式菜单命令全表、新增了较全面的快捷键命令、系统变量表和常用的绘图技巧;附录中收录了相关国家标准,方便读者进一步学习和提高。

(6)书中的练习图只能以 A3 图幅装订,图形缩小后粗、细实线无法分辨,细节难以看清,虽在第二版做了一些技术处理,但仍显不足,难求完美。限于教材幅面,图纸细节不尽理想,有需求的读者可发邮件至 cipedu@163.com 获取练习图电子版。

本书经过修订之后,在许多方面有所提高,希望对读者高效、轻松学习 CAD 绘图和环境工程设计两个方面更有帮助。

潘理黎负责第 1、2、3、4、5、11、12 章和附录的修订工作;俞浙青负责第 6 至第 10 章的修订工作;李仁浩、潘理黎负责第 13 章的编写;李仁浩负责第 14 章的编写、练习图纸绘制;潘理黎、李仁浩负责附录的修订工作;全书由潘理黎统稿。张朋、李娟娟、江斌、姜艳艳、倪兴龙和靳德峰等研究生参与了部分工作,在此一并表示衷心感谢。

由于作者水平有限,书中纰漏之处在所难免,敬请读者指正。有意见和建议请与作者联系,邮箱 p227@163.com。谢谢!

编 者
2012 年 4 月于浙江工业大学

第一版 前 言

我国自 20 世纪 90 年代开始推广 AutoCAD，迄今为止，AutoCAD 已在机械、建筑、航空、电子、纺织、化工、环境等行业的工程设计中普遍应用。许多行业已经不能缺少 AutoCAD 方面的人才，AutoCAD 也已成为相关从业人员不可或缺的技能。

为本科生和研究生开设结合环境工程设计的 AutoCAD 课程已有多年，一直找不到合适的教材。为满足教学之需，前几年结合教学实际自编了一本讲义，一边使用一边充实，形成了本书的雏形。

一般介绍 AutoCAD 应用的书内容多，书本厚重，初学者容易产生畏难情绪。AutoCAD 的简明教材不多，结合环境工程设计的更是凤毛麟角。各行业有不同的特点，结合专业特点的 AutoCAD 教材才能使初学者更快地提高应用水平。

为了帮助初学者，尤其是自学者从繁浩的内容中抓住学习的重点和关键，本书根据内容的优先程度、重要性和常用性，把本书的内容做了标注。在二级标题后标注（★★）的表示读者应优先学习的重点内容，也可以说是入门阶段必须掌握的内容；在二极标题后标注（★）的内容表示读者第二阶段要学习的内容，也就是读者在提高阶段要掌握的内容；未标注的是第三阶段要学习的内容，也就是熟练阶段应掌握的内容。将学习内容分为三个方面，把学习过程分为三个阶段进行，对初学者具有实际指导意义。

本书尽量结合环境工程的设计特点，从绘图环境的基本设置，到最后规范图纸的正确打印，体现了实际工作的要求和应用经验。书中插图近 200 幅，丰富的图解示例便于读者理解和练习。按照环境工程的工艺流程精选了各单元的设计图纸 30 幅，有的就是施工图，可供初学者临摹练习。仔细研究这些图纸，不仅可以学到环境工程图纸的基本要素和设计规范，还可领略到设计者的不同风格，其中不乏精妙之处。

本书结合多年的教学经验，对于学生普遍遇到的问题和难点采取了特别的解说方式，以达到化难为易、化繁为简的目的。本书力求简明扼要，注重实用性，增加例图，精炼文字，直观明了。操作命令、对话框、例图、提示和简要文字说明有机结合，图文形式接近操作界面，以缩短看书与上机的距离，压缩初学到熟练的过程。

本书的第 1 章、第 2 章、第 3 章、第 4 章、第 5 章、第 11 章、第 12 章、第 13 章和附录由潘理黎编写，第 6 章、第 7 章、第 8 章、第 9 章、第 10 章由俞浙青编写，最后由潘理黎统稿。杨殿海教授、吕伯升高级工程师和李仁浩工程师给予了很多帮助，研究生严国奇、郑飞燕和吴吟怡做了图文处理方面的工作，在此一并表示衷心感谢。

由于作者水平有限，书中可能会存在不妥之处，敬请读者指正。

编 著 者

2005 年 11 月于浙江工业大学

目录

1 绪　　论

1.1　为什么要学 AutoCAD

AutoCAD 在我国的应用已十分普及，在建设工程中，包括项目投标、方案设计、设计施工和工程验收都离不开 CAD 图纸。熟练掌握 CAD 已成为当前学生不可或缺的专业技能和必备素质。高校学生已充分认识到掌握 CAD 的重要性，学习 CAD 的积极性非常高。在人才市场，熟练掌握 CAD 的学生，一般会有更高的就业竞争力。

1.2　AutoCAD 的功能

1.2.1　提高绘图效率

过去一个长期从事工程设计或产品设计的人，都会对图板和丁字尺心生畏惧，连续几个月趴在图板上绘图倍感工作的艰辛。手绘图纸劳动强度大、工作效率低、重复劳动多、修改图纸费时费力。而 AutoCAD 的绘图、修改、编辑功能非常强大，对重复性的工作，点击鼠标即可完成。例如，手绘一个鸡蛋需要 1 分钟，手绘 100 个鸡蛋就需要 100 分钟，而用 AutoCAD 画 100 个鸡蛋也只需 1 分钟，这就是 AutoCAD 高效率绘图的一个很小的例子。AutoCAD 的绘图空间理论上不受限制，不需要人为地去计算绘图比例，打印时能够自动缩放到标准图纸幅面，可以大大减轻脑力劳动和人为错误。

1.2.2　提高图纸质量

一张图纸从初稿到签发，中间会有很多次修改，如果是手绘图纸不知要重复多少次。AutoCAD 提供了强大的修改和编辑功能，修改方便，不留痕迹，可以轻松地实现设计图纸从粗糙到完美的过程。当然，图纸的质量主要决定于设计人员的经验和水平，AutoCAD 只是在绘图的手段上提供了充分的保证，"工欲善其事，必先利其器"，CAD 是提高绘图质量和效率的不可缺少的工具。

1.2.3　建立图库，积累经验

在工程设计和产品开发项目中，有许多单元、部件、零件、图形和线型是相同的，这些图元按一定的格式存放到个人图库中，需要时随时调用，这可极大地提高工作效率。图库中的图形设计在技术上应该是成熟的，一般已经过实践的检验，所以建立图库的过程，就是积累经验的过程。一位有经验的设计师都有自己个性化的图库。

图库的建立没有统一的格式，完全是个性化的产物。原则上应该分类清楚，存取方便。AutoCAD 中图块、定义属性和插入功能为图库的建立和使用提供了很多方便，应该充分利用这些功能。

1.2.4　利用网络，交流经验

现在是网络时代，每一个初学者完全不必要孤灯寒窗、冥思苦想地学习 CAD。有关 AutoCAD 学习和应用的网站很多，每个网站都有其特色，是初学者交流的好去处，也是高手传经送宝的所在地。这些网站不仅为初学者提供 CAD 学习方面的帮助，也会在专业设计方面提供很多宝贵的经验，是同行们的良师益友。《论语》说："工以利器为助，人以贤友为助"，这句名言用于 CAD 的学习再好不过了。

1.3　如何学习 AutoCAD

1.3.1　培养良好的绘图习惯

AutoCAD 的学习有其内在的规律，按照这些规律去做，可以收到事半功倍的效果。这些规律也是前人经验的总结，初学者应该继承和发扬。学习 AutoCAD 绘图的一般原则总结如下：

▼　始终以 1:1 的比例绘图，根据设计对象的实际尺寸，设置图形界限。

▼　建立图形样板文件，并保存常用的设置，如图形界限、图层、线型、文字样式、标注样式等内容，另存为*.dwt 或*.dwg 文件。绘制新图时，可在创建新图形向导中单击使用模板来打开它，并开始绘图。

▼　不同的图元使用不同的图层、颜色和线型，并贯穿绘图的始终。

▼　"少画多编，以编代画"，意思是尽量用编辑的手段实现绘图的功能，充分利用 CAD 强大的修改和编辑功能，达到高效的绘图目的。

▼　适时使用对象捕捉、对象追踪功能，提高绘图的精度和效率。

▼　建立个人图库，积累设计经验。

1.3.2　CAD 学习三步曲

学习 AutoCAD 一般都会经历三个过程："先学、后用、边用边学"，"先学"指的是对 CAD 的功能和命令应先有一个基本的了解；"后用"要求多实践，多做实际工作；"边用边学"就是在应用的过程会遇到各种各样的问题，这时带着问题去学，去摸索，所学到的知识印象会特别深刻。当应用中遇到的问题越来越少时，就会在不知不觉中成为高手了。

1.3.3　熟练程度的自我评价

从入门，到掌握，再到熟练，学习任何技能总有这样一个过程，初学者应该不急不躁，循序渐进、稳扎稳打，步步为营。怎样对自己的学习状态进行自我评价？可以参考以下评价方法：认为自己 CAD 绘图比手工绘图慢，说明处在入门阶段；认为与手工绘图一样快，说明正在掌握阶段；认为比手工绘图快，说明接近熟练阶段了。

1.4　如何学习环境工程设计绘图

一个工程项目的实施，历经可行性研究、编制方案、初步设计、方案评审、图纸设计、组织施工、调试运行和验收交付等多个环节，专业知识和设计经验是基础，而 CAD 只是一种设计绘图工具而已。对于一个希望从事环境工程设计的初学者，应该具备一定的专业知识，再从临摹规范的设计图纸开始，学习设计图纸中的各种要素和设计规范。不同设计人员的图纸一般都有不同的设计风格，应吸收其精华，为我所用，发扬光大，成为自己的特色。

2 AutoCAD 2012 中文版操作基础

2.1 AutoCAD 2012 操作界面**

初学者应首先熟悉 AutoCAD 2012 版的操作界面，了解各区域的功能和内容。刚开始时一般会觉得不知从何下手，不必急躁，每个窗口都可以打开看看，每个命令都可以进去试试，了解整个操作界面之后，对下一步的学习大有好处。

AutoCAD 2012 版有四种工作模式，分别为草图与注释模式、三维基础模式、三维建模模式和 AutoCAD 经典模式。如图 2-1。

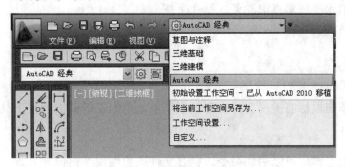

图 2-1　AutoCAD 2012 版四种工作模式选择

其中 AutoCAD 经典模式是其中最常用的模式，初学者可以在此模式下进行操作学习，本书也是在 AutoCAD 经典模式下进行介绍的，其界面如图 2-2 所示。

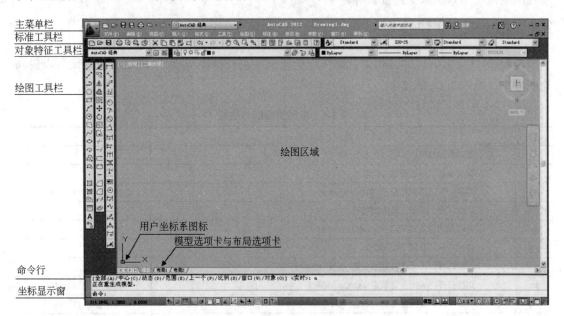

图 2-2　AutoCAD 2012 版经典模式操作界面

2.2　鼠标操作**

鼠标是 AutoCAD 中主要的人机信息交互工具，它的左右键有特定的功能，通常左键代表选择，右键代表确认。熟练地运用鼠标对提高 AutoCAD 的绘图效率至关重要。鼠标的功能与操作主要有如下几个方面。

2.2.1　指向功能

当光标指向某个工具栏的按钮时，系统会自动显示该按钮的名称与帮助信息。

2.2.2　单击左键

单击工具栏的按钮，执行该按钮命令或打开应用程序窗口。

将光标指向某个目标时，单击左键，该目标会被选中。

移动绘图区的水平或垂直滚动条。

在对话框中执行选择。

2.2.3　单击右键

相当于执行 Enter 命令。

在工具栏中单击鼠标右键，会弹出工具栏菜单，单击左键调出所需工具栏。

2.2.4　双击左键

指定目标双击左键，可以启动命令、打开文件或应用程序窗口。

2.2.5　拖动鼠标

按住鼠标左键不放，在指定的位置释放，可以拖动以下视图：快捷对话框、动态缩放当前视图或拖动工具条改变其位置等。

2.3　AutoCAD 快捷键*

AutoCAD 定义的快捷键和组合键可以快速激活某些操作功能，掌握这些快捷键可以提高绘图效率。见表 2-1、表 2-2。

表 2-1　常用快捷键与功能

键名	功　　能	有关命令和按钮
F1	激活帮助窗口	Help 命令
F2	在文本窗口与图形窗口间切换	
F3	切换打开、关闭对象捕捉状态（Osnap）	Osnap 按钮和命令
F4	切换打开、关闭三维对象捕捉	
F5	等轴测面的各方式切换（Isoplane modes）	
F6	切换打开、关闭动态 UCS	
F7	切换打开、关闭栅格显示状态（Grib mode）	
F8	切换打开、关闭正交状态（Ortho Mode）	Ortho 命令和按钮
F9	切换打开、关闭栅格捕捉状态（Snap and Grid）	Snap 命令和按钮
F10	切换打开、关闭极轴跟踪状态（Auto Tracking）	Polar 按钮
F11	切换打开、关闭对象捕捉跟踪状态（Object Snap Tracking）	Otrack 按钮

表 2-2 常用组合键与功能

组合键	功 能	相关命令
Ctrl+b	开、关栅格捕捉	F9
Ctrl+c	复制图形至剪贴板中	Copyclip
Ctrl+f	开、关对象捕捉	F3
Ctrl+g	开、关栅格显示	F7
Ctrl+j	重复执行上一步命令	
Ctrl+k	超级链接	Hyperlink
Ctrl+m	打开剪贴板	COPYCLIP
Ctrl+n	新建图形文件	New
Ctrl+o	打开已有图形文件	Open
Ctrl+p	打开打印对话框	Plot
Ctrl+q	退出 CAD	Quit
Ctrl+s	保存图形文件	Qsave、Save As、Save
Ctrl+u	开、关极轴追踪	F10
Ctrl+v	将剪贴板中的内容粘贴至当前图形	Pasteclip
Ctrl+w	开、关选择循环	
Ctrl+x	剪切图形至剪贴板中	Cutelip
Ctrl+y	重新执行刚被取消的操作	Redo
Ctrl+z	连续撤消刚执行过的命令，直至最后一次保存	Undo(Back)
Ctrl+1	打开特性对话框	properties
Ctrl+2	打开设计中心	adcenter
Ctrl+6	打开数据库链接管理器	dbConnect

2.4 文件管理**

2.4.1 新建

打开一幅新的空白图纸或打开一幅标准图形样板(*.dwt)。

【下拉菜单】文件→新建

【命令】new

【说明】新建图形需要从模板文件中选用一幅标准图纸，并在此绘制新图。

2.4.2 打开

打开已有的图形（图 2-3）。

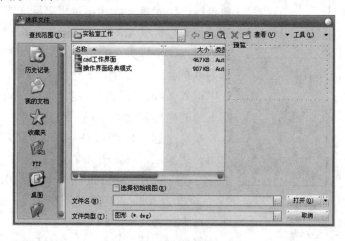

图 2-3 打开文件选择框

【下拉菜单】文件→打开

【命令】open

【说明】双击打开文件夹，单击文件名打开文件。

2.4.3 保存图形

保存当前图形。

【下拉菜单】文件→保存

【命令】qsave

【说明】

① 保存新建的图形：将弹出保存图形对话框，建立文件名后，确认，保存显示图形。

② 保存当前的图形：按原路径、原文件名保存。

在绘图过程中，应注意保存文件，以免出现意外情况而丢失图形。应利用 AutoCAD 自动定时保存功能保存文件，自动存盘的间隔时间（分钟）可任意设定。设定方法：光标在绘图区域内按鼠标右键，从显示的对话框中单击：选项/打开和保存/文件安全措施：设置保存间隙分钟数，确定。

2.4.4 另存图形

以新的文件名保存图形。

【下拉菜单】文件→另存为

弹出"图形另存为"对话框，改变文件名和保存路径后确认。

2.4.5 退出 AutoCAD

结束本次绘图，退出 AutoCAD。

【下拉菜单】文件→退出

【命令】quit

【说明】Ctrl+q 也可以执行此命令。退出前请注意保存文件。

2.5 AutoCAD 坐标系统**

AutoCAD 通用 4 种坐标，即绝对直角坐标、相对直角坐标、绝对极坐标和相对极坐标（图 2-4）。

绝对坐标（Absolute Doordinate）：以屏幕的左下角点为原点，坐标为（0，0，0），分别表示 X、Y、Z 坐标都为 0 的点。如要确定一个（40，50）A 点，可在命令行中输入（40，50）来确定。也可移动光标，观察屏幕左下角的坐标显示为（40，50）时单击鼠标左键。

相对坐标（Relative Doordinate）：是以前一个点（如 A 点）为原点，确定另一个点的坐标。如要确定一个以 A 点为起点的另一点 B 的相对坐标（20，30），输入方法是（ @20，30）。B 点的绝对坐标是（40+20，50+30），即绝对坐标为（60，80）。

绝对极坐标（Absolute Polar Doordinate）：也以屏幕

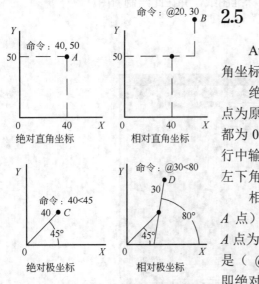

图 2-4 AutoCAD 坐标系统

的左下角点为原点，以输入一个长度值和一个角度值确定另一个点。如要确定一个长度值为40，角度值为45°的点 C，输入方法为（40<45）。

相对极坐标（Relative Polar Doordinate）：是以前一个点（如 C 点）为起点，以@开头，输入一个长度值和一个角度值来确定另一个点。

如要确定一个长度值为30，角度值为80°的点 D，输入方法为（@30<80）。

AutoCAD 的极坐标的角度以正东方向为 0°，以逆时针方向为角度增大方向。

2.6　目标选择**

目标选择即指定被编辑或修改的图形，已被选中的目标变为虚线。

【说明】

① 单击鼠标左键选择目标。指定目标单击鼠标左键只能选中直接指定的图形单元，如一段直线、一个圆或一个块。

② 左起全包围目标框选择。在目标的左边单击鼠标左键向右拉出一个矩形框，再单击左键确定目标框的大小，此时完全被矩形框包围的图形被选中，部分被包围的图形不被选中。

③ 右起半包围目标框选择。在目标的右边单击鼠标左键向左拉出一个矩形框，再单击左键确定目标框的大小，此时只要部分被矩形框包围的图形都会被选中。

熟练运用左起全包围目标框选择和右起半包围目标框选择功能，可以提高目标选择的精度和效率。

2.7　命令操作**

命令操作可以使用两种方法：常用的操作是先选择命令，再选择目标，也可以先选择目标，再选择要执行的命令，后一种方法称为夹点功能操作。

夹点功能操作是在未选择命令时单击图形，图形即出现虚线和若干蓝色夹点，再单击某个夹点，夹点变红色，该红色夹点称为已激活夹点。此时单击鼠标右键，出现"夹点编辑"对话框，对话框中列出了多种编辑命令，根据需要与命令行的提示即可执行相关命令。按两次 ESC 键退出此项操作。

用左键单击图形，再单击右键，即可弹出"夹点功能"对话框，如图 2-5 所示。

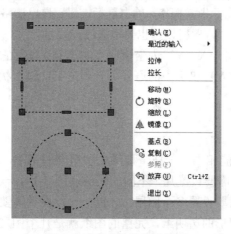

图 2-5　"夹点功能"对话框

3　基　本　设　置

打开 AutoCAD2012，屏幕显示的是以"Drawing1.dwg"为文件名的空白图纸。空白图纸中的设置均为默认设置，图层只有一个 0 层，不能满足实际绘图的要求，故要设置一张既符合设计规范，又体现设计者个性特色的标准绘图模板。

标准绘图模板的设置步骤：以"my A1"为文件名，保存(或另存为)当前空白图纸为标准绘图模板文件，再进行一系列设置。

3.1　图形界限[**]

图形界限是指预先设置的最大绘图范围。

【功能】按实际物体或占地面积的大小，以 1∶1 的比例设置图纸的界限，理论上 CAD 的图形界限可以任意设置。栅格显示的边界，就是图形界限，绘图时一般不应超出图形界限，以免影响正确打印。

【下拉菜单】格式→图形界限

【命令】Limits

【操作提示】

指定左下角点或[开（ON）/关（OFF）]〈0.0000，0.0000〉：默认〈X，Y〉坐标原点，回车。

指定右上角点〈420.0000，297.0000〉：根据 A1 图纸的大小，设置〈X，Y〉坐标，输入：841,594，回车。

打开栅格，显示 841×594 的绘图界限。用绘图→矩形命令从栅格的一角点到另一角点画一矩形。在命令行输入"zoom"（或 z），回车。输入"a"（全部显示），回车，绘图界限显示最大，关闭栅格。

【说明】

① 设置栅格的大小：光标指向栅格，单击鼠标右键，弹出栅格设置对话框，设置栅格 X，Y 的值，确定。图形界限越大，栅格设置也要增大才能显示。

② 坐标的左下角点，即〈X，Y〉为坐标原点，一般应默认它，不必重新设置。

③ 指定右上角点〈X，Y〉坐标中的逗号，必须是英文输入状态时的逗号，中文输入状态时的逗号无效。

3.2　图层[**]

【功能】一个图层的功能相当于一枝一种颜色和粗细的铅笔，就像手工绘图时需要不同的铅笔一样，在 CAD 中也需要设置几个不同的图层（图 3-1）。一个图层中允许预先设置一种线型、线宽和颜色，一般要设置多个图层，才能满足绘图的需要。也可以把图层看成是绘制一种线型、线宽和颜色图形的透明纸，完整的图纸就是几个图层的叠加。可根据需要关闭某个图层，则在该图层绘制的图形不显示；若锁定、冻结某个图层则在该图层绘制的图形不能被修改。

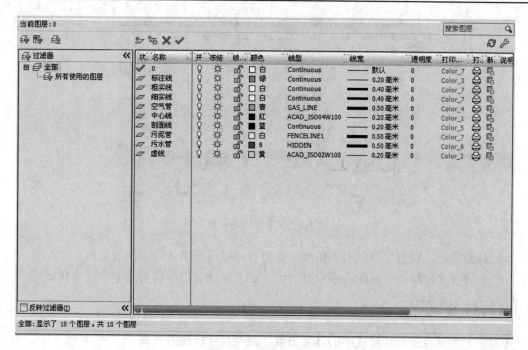

图 3-1 图层的设置

【下拉菜单】格式→图层

【命令】layer

【操作提示】

☞ 线型：点击线型，可以选择不同的线型。线型需从线型库中加载后，再选择。

☞ 开关：开关某个图层。

☞ 锁定：锁住某个图层，则该图层上的图形不能被修改。

☞ 打印：选择不打印，则某个图层的内容不被打印。

【说明】

① 图层的名称一般可根据线型的内容或用途命名。

② 线宽与打印图纸的大小有关，按有关绘图标准选取。

③ 绘图时应严格根据图纸的要求选择相应的图层及线型，不应混用。

3.3 文字样式**

【功能】设置标注文字的字体、字高、字体样式和宽高比例。

【下拉菜单】格式→文字样式

【命令】style

【操作提示】

☞ 新建：建立并保存一个新文字样式，该样式包含图 3-2 中的各项设置。一般应分别新建一个中文样式和一个英文样式，中文样式中的字体名选择中文字体；英文样式中的字体名选择英文字体。标注中文时用中文样式，标注英文和数字时用英文样式，这样可以避免中英文冲突。可以新建多个文字样式，供需要时调用。

☞ 宽度因子：W=1.0 的字高等于字宽；W<1.0 的字高大于字宽。

图 3-2　文字样式的设置

☞ 倾斜角度：设置字体倾斜的角度。效果：可以设置字体的颠倒或反向。
☞ 如果在"使用大字体"选项中打"√"，则在字体窗口中将看不到中文字体。

3.4　标注样式**

【功能】通过改变标注样式中的各项设置，改变尺寸标注的外观。
【下拉菜单】格式→标注样式
【命令】dimstyle
显示标注样式对话框如图 3-3 所示。

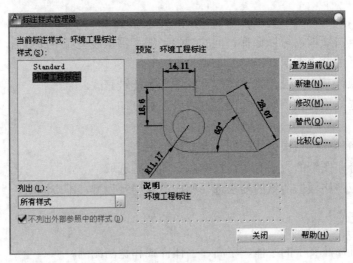

图 3-3　标注样式设置

【操作提示】
☞ 新建：建立一个新的标注样式。
☞ 修改：对样式（S）进行修改。
☞ 置为当前：把修改后的一个样式置于当前使用状态。
☞ 替代：替代当前标注样式。
☞ 比较：列出标注样式的各项参数。
点击[修改]，进入[修改标注样式]。

3.4.1 线

【操作提示】

☞ 尺寸线的颜色和线宽应该随层，也可以改变设置。

☞ 基线间距：当使用基线标注时，上下尺寸线之间的距离。一般基线间距要大于尺寸标注的字高。

☞ 尺寸界线：尺寸界线的颜色、线型、线宽应该随层，也可以改变设置。

☞ 超出尺寸线：尺寸界线超出尺寸线的长度。

☞ 起点偏移量：尺寸界线与被标注物体的间距。

☞ 从尺寸线偏移：尺寸文字与尺寸线的间距。

超出尺寸线、起点偏移量、从尺寸线偏移三项设置应随图形界限（绘图区域）的增大而增加。

各项名称如图 3-4 所示。标注样式-线如图 3-5 所示。

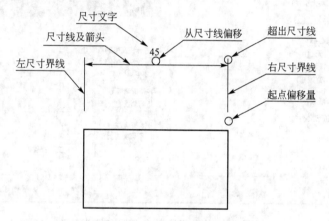

图 3-4　标注样式中的各项参数名称及位置

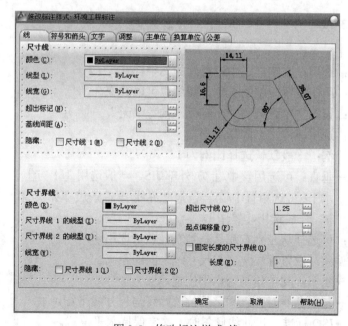

图 3-5　修改标注样式-线

3.4.2 符号和箭头

☞ 箭头：选用不同形式的箭头。

☞ 引线：引线标注时选用不同形式的箭头。

☞ 圆心标记：圆心标注时选用标记的大小。

其他可以选择默认，也可以根据实际需要调整参数（图 3-6）。

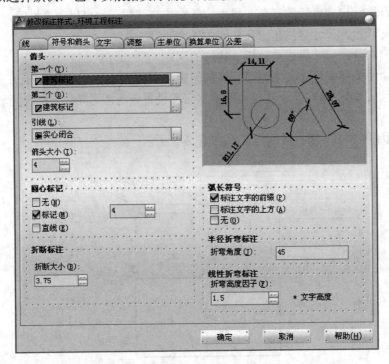

图 3-6　修改标注样式-符号和箭头

3.4.3 文字（图 3-7）

【操作提示】

☞ 文字样式：选用在文字样式中设置好的文字样式。

☞ 文字颜色：用于设置文字的颜色，随层也可以改变。

☞ 填充颜色：设置文字背景的填充颜色，推荐"无"。

☞ 文字高度：选用标注文字的高度。

☞ 分数高度比例：一般默认选择比例为 1。

☞ 文字位置→垂直：可选用置中/上方/外部/JIS。一般选用［上方］。

☞ 文字位置→水平：可选用置中/第一条尺寸界线/第二条尺寸界线/第一条尺寸界线上方/第二条尺寸界线上方。一般选用［置中］。

☞ 观察方向：可选择从左到右或从右到左。默认选用［从左到右］。

☞ 从尺寸线偏移：设置标注文字与尺寸线之间的距离。

☞ 文字对齐→水平：文字始终为水平位置。

☞ 文字对齐→与尺寸线对齐：文字的位置始终与尺寸线平行。

☞ 文字对齐→ISO 标准：尺寸线倾斜时，文字保持水平位置。

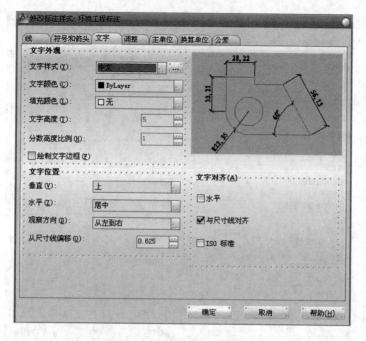

图 3-7　修改标注样式-文字

3.4.4　调整

【操作提示】

☞ 标注时手动放置文字：标注的文字位置由鼠标确定。

☞ 始终在尺寸界线之间绘制尺寸线：标注的文字位置自动在尺寸界线之间居中。

☞ 其他参数可以默认。

3.4.5　主单位（图3-8）

【操作提示】

☞ 单位格式：选用小数。

☞ 精度：根据需要选取标注数字的小数点位数。一般应选择整数，即精度为"0"。

☞ 小数分隔符：选用"."句点。

☞ 前缀、后缀根据需要输入。

☞ 测量单位比例→比例因子：设置测量单位的倍数，正常应选择"1"，如选用"2"，测量尺寸值是原值的2倍。

☞ 其他参数可以默认。

3.4.6　公差

【操作提示】

☞ 需要时根据要求选取。

设置完毕后［确定］并［置为当前］、［关闭］，即完成标注样式设置。不同用途的标注要求有所不同，因此可以设置几个不同内容的标注样式，如：机械绘图标注与工程制图标注等。

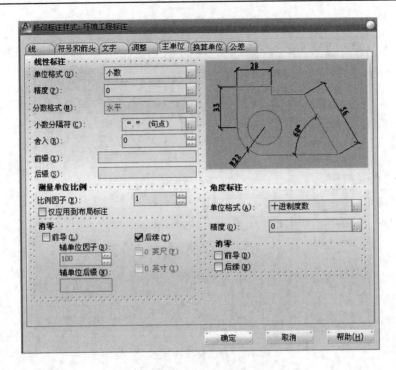

图 3-8　修改标注样式-主单位

3.5　点样式*

【功能】设置点标注的形状与大小。

【下拉菜单】格式→点样式

【命令】ddptype

【说明】

用于标记点、圆心和直线的定距等分和定数等分。

3.6　多线样式

【功能】创建多线样式名及设置多线的数量、线型、颜色和起终点的形状。

【下拉菜单】格式→多线样式

【命令】mlstyle

【操作提示】

☞ 应［新建］多线样式名，如 A（图 3-9），进入［修改多线样式］（图 3-10）。

☞ 在［修改多线样式］中通过［添加］增加多线的数量。

☞ 通过［偏移量］选择多线与中线（0.0）的偏移倍数。

☞ ［颜色］和［线型］选择每条线的颜色和线型。

☞ ［直线］、［外弧］、［内弧］、［角度］选择多线封口的形状。

多线样式效果见图 3-11。

图 3-9　多线样式对话框

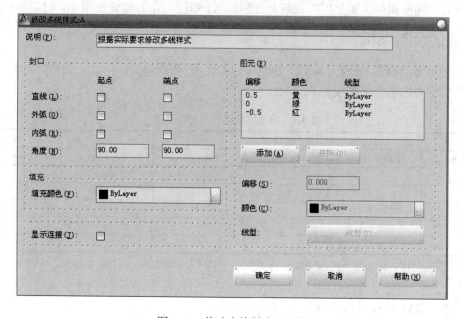

图 3-10　修改多线样式对话框

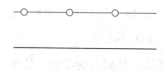

图 3-11　多线样式的效果

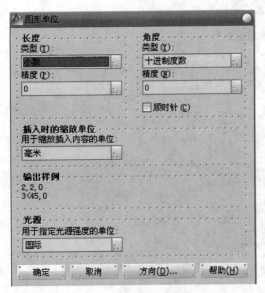

图 3-12 设置图形单位

3.7 图形单位**

【功能】设置 X 坐标和 Y 坐标单位格式和小数位数。

【下拉菜单】格式→单位

【命令】units

【操作提示】

☞ [长度]→[类型]：分数/工程/建筑/科学/小数，一般选择小数。

☞ [长度]→[精度]：可选择不同小数位数，一般选择整数。

☞ [角度]→[类型]：可根据需要选取，最后确定。

新建各项设置后，[确定]，见图 3-12。

至此，符合一般用途的标准绘图模板已被设置，并以 my A1 的文件名保存在硬盘中。同理，my A2、my A0 标准绘图模板可由相同的方法设置，需要时可随时调用。如某图完成后，计划以 A1 幅面打印，建议使用 my A1，其他类推。

3.8 建立绘图模板**

标准图框可以根据 GB/T 14689—2008《技术制图 图纸幅面和格式》中的规定绘制。标准图纸幅面与对应的文字高度见表 3-1。

表 3-1 标准图纸幅面与文字高度

幅面代号	A0	A1	A2	A3	A4
$L \times B$	1189×841	841×594	594×420	420×297	297×210
e	20			10	
c	10			10	
a	25				
汉字高度	7	7	5	5	5
数字与字母	5	5	3.5	3.5	3.5

注：$L \times B$ 为图纸的长×宽；e 为不带装订边图纸的周边宽度；c 为带装订边图纸的上、下和右周边宽度；a 为带装订边图纸的右周边宽度。

以设置 GBA1 绘图模板为例。

3.8.1 新建标准图框与图题

参照附录 GB/T18229—2000《CAD 工程制图规则》制作。

3.8.2 图层、线型和线宽的设置（图 3-13）

在图框模板中要建立常用的图层，及对应的颜色、线型和线宽。线宽应根据图纸幅面的增大而增加。

各种线型的线宽应符合 GB/T18229—2000《CAD 工程制图规则》标准要求，可参考表 14-6。

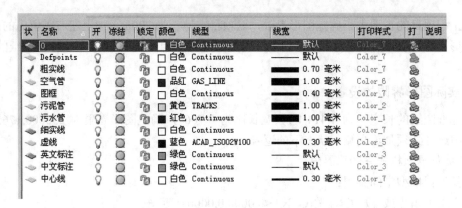

图 3-13 图层、线型和线宽的设置

文字样式的设置、标注样式的设置、单位的设置、图形界限的设置详见本章内容。

3.8.3 保存为绘图模板文件

全部设置完毕，保存为"AutoCAD 图形样板(*.dwt)"文件类型，也可以在硬盘中保存为"my A1.dwg"图形文件，需要使用时，另存为一张新图后即可开始绘图。保存后该图框文件放置在 Template 目录下面，使用时随时调用即可（图 3-14）。

图 3-14 保存绘图模板

3.9 绘图模板的应用**

环境工程的占地面积一般都比较大，为了能以 1∶1 的比例绘图，必须设置 CAD 图形界限，图形界限的设置应比占地面积略大一些，使实际占地面积位于绘图模板的内框线内并留有适当间隙。

在实际制图中可以将图框模板先放大到图形界限，然后再开始以 1∶1 的比例绘图；也可先以 1∶1 的比例完成绘图后，插入图框模板，再将图框模板放大到图形界限。

按工程项目的占地大小确定图形界限，以项目占地长为 220m，加上左右需留出的空白，确定图形长度为 250m，宽为 120m 为例，确定图形界限为长 250000，宽按标准图纸的长宽比确定。

3.9.1　实际图形界限的设置

按标准图纸的长宽比为 1.414：1（宽长比为 0.706），确定图形界限为 250000,176576。注意其中逗号必须是英文输入状态下的逗号。

【下拉菜单】格式→图形界限

重新设置模型空间界限：

指定左下角点或 [开(ON)/关(OFF)] <0.0000,0.0000>: 回车。

指定右上角点 <420.0000,297.0000>: 250000,176576 回车。

全部图形显示：

命令：z 回车。

命令：a 回车。

打开栅格，命令行显示："栅格太密，无法显示"。

光标指向栅格，按鼠标右键，单击设置，打开栅格，设置 X，Y 坐标为 5000，即可显示栅格。栅格距离一般设置为图形尺寸的 1% 以上就可正常显示。栅格显示的范围内为图形界限，应在界限内绘图，以便正确打印。

3.9.2　图框放大比例的确定

要将图框放大与图形界限重合，首先要确定图框的放大比例。放大比例为实际占地的长度与打印图纸幅面的长度之比。

本例中，图形界限的长度为 250000，A1 图纸幅面的长度为 841，其放大比值为 297 倍。用缩放命令将图框模板放大 297 倍与图形界限（栅格）重合。注意放大时，应用栅格捕捉功能，使图框模板的左下角点与坐标原点重合。或使用缩放命令后指定基点：0，0。

或者先在图形界限范围内以 1：1 的比例绘图，最后插入图框模板，图框放大的方法与上例相同。

3.9.3　文字高度的确定

图框放大以后，标注的数字和文字的高度、箭头长度、起点偏移量、从尺寸线偏移、超出尺寸线与线性比例等参数设置均需按同比例放大，以与放大后的图框相适应。

经过以上设置的绘图模板已与占地面积相适应，可以用 1：1 比例的绘图了。要注意图形应在图纸的中心位置，图形的四周应留出适当的空白，上下左右的空白应相近。以上设置不仅为了符合绘图的有关规范，也为了保证图纸打印一次成功。

4 绘 图

4.1 直线**

【功能】画直线。

【下拉菜单】绘图→直线

【工具栏】

【命令】line

【操作提示】确定直线第一点后，单击鼠标右键，显示：

☞ ［确认］确认本次命令。

☞ ［取消］取消本次命令。

☞ ［放弃］放弃最近确定直线的点。

【说明】

① 画正交直线打开［正交］，画任意直线关闭［正交］。

② 确定直线的长度由命令行"指定下一点："后键盘输入值确定。

③ 在命令行键入 C，可以封闭直线的起点与终点。

4.2 射线

【功能】创建单向无限延长的直线，通常作为辅助线使用。

【下拉菜单】绘图→射线

【命令】ray

4.3 构造线

【功能】创建双向无限长的直线，通常作为辅助线使用。

【下拉菜单】绘图→构造线

【工具栏】

【命令】xline

4.4 多线

【功能】一次画多条平行线。

【下拉菜单】绘图→多线

【命令】mline

【说明】

① 有关设置参见 3.6 多线样式。

② 在命令行键入 C，可以封闭多线的起点与终点。

4.5 多段线*

【功能】连续绘制不同线宽的直线和圆弧组成的线段。

【下拉菜单】绘图→多段线

【工具栏】绘图：

【命令】 pline

指定起点 ： 选定多段线的起点

指定下一个点或 [圆弧(A)/闭合(C)/半宽(H)/长度(L)/放弃(U)/宽度(W)]：指定点 (2) 或输入选项

【操作提示】

☞ 圆弧(A)：画圆弧；

☞ 闭合(C) ： 连接多段线的起点与终点；

☞ 半宽(H) ： 设置多段线半宽度；

☞ 长度(L) ： 指定多段线的长度；

☞ 放弃(U) ： 放弃上一命令；

☞ 宽度(W) ： 设置多段线宽度。

【说明】

① 多段线是一个整体，用分解命令分解后成为最基本的图元。

② 带线宽的多段线分解后成为该图层设置的直线。

4.6 正多边形*

【功能】绘制 3~1024 条等边的闭合图形。

【下拉菜单】绘图→正多边形

【工具栏】

【命令】polygon

【操作提示】

polygon 输入边的数目 <4>：6 ， 回车

指定正多边形的中心点或 [边(E)]：鼠标指定

输入选项 [内接于圆(I)/外切于圆(C)] <I>：回车

指定圆的半径：50，回车

【说明】

指定圆的半径同样是 50，外切于圆的六边形大于内接于圆的六边形。

4.7 矩形**

【功能】绘制矩形

【下拉菜单】绘图→矩形

【工具栏】

【命令】rectang 或 rectangle

【操作提示】

① 指定第一个角点或 [倒角(C)/标高(E)/圆角(F)/厚度(T)/宽度(W)]：f

② 指定矩形的圆角半径 <0>：5

③ 指定另一个角点或 [尺寸(D)]：d

④ 指定矩形的长度 <0>：100

⑤ 指定矩形的宽度 <0>：50

见图 4-1。

☞ 倒角：设置矩形的倒角尺寸。

☞ 标高：指定矩形的标高。

☞ 圆角：指定矩形的圆角半径。

☞ 厚度：指定矩形的厚度。

☞ 宽度：为矩形指定多段线的宽度。

图 4-1　预先设置圆角的矩形

【说明】

① 第一点决定矩形的坐标点，第二点决定矩形的大小，它的边平行于当前用户坐标系的 *X* 和 *Y* 轴。

② 矩形由多段线组成，分解后成为直线。

4.8　螺旋

图 4-2　绘制开口的二维螺旋

【功能】绘制开口的二维或三维螺旋（图 4-2）。

【下拉菜单】绘图→螺旋

【工具栏】

【命令】_Helix

【操作提示】

命令：_Helix

圈数 = 3.0000　　　　扭曲=CCW

指定底面的中心点：

指定底面半径或 [直径(D)] <100.0000>：

指定顶面半径或 [直径(D)] <100.0000>：300

指定螺旋高度或 [轴端点(A)/圈数(T)/圈高(H)/扭曲(W)] <200.0000>：t

输入圈数 <3.0000>：4

指定螺旋高度或 [轴端点(A)/圈数(T)/圈高(H)/扭曲(W)] <200.0000>：

4.9　圆弧**

【功能】画圆弧

【下拉菜单】绘图→圆弧

【工具栏】

【命令】arc

指定圆弧的起点或 [圆心(C)]：

指定圆弧的第二个点或 [圆心(C)/端点(E)]：三点画圆。

【说明】

在下拉式菜单中共有 10 种画圆的方法，根据需要选用。

4.10　圆**

【功能】画圆。

【下拉菜单】绘图- 圆

【工具栏】

【命令】circle

【操作提示】

circle 指定圆的圆心或 [三点(3P)/两点(2P)/切点、切点、半径(T)]：由鼠标指定。

指定圆的半径或 [直径(D)]：键盘输入。

☞ 三点(3P)三点画圆。

☞ 两点(2P)二点画圆。

☞ 相切、相切、半径(T)：与两物体相切画圆。

☞ 相切、相切、相切：与三物体相切画圆。

图 4-3　填充的圆环

4.11　圆环

【功能】绘制圆环（图 4-3）。

【下拉菜单】绘图→圆环

【命令】donut

【操作提示】

指定圆环的内径 <1>：5

指定圆环的外径 <1>：20

指定圆环的中心点或 <退出>：鼠标指定。

绘制不填充的圆或圆环，如图 4-4 所示。

【操作提示】

命令：fill

输入模式 [开(ON) / 关(OFF)] <开>：off

命令：_donut

指定圆环的内径 <5>：指定第二点：

指定圆环的外径 <20>：

指定圆环的中心点或 <退出>：鼠标指定。

4.12　样条曲线**

【功能】绘制通过指定点的曲线。

【下拉菜单】绘图→样条曲线

【工具栏】

【命令】spline

【操作提示】

指定第一个点或 [对象(O)]：由鼠标指定。

指定下一点：<正交 关>：由鼠标指定。

指定下一点或 [闭合(C)/拟合公差(F)] <起点切向>：由鼠标指定。

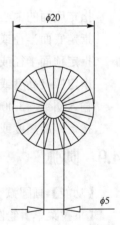

图 4-4　不填充的圆环

指定下一点或 [闭合(C)/] 拟合公差(F)<起点切向>：由鼠标指定。

☞ 闭合(C)：封闭起点和终点。

4.13 椭圆*

【功能】 绘制椭圆

【下拉菜单】绘图→椭圆

【工具栏】◓

【命令】ellipse

【操作提示】

指定椭圆的轴端点或 [圆弧(A)/中心点(C)]：由鼠标指定。

指定轴的另一个端点：由鼠标指定。

指定另一条半轴长度或 [旋转(R)]：30

☞ 圆弧(A)画椭圆弧。

☞ 中心点(C)先指定椭圆的中心，再指定椭圆一轴的长度，最后指定椭圆另一轴长度决定椭圆的形状。

☞ 旋转(R)绕长轴旋转设定角度。

【说明】

椭圆的形状由椭圆的长轴与短轴决定。

4.14 块**

【功能】多个图形组合后定义为一个整体图形，并以块文件命名。调用块文件名，即可将块图形插入其他图形中。block 命令创建的块，只保留在内存中，关机后消失；wblock 创建的块将以文件的形式保存在硬盘中，可长期保存使用。

4.14.1 创建块

【下拉菜单】绘图→块→创建

【工具栏】🖼

【命令】block

【操作提示】

先画拟创建块的图形（图 4-5），以清水泵为例：

☞ 名称：必须为每一个图块定义名称，如清水泵。

☞ 基点→拾取点：指在图块中光标拾取点的位置。

☞ 对象→选择对象：将定义为块的图形全部选择。

☞ 保留：定义为块后原图形不变；转换为块：定义为块后原图形转变为图块；删除：定义为块后原图形被删除。

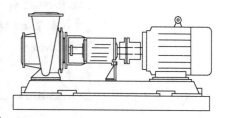

图 4-5 创建清水泵图块

【说明】

① 被定义后的图块中所包含的线型、线宽和颜色不能修改。

② 用 block 命令创建的清水泵图块被保存在内存中，可以随时调用，但关机后消失（图 4-6）。

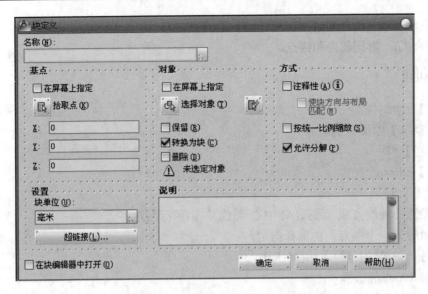

图 4-6　由 block 命令定义块的对话框

【命令】wblock

① 用 wblock 命令创建的图块由指定的路径保存在硬盘中，可永久保存，随时调用（图 4-7）。

图 4-7　由 wblock 命令定义块的对话框

② 操作与 block 命令基本相同，不同的是需要指定保存文件的路径，建议分门别类设置不同类型的文件夹建立图库，方便快速查找。

确定后，块被创建，需要时由插入命令插入指定位置。

4.14.2　块的定义属性

【功能】定义与图块相关连的文字信息，当块插入图形中时，文字信息也可方便插入。

该命令在标注水位标高、管径和带图形的文字（符号）标注时特别有用。

【下拉菜单】绘图→块→定义属性

【操作提示】

☞ 模式：选择：验证。

☞ 属性→标记：代表块中文字信息的标记

☞ 属性→提示：可在命令行提示的文字信息。

☞ 默认：输入文字或数值的原始值，也可以插入字段作为说明。

☞ 插入点：指定文字插入点的位置。

【说明】以绘制、定义水位标高为例，说明定义属性的操作步骤：

① 画水位标高的图形。

② 绘图→块→定义属性。

③ 属性定义框（图 4-8）中选中验证，输入标记：W，提示：水平标高；值：0.00。

④ 选中文字插入的位置 W（图 4-9），确定。

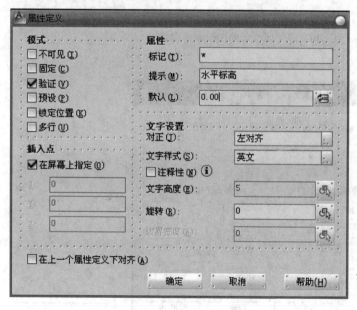

图 4-8　创建水平标高的属性定义

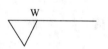

图 4-9　指定文字插入点 W 的位置

⑤ 命令行输入：wblock，回车。

⑥ 显示块定义对话框。

⑦ 选取基点插入点；选中三角形的底端。选择对象：全选择。指定保存图块的路径，确定。

⑧ 插入→块，显示插入对话框（图 4-11）。

⑨ 输入块名：W，确定（图 4-10）。

⑩ 命令行显示：指定插入点或输入属性值

水位标高 <0.000>：2.800，回车。

注：水位标高单位为米，保留 3 位小数。赋值后的水位标高（图 4-12）。

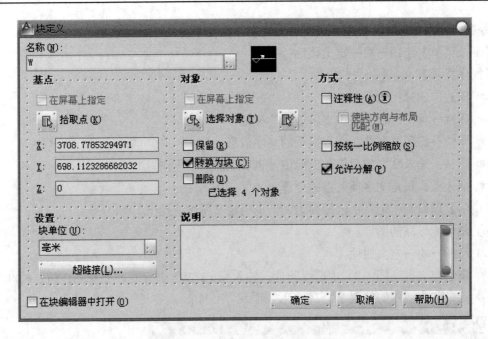

图 4-10　定义属性后的图形创建成块

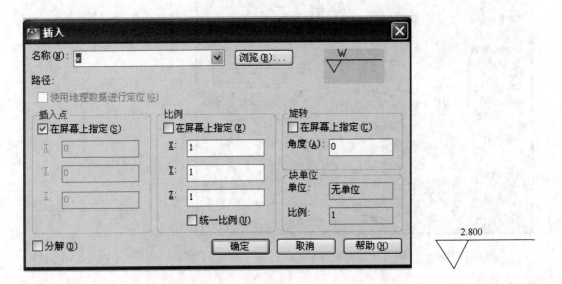

图 4-11　插入块对话框　　　　　　　　图 4-12　赋值后的水位标高

4.15　表格

【功能】插入表格

【下拉菜单】绘图→表格

【工具栏】

在表格对话框（图 4-13）中可以选择列数和列宽、行数和行高。

指向目标按鼠标右键，可以对表格格式和内容进行修改，如图 4-14 所示。

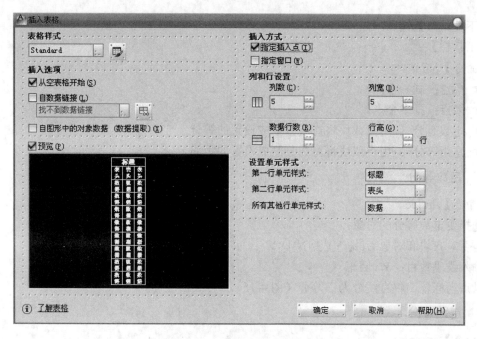

图 4-13　插入表格对话框

图 4-14　表格修改对话框

4.16　点*

【功能】画点或用点分割直线，点也可用图块替代。

【下拉菜单】绘图→点

【工具栏】

【命令】point

☞ 单点：画一个点。

☞ 多点：画多个点。

☞ 定数等分 ：用点或块将直线分割成设置的等分。

☞ 定距等分 ：用点或块将直线分割成设置的距离。

4.16.1　定数等分

【命令】divide

选择要定数等分的对象：

是否对齐块和对象？[是(Y)/否(N)] <Y>：回车

输入线段数目：3，回车

以点为标记，将直线分为三等分（图 4-15）。

4.16.2　定距等分

【命令】measure

选择要定距等分的对象：

是否对齐块和对象？[是(Y)/否(N)] <Y>：回车

指定线段长度：30，回车

【说明】

定距等分由鼠标点击直线的一端开始计数，剩余部分在直线的另一端，其示意图见图 4-16。

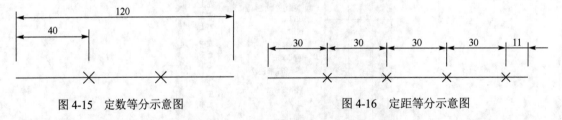

图 4-15　定数等分示意图　　　　　　　　　图 4-16　定距等分示意图

4.17　图案填充**

【功能】在封闭的线条内填充各种图案或线条。

【下拉菜单】绘图→图案填充

【工具栏】

【命令】bhatch

【操作提示】

☞ 在图案填充对话框（图 4-17）中，可以选择不同的填充图案。

☞ 角度：选择图案的角度，0°表示样例图案中的角度。

☞ 拾取点：左键单击填充区域内任何一点，虚线内显示将被填充的范围。

☞ 选择对象：单击包围填充区域的每一条线，形成一个封闭区域，才能填充。

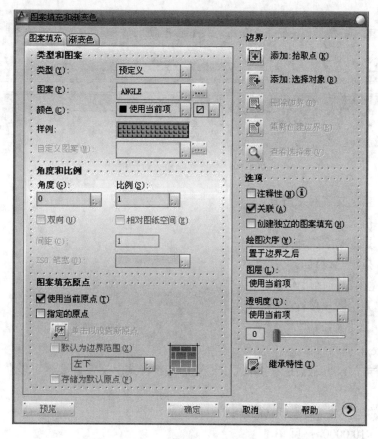

图 4-17　图案填充对话框

☞ 继承特性：可以将一个填充图案的特性，包括图案、线形、线宽和颜色，复制到另一填充的图案中。

完成图案填充的图形见图 4-18。

【说明】

① 如区域的边界没有完全封闭，填充将不能完成。

② 已填充的图案性质为图块，分解后成为线条图元。

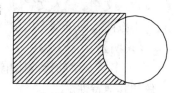

图 4-18　完成图案填充的图形

4.18　文字**

【功能】用于标注文字。

【下拉菜单】绘图→多行文字

【工具栏】**A**

【命令】mtext

当前文字样式：调用已在文字样式中设置的文字样式。文字各要素可以在文字对话框（图 4-19）中修改。

指定第一角点：

指定对角点或 [高度(H)/对正(J)/行距(L)/旋转(R)/样式(S)/宽度(W)]：

【操作提示】

☞ 高度：指定文字高度。

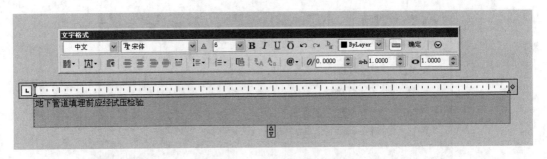

图 4-19 多行文字输入对话框

☞ 对正：指定文字对正方式。
☞ 行距：指定文字行距。
☞ 旋转：指定文字旋转角度。
☞ 样式：指定已设置的文字样式名。
文字的行宽由拉伸标尺确定。

【下拉菜单】绘图→单行文字

【工具栏】A

【命令】dtext

当前文字样式：调用已在文字样式中设置的文字样式。文字各要素可以在文字对话框中修改。

指定文字的起点或 [对正(J)/样式(S)]：

指定高度 <10.0000>：回车

指定文字的旋转角度 <0>：回车

输入文字：输入文字

再按两次回车键退出单行文字输入。

【说明】

① 多行文字的修改比单行文字方便灵活，不仅可以修改文字，还可修改文字的字高、字体和其他特性。

② 单行文字修改时只能修改文字，单行文字填充表格时比较方便。

5 修　　改

5.1　特性**

【功能】在特性选择框中可以直接修改图形的性质，如图层、颜色、线型、线宽、坐标等很多信息。当需要多参数修改时，使用本命令比较方便。

【下拉菜单】修改→特性

【工具栏】

【命令】properties

打开特性对话框后，点击一圆时，测量并显示该圆的特性参数（图5-1）。

【说明】

① 先打开特性对话框，再选择修改的对象，对话框会显示该对象的基本信息，直接在对话框中修改数据就可以修改图形。

② 输入数据后，回车，图形将改变，再键入 Esc 键两次，退出。

5.2　特性匹配**

【功能】特性匹配可以直接把一个图形的性质，如图层、颜色、线型、线宽、文字、标注和填充图案等特性复制到另一个图形中。

【下拉菜单】修改→特性匹配

【工具栏】

【命令】matchprop

选择源对象：选择源对象。

当前活动设置：颜色、图层、线型、线型比例、线宽、厚度、打印样式、文字、标注、填充图案。

选择目标对象或 [设置(S)]：选择要改变的目标对象。

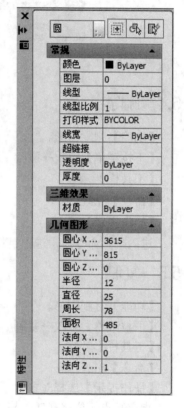

图 5-1　一个圆的特性参数显示框

5.3　对象

【功能】可以对外部参照、图像、图案填充、样条曲线、多线、属性、块说明和文字进行修改（图5-2）。

【下拉菜单】修改→对象

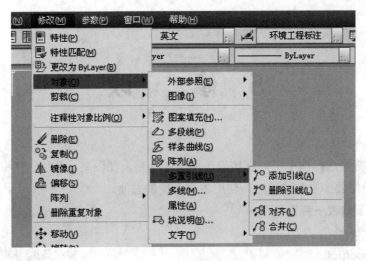

图 5-2　对象菜单栏

5.4　删除**

【功能】删除图形。

【下拉菜单】修改→删除

【工具栏】

【命令】erase

【操作提示】

进入删除命令后，选中目标，确定。或先选中目标，后点击删除命令，执行结果相同。

5.5　复制**

【功能】复制图形。

【下拉菜单】修改→复制

【工具栏】

【命令】copy

【操作提示】选择对象

指定基点 [位移（D）/模式（O）]：回车

选择对象后，确定。鼠标点取对象中的任一点，拖至复制位置，单击鼠标左键，单击右键，确定后结束。

5.6　镜像**

【功能】把一个图形复制为左右手对称的图形。

【下拉菜单】修改→镜像

【工具栏】

【命令】选择对象：

指定镜像线的第一点：

指定镜像线的第二点：

是否删除源对象？[是(Y)/否(N)] <N>：回车

【操作提示】

☞ 选择对象：选择直线(镜像线)一边的源对象。

☞ 是否删除源对象：输入 Y，源图形被删除，输入 N，源图形不删除。默认为不删除。

【说明】

选择镜像线时应打开正交和对象捕捉，以便准确快速指定镜像线的第一点和第二点，见图 5-3。

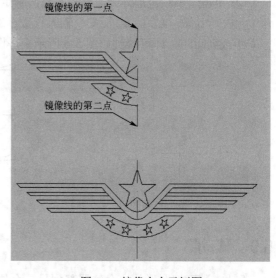

图 5-3　镜像命令示例图

5.7　偏移**

【功能】直线偏移时，以设定的距离向光标指定的方向复制另一条直线；圆偏移时，圆心不变，在原半径增加设定值再画一圆；矩形偏移时，中心不变，在原边长增加设定值后再画一矩形。

【下拉菜单】修改→偏移

【工具栏】

【命令】命令：offset

指定偏移距离或 [通过(T)] <20>：回车

选择要偏移的对象或 <退出>：鼠标指定

指定点以确定偏移所在一侧：鼠标指定偏移方向

直线向左偏移 20 的效果，圆偏移 20(半径)的效果和矩形偏移 20 的效果见图 5-4。

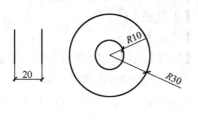
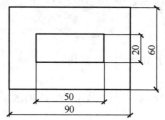

图 5-4　偏移命令示例图

5.8　阵列**

【功能】阵列分为矩形阵列和环形阵列。矩形阵列可将图形以行和列的方式复制排列；环形阵列可将一图形以圆周分布的方式复制排列。

【下拉菜单】修改→阵列→矩形阵列、路径阵列、环形阵列

【工具栏】

【命令】array

【说明】

① 矩形阵列的默认起点是左下角，以矩形阵列演示阵列的应用（图 5-5）。

②　单击工具栏矩形阵列，选择对象，确定，出现：为项目数指定对角点或［基点（B）/角度（A）/计数（C）］。输入 C，输入行数：3，输入列数：5，指定对角点或根据需要确定行间距或列间距，即可得到如图 5-6 所示矩阵图形。

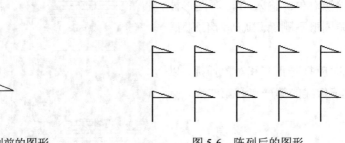

图 5-5　阵列前的图形　　　　　　　　　　图 5-6　阵列后的图形

5.9　移动**

【功能】可把图形从一个位置移到另一个位置。

【下拉菜单】修改→移动

【工具栏】

【命令】move

【操作提示】选择对象：选择要移动的图形。

指定基点或位移：指定位移的第二点或 <便用第一点作为位移>。指定位移量后回车。为了按指定距离准确位移，建议使用键盘输入位移值。

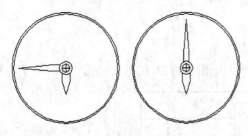

图 5-7　长针旋转 90°前后的图形

5.10　旋转**

【功能】可将图形绕指定的圆心旋转一定的角度。

【下拉菜单】修改 →旋转

【工具栏】

【命令】rotate

【操作提示】选择对象：选择要旋转的图形。

指定基点：指定旋转的圆心。

指定旋转角度或 [参照(R)]：旋转角度的方向默认值为逆时针方向（图 5-7）。

5.11　缩放**

【功能】放大或缩小图形。

【下拉菜单】修改→缩放

【工具栏】

【命令】scale

【操作提示】指定基点：指定缩放的中心点。

指定比例因子或 [参照(R)]：比例因子大于零为放大，小于零为缩小。

5.12　拉伸

【功能】通过拉伸修改图形。

【下拉菜单】修改→拉伸

【工具栏】

【命令】stretch

【操作提示】以交叉窗口或交叉多边形选择要拉伸的对象：应以左起半包围的方式选择拉伸对象。

拉伸的距离可以由鼠标指定，也可由键盘输入。拉伸前后示意如图 5-8 所示。

5.13　拉长

【功能】拉长或缩短线段，多段线和圆弧的长度。

【下拉菜单】修改→拉长

【命令】lengthen

【操作提示】选择对象或 [增量(DE)/百分数(P)/全部(T)/动态(DY)]：

☞ 增量(DE)：在原线段长度的基础上增加指定的量。

☞ 百分数(P)：以原线段长度为百分数，大于 100 为拉长，小于 100 为缩短。

☞ 全部(T)：改变后线段最终的长度。

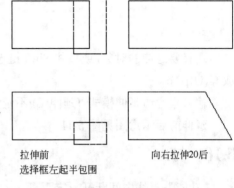

拉伸前
选择框左起半包围　　　　　　　向右拉伸20后

图 5-8　拉伸前后示意图

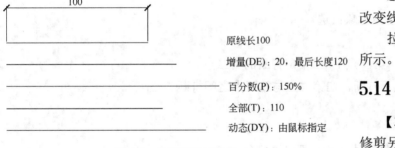

原线长100

增量(DE)：20，最后长度120

百分数(P)：150%

全部(T)：110

动态(DY)：由鼠标指定

图 5-9　拉长前后示意图

☞ 动态(DY)：由鼠标拖动改变线段的长度。

拉长前后示意图如图 5-9 所示。

5.14　修剪**

【功能】以一条线为边界，修剪另一条线。

【下拉菜单】修改→修剪

【工具栏】

【命令】trim

【操作提示】

当前设置：投影=UCS，边=延伸

选择剪切边...

选择对象：

选择要延伸的对象，或按住 Shift 键选择要修剪的对象，或[栏选(F)/窗交(C)/投影(P)/边(E)/放弃(U)]：

【说明】

输入 E，选择边；输入隐含边延伸模式 [延伸(E)/不延伸(N)] <不延伸>：e，可以修剪不相交的直线。选择不延伸，只能修剪相交的直线。修剪前后示意图见图 5-10。

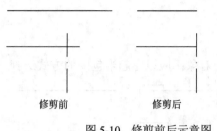

修剪前　　　　　修剪后

图 5-10　修剪前后示意图

边设置为延伸 **5.15　延伸**＊＊

【功能】以一条线为边界，延伸到另一条线。

【下拉菜单】修改→延伸

【工具栏】

【命令】extend

【操作提示】当前设置：投影=UCS，边=延伸

选择要延伸的对象,或按住 Shift 键选择要修剪的对象,或[栏选(F)/窗交(C)/投影(P)/边(E)/放弃(U)]：e

输入隐含边延伸模式 [延伸(E)/不延伸(N)] <延伸>：e

延伸前后示意图见图 5-11。

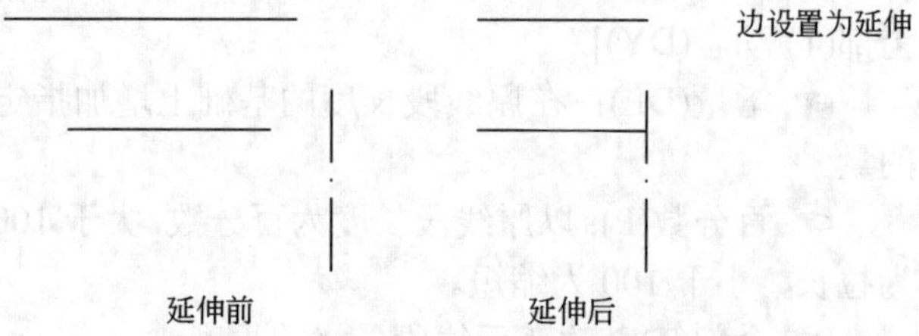

边设置为延伸

延伸前　　　　　延伸后

图 5-11　延伸前后示意图

5.16　打断

【功能】直线中间断开一定距离。

【下拉菜单】修改→打断

【工具栏】

【命令】break

【操作提示】_break 选择对象：选择要打断的第一点。

指定第二个打断点或 [第一点(F)]：指定打断的第二点。

☞ 输入 F，则第一点不打断，在第二点与第三点之间打断。

5.17　倒角＊＊

【功能】直线、多段线的等边倒角或不等边倒角。

【下拉菜单】修改→倒角

【工具栏】

【命令】_chamfer

（"修剪"模式）当前倒角距离 1 = 0，距离 2 = 0

选择第一条直线或 [放弃(U)/多段线(P)/距离(D)/角度(A)/修剪(T)/方式(E)/多个(M)]：d

指定 第一个 倒角距离 <0>：10

指定 第二个 倒角距离 <10>：10

【操作提示】

☞ 多段线(P)：指明被倒角的对象为多段线，可实现一次全部倒角。

☞ /距离(D)：输入倒角的距离。

☞ 角度(A)：输入倒角的角度。

☞ 修剪(T)：选择修剪，实现倒角；选择不修剪，倒角后仍保留原直线。

5.18　圆角**

【功能】由指定的半径光滑地连接两个对象。

【下拉菜单】修改→圆角

【工具栏】

【命令】fillet

当前设置：模式 = 修剪，半径 = 0

选择第一个对象或 [放弃(U)/多段线(P)/半径(R)/修剪(T)/多个(M)]：r

指定圆角半径 <0>：20

选择第一个对象或 [放弃(U)/多段线(P)/半径(R)/修剪(T)/多个(M)]：

选择第二个对象，或按住 Shift 键选择对象以应用角点或 [半径(R)]：

【操作提示】

☞ 多段线(P)：指明被修圆角的对象为多段线，可实现一次全部倒角。

☞ 半径(R)：输入圆角的半径。

☞ 修剪(T)：选择修剪，实现圆角；选择不修剪，圆角后仍保留原直线。

5.19　分解**

【功能】将图块分解为最简单的图元。

【下拉菜单】修改→分解

【工具栏】

【命令】erase

选择对象：找到 1 个。

【说明】

多段线分解后为直线或圆弧；图块和图案填充分解后为基本的线条，标注分解后为基本的直线和数字。

6 编 辑

6.1 放弃**

【功能】撤销最近一次操作。

【下拉菜单】编辑→放弃

【工具栏】

【命令】u

【说明】

① 可以输入多次 u，每次后退一步，直到图形与当前编辑任务开始时一样为止。

② 无法放弃某个操作时，将显示命令的名称但不执行任何操作。不能放弃对当前图形的外部操作（如打印或写入文件）。

③ 执行命令期间，修改模式或使用透明命令无效，只有主命令有效。

④ u 命令与输入 undo 等效。

6.2 重做**

【功能】撤销上一次的 undo 或 u 命令的效果。

【下拉菜单】编辑→重做

【工具栏】

【命令】redo

【说明】

redo 只能撤销单个 undo 或 u 命令，且必须立即跟随在 undo 或 u 命令之后。

6.3 剪切**

【功能】将所选对象复制到剪贴板并从图形中删除对象。

【下拉菜单】编辑→剪切

【工具栏】

【命令】cutclip

【说明】

① cutclip 可将选定的对象复制到剪贴板，并从图形中将其删除。

② 剪贴板中的内容可作为嵌入式 OLE 对象粘贴到文档或图形中，cutclip 不创建 OLE 链接信息。

③ 如果要在其他应用程序中使用图形文件中的对象，可以先将这些对象剪切到剪贴板，然后将其粘贴到其他应用程序中。还可以使用"剪切"和"粘贴"在图形之间传输对象。

6.4 复制**

【功能】将所选对象复制到剪贴板。

【下拉菜单】编辑→复制

【工具栏】

【命令】copyclip

【说明】

① copyclip 将选定的所有对象复制到剪贴板。剪贴板中的内容可粘贴到文档或图形中。

② 将对象复制到剪贴板时，将以所有可用格式存储信息。将剪贴板的内容粘贴到图形中时，将使用保留信息最多的格式。还可以使用"复制"和"粘贴"在图形间传输对象。

6.5　带基点复制*

【功能】使用指定基点复制对象到剪贴板中。

【下拉菜单】编辑→带基点复制

【命令】copybase

执行命令后 AutoCAD 将提示：

指定基点：选定一个基点；

选择对象：可用各种方法选择。

【说明】

① 将复制对象粘贴到同一图形或其他图形时，AutoCAD 相对于指定的基点放置该对象，因此能够精确定位对象。

② 也可用快捷菜单：结束任何活动命令，在绘图区域中单击右键，然后选择"带基点复制"。

6.6　复制链接

【功能】将当前视图复制到剪贴板中以便链接到其他 OLE 应用程序。

【下拉菜单】编辑→复制链接

【命令】copylink

【说明】

可以将当前视图复制到剪贴板，然后将剪贴板的内容作为链接的 OLE 对象粘贴到另一个文档中。

6.7　粘贴**

【功能】插入剪贴板中的图形或数据。

【下拉菜单】编辑→粘贴

【工具栏】

【命令】pasteclip

【说明】

① 如果剪贴板中包含 ASCII 文字，则该文字将使用MTEXT的默认设置，以多行文字（mtext）对象的形式插入。电子表格以表对象的形式插入。

② 除 AutoCAD 对象之外，所有其他对象都以嵌入或链接（OLE）对象的形式插入。要编辑这些 OLE 对象，请在图形中双击它们，打开创建它们的应用程序。

③ 将对象复制到剪贴板时，将以所有可用格式存储信息。将剪贴板的内容粘贴到图形中时，将使用保留信息最多的格式。还可以使用"复制"和"粘贴"在图形间传输对象。

6.8　粘贴为块

【功能】将复制对象粘贴为块。

【下拉菜单】编辑→粘贴为块

【命令】pasteblock

执行命令后 AutoCAD 将提示：

指定插入点：选定一插入点。

【说明】

AutoCAD 将复制到剪贴板的对象作为块粘贴到图形中指定的插入点。

6.9　粘贴为超链接

【功能】插入剪贴板数据作为超链接。

【下拉菜单】编辑→粘贴为超链接

【命令】pasteashyperlink

执行命令后 AutoCAD 将提示：

首先选择一个文档，例如文本文件、电子表格文件、图形文件或图像文件，并将其复制到剪贴板。然后使用此命令将超链接关联到附带任何选定对象的文档。

6.10　粘贴到原坐标

【功能】使用原坐标将剪贴板中的对象粘贴到当前图形中。

【下拉菜单】编辑→粘贴到原坐标

【命令】pasteorig

复制到剪贴板的对象将被粘贴到当前图形中，其粘贴位置与原始图形中使用的坐标相同。仅当剪贴板包含来自除当前图形以外图形的 AutoCAD 数据时，此命令才有效。

6.11　选择性粘贴

【功能】插入剪贴板数据并控制数据格式。

【下拉菜单】编辑→选择性粘贴

【命令】pastespec

激活"选择性粘贴"对话框，如图 6-1 所示。

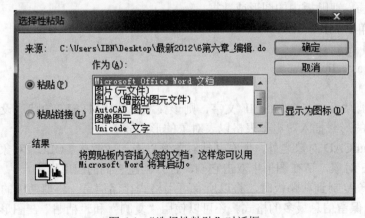

图 6-1　"选择性粘贴"对话框

【操作提示】

在对话框中设置粘贴文件的文件格式和链接选项：

☞ 来源：显示包含已复制信息的文档名称，还显示已复制文档的特定部分。

☞ 粘贴：将剪贴板内容粘贴到当前图形中作为内嵌对象。

☞ 粘贴链接：将剪贴板内容粘贴到当前图形中。如果源应用程序支持 OLE 链接，AutoCAD 将创建与原文件的链接。

☞ 显示为图标：插入应用程序图标的图片而不是数据。要查看和编辑数据，请双击该图标。

【说明】

AutoCAD 支持 Windows® 对象链接与嵌入 (OLE) 功能。将对象从支持 OLE 的应用程序插入到 AutoCAD 图形时，可以保持其与源文件的连接。

6.12　清除

【功能】从图形中删除对象。

【下拉菜单】编辑→清除

【工具栏】

【命令】erase

【说明】

① 可以从图形中删除选定的对象。此方法不会将对象移动到剪贴板。

② 如果处理的是三维对象，则还可以删除面、网格和顶点等子对象。

③ 无需选择要删除的对象，而是可以输入一个选项，例如，输入 L 删除绘制的上一个对象，输入 p 删除前一个选择集，或者输入 ALL 删除所有对象。还可以输入? 以获得所有选项的列表。

6.13　OLE 链接

【功能】更新、修改和取消现有的 OLE 链接。

【下拉菜单】编辑→OLE 链接

【命令】olelinks

执行命令后，显示"链接"对话框，如图 6-2 所示。

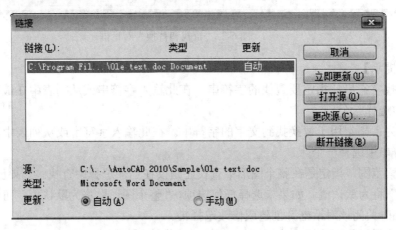

图 6-2　"链接"对话框

【操作提示】

☞ 链接：列出关于链接对象的信息。所列出的信息取决于链接的类型。要修改链接对象的信息，请选择该对象。

☞ 来源：显示源文件路径名和对象类型。

☞ 类型：显示格式类型。

☞ 更新（自动/手动）：打开文档时，提示用户更新链接。

☞ 立即更新：更新选定的链接。

☞ 打开源：打开源文件并亮显与 AutoCAD 图形相链接的部分。

☞ 更改源：显示"更改源"对话框（"标准文件"对话框），从中可以指定其他源文件。

☞ 断开链接：切断对象与原始文件之间的链接。将 AutoCAD 图形中的链接对象变为 Windows 图元文件，即使将来原始文件发生了变化，图元文件也不受影响。

【说明】

如果图形中不存在现有的 OLE 链接，则"编辑"菜单上的"OLE 链接"将不可用并且不会显示"链接"对话框。

6.14　查找

【功能】查找、替换、选择或缩放指定的文字。

【下拉菜单】编辑→查找

【工具栏】文字：

【命令】find

显示"查找和替换"对话框，如图 6-3 所示。

图 6-3　"查找和替换"对话框

【操作提示】

☞ 查找字符串：指定要查找的字符串。在此输入字符串或从列表中在最近使用过的六个字符串中选择一个。

☞ 改为：指定用于替换找到文字的字符串。在此输入字符串或从列表中在最近使用过的六个字符串中选择一个。

☞ 搜索范围：指定是在整个图形中查找还是仅在当前选择中查找。如果已选择某选项，"当前选择"将为默认值。如果未选择任何选项，"整个图形"将为默认值。可以用"选择对象"按钮临时关闭该对话框并创建或修改选择集。

☞ "选择对象"按钮 ![]：临时关闭该对话框以便可以在图形中选择对象。按 Enter 键返回对话框。当选择对象时，"搜索范围"将显示"当前选择"。

　　选项：显示"查找和替换选项"对话框，如图 6-4 所示，从中可以定义要查找对象和文本的类型。

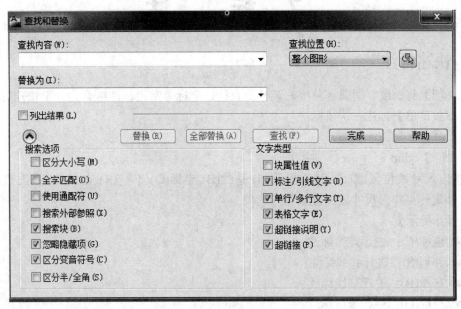

图 6-4　"查找和替换选项"对话框

　　☞ 查找/查找下一个：查找在"查找字符串"里输入的文字。如果没有在"查找字符串"里输入文字，则该选项不可用。AutoCAD 在"上下文"区域显示找到的文字。一旦找到第一个匹配的文本，"查找"选项变为"查找下一个"。用"查找下一个"可以查找下一个匹配的文本。

　　☞ 替换：用在"替换为"里输入的文字替换找到的文字。

　　☞ 全部改为：查找所有与在"查找字符串"里输入的文字匹配的文本并用在"替换为"里输入的文字替换之。AutoCAD 根据在"搜索范围"里的设置，在整个图形或当前选择中进行查找和替换。状态区对替换进行确认并显示替换次数。

　　☞ 全部选择：查找并全部选择包含在"查找字符串"里输入文字的加载对象。只有当"搜索范围"设成"当前选择"时，此选项才可用。当选择"全部选择"时，该对话框将关闭，AutoCAD 在命令行显示找到并选择的对象数目。注意，"全部选择"并不替换文字，AutoCAD 忽略"改为"里的任何文字。

　　☞ 缩放为：显示当前图形中包含查找或替换结果的区域。尽管 AutoCAD 搜索模型空间和图形中定义的所有布局，但只能对当前模型或布局选项卡中的文字进行缩放。当缩放在多行文字对象中找到的文字时，有时找到的字符串可能不在图形的可视区里显示。

　　☞ 上下文：显示并亮显当前找到的匹配字符串。如果选择"查找下一个"，AutoCAD 将刷新"上下文"区并显示下一个找到的匹配字符串。

　　☞ 状态：显示查找和替换的确认信息。

【说明】

　　可以查找、替换、选择或缩放包含在模型空间的加载对象以及当前布局中的文本。如果局部打开当前图形，FIND 对没有加载的对象不予考虑。

7 标 注

7.1 快速标注**

【功能】将长度、圆弧、角度、半径、直径、坐标等常用标注综合为一个快速标注命令。

【下拉菜单】标注→快速标注

【工具栏】标注：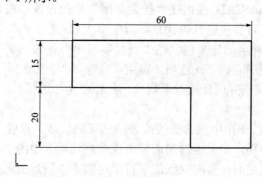

【命令】qdim

指定尺寸线位置或[连续(C)/并列(S)/基线(B)/坐标(O)/半径(R)/直径(D)/基准点(P)/编辑(E)]：指定一点作为尺寸线位置或输入选项

【操作提示】

☞ 连续(C)：进行连续标注；

☞ 并列(S)：进行并列标注；

☞ 基线(B)：进行基线标注；

☞ 坐标(O)：进行坐标标注；

☞ 半径(R)：进行半径标注；

☞ 直径(D)：进行直径标注；

☞ 基准点(P)：为基线和坐标标注设置新的基准点；

☞ 编辑(E)：编辑一系列标注，指定要删除的标注点、输入 A 添加或按 ENTER 键返回上一个提示。

☞ 设置：为指定尺寸界线原点设置默认对象捕捉。

快速标注例子如图 7-1 所示。

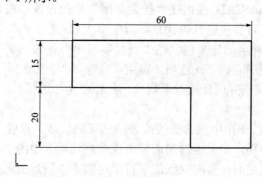

图 7-1　快速标注

【说明】

① 使用 QDIM 快速创建一系列标注。创建系列基线或连续标注，或者为一系列圆或圆弧创建标注时，此命令特别有用。

② 默认创建的是连续标注类型，可以通过输入选项改变标注类型，如输入 b，创建的就是基线标注。

7.2 线性标注**

【功能】创建水平、垂直或旋转的尺寸标注。

【下拉菜单】标注→线性

【工具栏】标注：⊢⊣

【命令】dimlinear

指定第一条尺寸界线原点或 <选择对象>：指定点(1)或按 Enter 键选择要标注的对象；

指定第一条尺寸界线原点后 AutoCAD 提示：

指定第二条尺寸界线原点:指定点 ；

然后显示以下提示：

指定尺寸线位置或[多行文字(M)/文字(T)/角度(A)/水平(H)/垂直(V)/旋转(R)]： 指定一点作为尺寸线的位置并确定绘制尺寸界线的方向，或输入选项；

【操作提示】

☞ 多行文字(M)：显示在位文字编辑器，可用它来编辑标注文字。用控制代码和 Unicode 字符串来输入特殊字符或符号。如果标注样式中未打开换算单位，可以通过输入方括号([ ]) 来显示它们；

☞ 文字(T)：在命令提示下，自定义标注文字。生成的标注测量值显示在尖括号中。要包括生成的测量值，请用尖括号(<>)表示生成的测量值。如果标注样式中未打开换算单位，可以通过输入方括号([ ])来显示换算单位。标注文字特性在"新建标注样式"、"修改标注样式"和"替代标注样式"对话框的"文字"选项卡上进行设定。

☞ 角度(A)：修改标注文字的角度；

☞ 水平(H)：创建水平线性标注；

指定尺寸线位置或[多行文字(M)/文字(T)/角度(A)]：指定点或输入选项，选项解释与本操作提示的前三个相同；

☞ 垂直(V)：创建垂直线性标注

指定尺寸线位置或[多行文字(M)/文字(T)/角度(A)]：指定点或输入选项，选项解释与本操作提示的前三个相同；

☞ 旋转(R)：创建旋转线性标注；

指定尺寸线的角度 <当前值>：指定角度或按 Enter 键；

线性标注例子如图 7-2 所示。

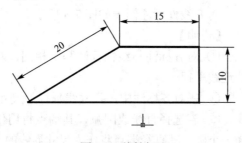

图 7-2 线性标注

【说明】

① 在选择对象之后，自动确定第一条和第二条尺寸界线的原点。

② 对于多段线和其他可分解对象，AutoCAD 仅标注独立的直线段和圆弧段。不能选择非一致缩放块参照中的对象。

③ 如果选择了直线段和圆弧段，AutoCAD 用直线段或圆弧段的端点作为尺寸界线的原点。

④ 如果修改了系统自动标注的文字，就会失去尺寸标注的关联性，即尺寸数字不再随标注对象的改变而改变。

7.3 对齐标注**

【功能】创建对齐线性标注。

【下拉菜单】标注→对齐

【工具栏】标注：

【命令】dimaligned

指定第一条尺寸界线原点或 <选择对象>：指定点以使用手动尺寸界线，或按 ENTER 键以使用自动尺寸界线；

指定第一条尺寸界线原点后提示：

指定第二条尺寸界线原点：指定点

然后显示以下提示：

指定尺寸线位置或[多行文字(M)/文字(T)/角度(A)]：指定一点作为尺寸线位置或输入选项。

【操作提示】

☞ 多行文字(M)：显示在位文字编辑器，可用它来编辑标注文字。用尖括号 (<>) 表示生成的测量值。要给生成的测量值添加前缀或后缀，请在尖括号前后输入前缀或后缀。用控制代码和 Unicode 字符串来输入特殊字符或符号；要编辑或替换生成的测量值，请删除尖括号，输入新的标注文字，然后单击"确定"。如果标注样式中未打开换算单位，可以通过输入方括号 ([ ]) 来显示它们。

☞ 文字(T)：在命令提示下，自定义标注文字。生成的标注测量值显示在尖括号中输入标注文字，或按 Enter 键接受生成的测量值。要包括生成的测量值，请用尖括号 (<>) 表示生成的测量值。如果标注样式中未打开换算单位，可以通过输入方括号 ([ ]) 来显示换算单位。

☞ 角度(A)：可修改标注文字的角度；

对齐线性标注例子如图 7-3 所示。

【说明】

① 对齐标注与线性标注基本相同，对齐标注的尺寸线与两点的连线平行。

② 在对齐标注中，尺寸线平行于尺寸界线原点连成的直线。

③ 若选择直线或圆弧，其端点将用作尺寸界线的原点；若选择一个圆，其直径端点将作为尺寸界线的原点。

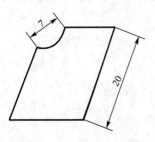

图 7-3　对齐线性标注

7.4 弧长标注**

【功能】创建圆弧长度标注。

【下拉菜单】标注→弧长标注

【工具栏】标注：

【命令】dimarc

选择弧线段或多段线圆弧段：使用对象选择方法

指定弧长标注位置或 [多行文字(M)/文字(T)/角度(A)/部分(P)/引线(L)]：指定点或输入选项。弧长标注用于测量圆弧或多段线圆弧段上的距离。弧长标注的延伸线可以正交或径向。在标注文字的上方或前面将显示圆弧符号。

【操作提示】

☞ 弧长标注位置：指定尺寸线的位置并确定延伸线的方向。

☞ 多行文字：显示在位文字编辑器，可用它来编辑标注文字；要添加前缀或后缀，请在生成的测量值前后输入前缀或后缀；用控制代码和 Unicode 字符串来输入特殊字符或符号；

要编辑或替换生成的测量值，请删除文字，输入新文字，然后单击"确定"；如果标注样式中未打开换算单位，可以通过输入方括号([ ])来显示它们；

☞ 文字：在命令提示下，自定义标注文字。生成的标注测量值显示在尖括号中。

输入标注文字 <当前>：输入标注文字，或按 Enter 键接受生成的测量值；要包括生成的测量值，请用尖括号(<>)表示生成的测量值；如果标注样式中未打开换算单位，可以通过输入方括号([ ])来显示换算单位；标注文字特性在"新建标注样式"、"修改标注样式"和"替代标注样式"对话框的"文字"选项卡上进行设置；

☞ 角度：修改标注文字的角度；指定标注文字的角度：输入角度；例如，要将文字旋转 45°，请输入 45；

☞ 部分：缩短弧长标注的长度。指定弧长标注的第一个点：指定圆弧上弧长标注的起点；指定弧长标注的第二个点：指定圆弧上弧长标注的终点；

☞ 引线：添加引线对象；仅当圆弧（或圆弧段）大于 90° 时才会显示此选项；引线是按径向绘制的，指向所标注圆弧的圆心。

圆弧标注如图 7-4 所示。

7.5　坐标标注**

【功能】创建坐标标注。

【下拉菜单】标注→坐标

【工具栏】标注：

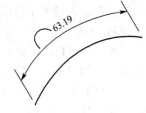

图 7-4　圆弧标注

【命令】dimordinate

指定点坐标：选定待标注坐标的一点；

指定引线端点或[X 基准(X)/Y 基准(Y)/多行文字(M)/文字(T)/角度(A)]：根据需要的坐标选择合适的引线方向单击鼠标完成操作，从标注点向垂直方向引线可以标注横坐标，向水平方向引线则可以标注纵坐标。

【操作提示】

☞ X 基准(X)：测量 X 坐标并确定引线和标注文字的方向。将显示"引线端点"提示，从中可以指定端点。

☞ X 基准(Y)：测量 Y 坐标并确定引线和标注文字的方向。将显示"引线端点"提示，从中可以指定端点。

☞ 多行文字(M)：显示在位文字编辑器，可用它来编辑标注文字。用控制代码和 Unicode
字符串来输入特殊字符或符号；如果标注样式中未打开换算单位，可
以通过输入方括号([ ])来显示它们。

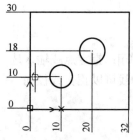

图 7-5　坐标标注

　　　☞ 文字(T)：可修改标注文字的角度；要包括生成的测量值，请
用尖括号(<>)表示生成的测量值；如果标注样式中未打开换算单位，
可以通过输入方括号([ ])来显示换算单位；

　　　☞ 角度(A)：可修改标注文字的角度；
　　　坐标标注例子如图 7-5 所示。
　　【说明】
　　　坐标标注由 X 或 Y 值和引线组成。X 标注值是 X 基准坐标轴的长
度；Y 标注值是 Y 基准坐标轴的长度。如果指定一个点，AutoCAD 自动确定它是 X 基准坐
标标注还是 Y 基准坐标标注。这称为自动坐标标注。如果 Y 值距离较大，那么标注测量 X 值。
否则，测量 Y 值。

7.6　半径标注**

　　【功能】为圆或圆弧创建半径标注。
　　【下拉菜单】标注→半径
　　【工具栏】标注：⊙
　　【命令】dimradius
　　选择圆弧或圆：选定待标注的圆弧或圆；
　　指定尺寸线位置或 [多行文字(M)/文字(T)/角度(A)]：指定一点作为尺寸线的位置并确定
绘制尺寸界线的方向，或输入选项；
　　【操作提示】
　　☞ 多行文字(M)：显示在位文字编辑器，可用它来编辑标注文字；用控制代码和 Unicode
字符串来输入特殊字符或符号；如果标注样式中未打开换算单位，可以通过输入方括号([ ])
来显示它们。
　　☞ 文字(T)：在命令提示下，自定义标注文字；生成的标注测量值显示在尖括号中；要
包括生成的测量值，请用尖括号(<>)表示生成的测量值；如果标注样式中未打开换算单位，
可以通过输入方括号([ ])来显示换算单位；标注文字特性在"新建标注样式"、"修改标注样
式"和"替代标注样式"对话框的"文字"选项卡上进行设定。
　　☞ 角度(A)：可修改标注文字的角度。
　　在"修改标注样式"对话框中，在"文字对齐"一栏选"ISO 标准"。
　　半径标注例子如图 7-6 所示。
　　【说明】
　　① 半径标注由一条具有指向圆或圆弧的箭头的半径尺寸线组成。
尺寸数字前加一 R 表示半径。
　　② 对于水平标注文字，如果半径尺寸线的角度大于水平 15°，
引线将将拆成水平线。

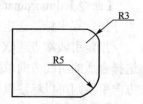

图 7-6　半径标注

7.7　折弯标注**

　　【功能】为圆和圆弧创建折弯标注。

【下拉菜单】标注→折弯

【工具栏】标注：🏹

【命令】dimjogged

选择圆弧或圆：选择一个圆弧、圆或多段线圆弧段，指定图示中心位置：指定点。

【操作提示】

☞ 尺寸线位置：确定尺寸线的角度和标注文字的位置。如果由于未将标注放置在圆弧上而导致标注指向圆弧外，则 AutoCAD 会自动绘制圆弧延伸线。

☞ 多行文字(M)：可在打开的"多行文字编辑器"中编辑标注文字，应删除尖括号，输入新值，Enter 键确认。

☞ 文字：在命令提示下，自定义标注文字。生成的标注测量值显示在尖括号中；要包括生成的测量值，请用尖括号(<>)表示生成的测量值；如果标注样式中未打开换算单位，可以通过输入方括号([ ])来显示换算单位；标注文字特性在"新建标注样式"、"修改标注样式"和"替代标注样式"对话框的"文字"选项卡上进行设定。

☞ 角度(A)：可修改标注文字的角度。

折弯标注例子如图 7-7 所示。

图 7-7 折弯标注

7.8 直径标注**

【功能】为圆或圆弧创建直径标注。

【下拉菜单】标注→直径

【工具栏】标注：🚫

【命令】dimdiameter

选择圆弧或圆：选定待标注的圆弧或圆；

指定尺寸线位置或 [多行文字(M)/文字(T)/角度(A)]：指定圆上的任何一点，移动鼠标可选择尺寸线的位置，并确定尺寸界线的方向。

【操作提示】

☞ 多行文字(M)：显示在位文字编辑器，可用它来编辑标注文字。用控制代码和 Unicode 字符串来输入特殊字符或符号；如果标注样式中未打开换算单位，可以通过输入方括号 ([ ]) 来显示它们。

☞ 文字(T)：在命令提示下，自定义标注文字。生成的标注测量值显示在尖括号中；要包括生成的测量值，请用尖括号(<>)表示生成的测量值。如果标注样式中未打开换算单位，可以通过输入方括号([ ])来显示换算单位；标注文字特性在"新建标注样式"、"修改标注样式"和"替代标注样式"对话框的"文字"选项卡上进行设定。

☞ 角度(A)：可修改标注文字的角度。

直径标注例子如图 7-8 所示。

【说明】

① 直径标注在尺寸数字前加一ϕ表示直径。

② 对于水平标注文字，如果半径尺寸线的角度大于水平 15°，引线将将拆成水平线。

③ 对于圆柱剖面等直径标注，则应采用线性标注，并在标注尺寸数字前加直径符号字符串"%%c"，例：在命令行输入"%%c20"，标注的效果为"ϕ20"。

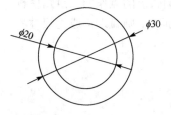

图 7-8 直径标注

注意：c 应为英文状态下输入。

7.9 角度标注**

【功能】创建角度标注。

【下拉菜单】标注→角度

【工具栏】标注：△

【命令】dimangular

选择圆弧、圆、直线或 <指定顶点>：选定一个圆弧、圆的其中一点或夹角的两条直线；

指定标注弧线位置或 [多行文字(M)/文字(T)/角度(A)]：指定一点作为尺寸线的位置并确定绘制尺寸界线的方向，或输入选项。

【操作提示】

☞ 选择圆弧：使用选定圆弧上的点作为三点角度标注的定义点；圆弧的圆心是角度的顶点。圆弧端点成为尺寸界线的原点。

☞ 选择圆：将选择点作为第一条尺寸界线的原点。圆的圆心是角度的顶点；第二个角度顶点是第二条尺寸界线的原点，且无需位于圆上。

☞ 选择直线：用两条直线定义角度。程序通过将每条直线作为角度的矢量，将直线的交点作为角度顶点来确定角度。尺寸线跨越这两条直线之间的角度。如果尺寸线与被标注的直线不相交，将根据需要添加尺寸界线，以延长一条或两条直线。圆弧总是小于 180°。

☞ 指定三点：创建基于指定三点的标注。创建基于指定三点的标注。

☞ 标注圆弧线位置：指定尺寸线的位置并确定绘制尺寸界线的方向。

☞ 多行文字(M)：显示在位文字编辑器，可用它来编辑标注文字。要添加前缀或后缀，请在生成的测量值前后输入前缀或后缀。用控制代码和 Unicode 字符串来输入特殊字符或符号。

☞ 文字(T)：在命令提示下，自定义标注文字。生成的标注测量值显示在尖括号中；要包括生成的测量值，请用尖括号(< >)表示生成的测量值。

☞ 角度(A)：可修改标注文字的角度。

☞ 象限：指定标注应锁定到的象限。打开象限行为后，将标注文字放置在角度标注外时，尺寸线会延伸超过尺寸界线。

角度标注例子如图 7-9 所示。

【说明】

① 若选择圆弧，则使用选定圆弧上的点作为三点角度标注的定义点。圆弧的圆心是角度的顶点，圆弧端点成为尺寸界线的起点。

② 指定尺寸线的位置不同，标注的角度也会变化。

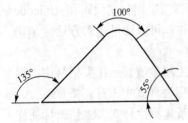

图 7-9 角度标注

7.10 基线标注**

【功能】先进行线性标注，以线性标注的左尺寸界线为基准线，标注直线、角度或坐标。

【下拉菜单】标注→基线

【工具栏】标注：⊨

【命令】dimbaseline

指定第二条尺寸界线原点或[放弃（U）/选择（S）]<选择>：最后按右键结束。

【操作提示】

☞ 第二条尺寸界线原点：默认情况下，使用基准标注的第一条尺寸界线作为基线标注的尺寸界线原点。可以通过显式地选择基准标注来替换默认情况，这时作为基准的尺寸界线是离选择拾取点最近的基准标注的尺寸界线。选择第二点之后，将绘制基线标注并再次显示"指定第二条尺寸界线原点"提示。若要结束此命令，请按 Esc 键。若要选择其他线性标注、坐标标注或角度标注用作基线标注的基准，请按 Enter 键。

☞ 点坐标：将基准标注的端点用作基线标注的端点，系统将提示指定下一个点坐标。选择点坐标之后，将绘制基线标注并再次显示"指定点坐标"提示。若要选择其他线性标注、坐标标注或角度标注用作基线标注的基准，请按 Enter 键。

☞ 放弃：放弃在命令任务期间上一次输入的基线标注。

☞ 选择：AutoCAD 提示选择一个线性标注、坐标标注或角度标注作为基线标注的基准。

【说明】

① 如在当前任务中未先进行线性标注，命令行将始终提示：选择基准标注（线性标注）。

② 基线标注默认的尺寸界线是线性标注的左尺寸界线。

③ 直接选择对象上的点。由于已经建立了一个尺寸，因此 AutoCAD 将以该尺寸的第一条尺寸界线作为基准线生成标准尺寸。

④ 如果不在前一个尺寸的基础上生成基线尺寸，就按 Enter 键，AutoCAD 将显示："选择基准标注"，AutoCAD 将以新选择的尺寸界线作为"基准标注"的基准。

基线标注如图 7-10 所示。

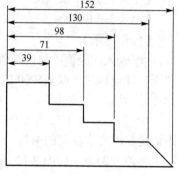

图 7-10 基线标注

7.11 连续标注**

【功能】先进行线性标注，以线性标注的右尺寸界线为基准线，连续标注直线、角度或坐标。

【下拉菜单】标注→连续

【工具栏】标注：

【命令】dimcontinue

指定第二条尺寸界线原点或[放弃（U）/选择（S）]<选择>：最后按右键结束。

【操作提示】

☞ 第二条尺寸界线原点：使用连续标注的第二条尺寸界线原点作为下一个标注的第一条尺寸界线原点。当前标注样式决定文字的外观。选择连续标注后，将再次显示"指定第二条尺寸界线原点"提示。若要结束此命令，请按 Esc 键。若要选择其他线性标注、坐标标注或角度标注用作连续标注的基准，请按 Enter 键。

☞ 点坐标：将基准标注的端点作为连续标注的端点，系统将提示指定下一个点坐标。选择点坐标之后，将绘制连续标注并再次显示"指定点坐标"提示。若要结束此命令，请按 Esc 键。若要选择其他线性标注、坐标标注或角度标注用作连续标注的基准，请按 Enter 键。

☞ 放弃：放弃在命令任务期间上一次输入的连续标注。

☞ 选择：AutoCAD 提示选择线性标注、坐标标注或角度标注作为连续标注。选择连续标注之后，将再次显示"指定第二条尺寸界线原点"或"指定点坐标"提示。若要结束此命令，请按 Esc 键。

【说明】

① 如在当前任务中未先进行线性标注，命令行将始终提示：选择基准标注（线性标注）；

② 如果用户对默认的第一条界线原点不满意，可以直接回车选择其他位置，前次尺寸界线的原点都会成为下次尺寸的第一界线的原点。

连续标注例子如图 7-11 所示。

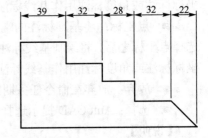

图 7-11　连续标注

7.12　标注间距**

【功能】调整线性标注或角度标注之间的间距。

【下拉菜单】标注→标注间距

【工具栏】标注：▓

【命令】dimspace

【操作提示】

☞ 输入间距值：将间距值应用于从基准标注中选择的标注。例如，如果输入值 0.5000，则所有选定标注将以 0.5000 的距离隔开。可以使用间距值 0（零）将选定的线性标注和角度标注的标注线末端对齐。

☞ 自动：基于在选定基准标注的标注样式中指定的文字高度自动计算间距。所得的间距值是标注文字高度的两倍。

标注间距例子如图 7-12 所示。

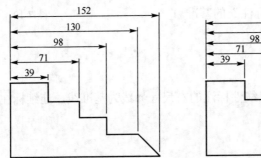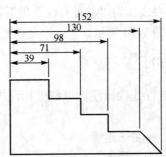

图 7-12　标注间距调整前后示意图（左图尺寸线间距为 15mm，右图为 10mm）

7.13　标注打断**

【功能】在标注和延伸线与其他对象的相交处打断或恢复标注和延伸线。

【下拉菜单】标注→标注打断

【工具栏】标注：┷

【命令】dimbreak

【操作提示】

☞ 选择要添加/删除折断的标注或[Multiple(M)]：选择标注，或输入 m 并按 Enter 键。

☞ 选择标注后，将显示以下提示：选择要折断标注的对象或[Auto(A)/ Manual(M)/

Remove(R)] <自动>：选择与标注相交或与选定标注的尺寸界线相交的对象，输入选项，或按 Enter 键。

☞ 选择要折断标注的对象后，将显示以下提示：选择要折断标注的对象：选择通过标注的对象或按 Enter 键结束命令。

7.14　多重引线**

【功能】创建多重引线对象。

【下拉菜单】标注→多重引线

【工具栏】标注：

【命令】mleader

多重引线对象通常包含箭头、水平基线、引线或曲线和多行文字对象或块。如图 7-13 所示。

【操作提示】

☞ 引线箭头优先：指定多重引线对象箭头的位置；

☞ 引线基线优先：指定多重引线对象的基线的位置；

☞ 内容：优先指定与多重引线对象相关联的文字或块的位置。

☞ 选项：指定用于放置多重引线对象的选项。

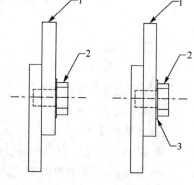

图 7-13　多重引线

【说明】

① 多重引线可创建为箭头优先、引线基线优先或内容优先。如果已使用多重引线样式，则可以从该指定样式创建多重引线。

② 在装配图中，肯定会有多个相同的零件，此时可以使用"注释"选项卡|"引线"面板中的"添加引线"按钮，在选定的多重引线对象添加更多引线。

③ 可以使用"注释"选项卡|"引线"面板中的"删除引线"按钮，从选定的多重引线对象中删除引线。

④ 使用"注释"选项卡|"引线"面板中的"多重引线合并"按钮，可以将选定的包含块的多重引线的内容组成一组并附着到单一引线。

7.15　公差*

【功能】创建形位公差。

【下拉菜单】标注→公差

【工具栏】标注：

【命令】tolerance

执行该命令后出现"形位公差"对话框，如图 7-14 所示。

单击"符号"栏下的黑色正方形，在对话框中选择要标注的公差类型；

单击"公差"栏下的第一个黑色正方形，选择是否出现直径符号；

单击"公差"栏下的后边黑色正方形，选择包容条件类型；

设置"基准 1"；

设置"基准 2"；

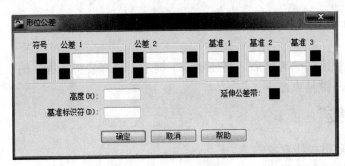

图 7-14 "形位公差"对话框

设置"基准 3";

设置"高度";

设置"基准标志符";

设置"投影公差带"。

【操作提示】

☞ 基准 1:允许用户在特征控制框中创建第一级基准参照;

☞ 高度:允许用户自定义公差标注在特征控制框中创建投影公差带的值;

☞ 基准标志符:输入字母创建由参照字母组成的基准标志符号;

☞ 投影公差带:在投影公差带的后面插入投影公差带符号。

形位公差标注例子如图 7-15 所示。

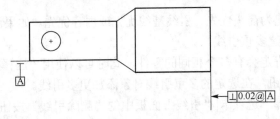

图 7-15 形位公差标注

7.16 圆心标记*

【功能】创建圆和圆弧的圆心标记或中心标记。

【下拉菜单】标注→圆心标记

【工具栏】标注:⊕

【命令】dimcenter

选择圆弧或圆:选择要标注圆心标记的圆弧或圆;

标注圆心标记例子如图 7-16 所示。

圆心标记符号的样式在格式→点样式中设置。

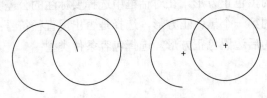

图 7-16 标注圆心标记例子

7.17 检验

【功能】可让用户在选定的标注中添加或删除检验标注。

【下拉菜单】标注→检验

【工具栏】标注：

【命令】diminspect

将"形状和检验标签/比率"设置用于检验边框的外观和检验率值。

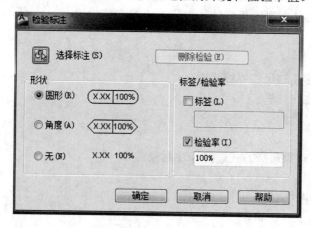

图 7-17　检验标注

【操作提示】

☞ 选择标注：指定应在其中添加或删除检验标注。可以在显示"检验标注"对话框（图 7-17）之前或之后选择标注。要在显示"检验标注"对话框时选择标注，请单击"选择标注"。"阵列"对话框将暂时关闭。完成选择标注后，按 Enter 键。重新显示"检验标注"对话框。

☞ 删除检验：从选定的标注中删除检验标注。

☞ 形状：控制围绕检验标注的标签、标注值和检验率绘制的边框的形状。

圆形：使用两端点上的半圆创建边框，并通过垂直线分隔边框内的字段。

角度：使用在两端点上形成 90°角的直线创建边框，并通过垂直线分隔边框内的字段。

无：指定不围绕值绘制任何边框，并且不通过垂直线分隔字段。

☞ 标签/检验率：为检验标注指定标签文字和检验率。

标签：打开和关闭标签字段显示。

标签值：指定标签文字。选择"标签"复选框后，将在检验标注最左侧部分中显示标签。

检验率：打开和关闭比率字段显示。

检验率值：指定检查部件的频率。值以百分比表示，有效范围从 0 到 100。选择"检验率"复选框后，将在检验标注的最右侧部分中显示检验率。

7.18 折弯线性*

【功能】在线性标注或对齐标注中添加或删除折弯线。

【下拉菜单】标注→折弯线性

【工具栏】标注：

【命令】dimjogline

标注中的折弯线表示所标注的对象中的折断。标注值表示实际距离，而不是图形中测量的距离。

【操作提示】

☞ 添加折弯：指定要向其添加折弯的线性标注或对齐标注。系统将提示用户指定折弯的位置。按 Enter 键可在标注文字与第一条尺寸界线之间的中点处放置折弯，或在基于标注文字位置的尺寸线的中点处放置折弯；

☞ 删除：指定要从中删除折弯的线性标注或对齐标注。

7.19　倾斜**

【功能】使线性标注的尺寸界线倾斜。

【下拉菜单】标注→倾斜

【工具栏】标注：

【命令】dimedit

选择对象：使用对象选择方式选择标注对象；

输入倾斜角度；

倾斜后的标注如图 7-18 所示。

【操作提示】

☞ 默认：使用在位文字编辑器更改标注文字。用尖括号 (< >) 表示生成的测量值。用控制代码和 Unicode 字符串来输入特殊字符或符号。要编辑或替换生成的测量值，请删除尖括号，输入新的标注文字，然后选择"确定"。如果标注样式中未打开换算单位，可以通过输入方括号([ ])来显示它们。

☞ 旋转：旋转标注文字。此选项与DIMTEDIT的"角度"选项类似。输入 0 将标注文字按缺省方向放置。缺省方向由"新建标注样式"对话框、"修改标注样式"对话框和"替代当前样式"对话框中的"文字"选项卡上的垂直和水平文字设置进行设置。

☞ 倾斜：当尺寸界线与图形的其他要素冲突时，"倾斜"选项将很有用处。倾斜角从 UCS 的 X 轴进行测量。

倾斜标注的例子如图 7-18 所示。

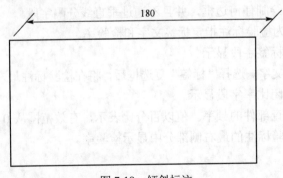

图 7-18　倾斜标注

7.20　对齐文字**

【功能】编辑标注文字的位置。

【下拉菜单】标注→对齐文字

【命令】dimtedit

选择标注：编辑、改变标注文字的位置；

指定标注文字的新位置或 [左(L)/右(R)/中心(C)/默认(H)/角度(A)]：也可使用鼠标任意指定标注文字的位置。

【操作提示】

☞ 默认：将旋转标注文字移回默认位置。选定的标注文字移回到由标注样式指定的默认位置和旋转角。

☞ 新建：使用在位文字编辑器更改标注文字。用尖括号(< >)表示生成的测量值。用控制代码和 Unicode 字符串来输入特殊字符或符号。要编辑或替换生成的测量值，请删除尖括号，输入新的标注文字，然后选择"确定"。如果标注样式中未打开换算单位，可以通过输入方括号([ ])来显示它们。

☞ 旋转：旋转标注文字。输入 0 将标注文字按缺省方向放置。缺省方向由"新建标注样式"对话框、"修改标注样式"对话框和"替代当前样式"对话框中的"文字"选项卡上的垂直和水平文字设置进行设置。

☞ 倾斜：当尺寸界线与图形的其他要素冲突时，"倾斜"选项将很有用处。倾斜角从 UCS 的 X 轴进行测量。

编辑标注文字位置的例子如图 7-19 所示。

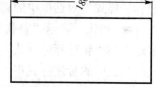

图 7-19　编辑标注文字的位置

7.21　标注样式**

【功能】创建新样式、设置当前样式、修改样式、设置当前样式的替代以及比较样式。

【下拉菜单】标注→标注样式

【工具栏】标注：

【命令】dimstyle

【操作提示】

此对话框（图 7-20）中提供以下选项。

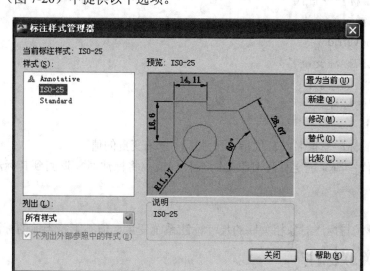

图 7-20　"标注样式管理器"对话框

☞ 当前标注样式：显示当前标注样式的名称。默认标注样式为标准。当前样式将应用于所创建的标注。

☞ 样式：列出图形中的标注样式。当前样式被亮显。在列表中单击鼠标右键可显示快捷菜单及选项，可用于设置当前标注样式、重命名样式和删除样式。不能删除当前样式或当前图形使用的样式。

☞ 列表：在"样式"列表中控制样式显示。如果要查看图形中所有的标注样式，请选择"所有样式"。如果只希望查看图形中标注当前使用的标注样式，请选择"正在使用的样式"。

☞ 不列出外部参照中的样式：如果选择此选项，在"样式"列表中将不显示外部参照图形的标注样式。

☞ 预览：显示"样式"列表中选定样式的图示。

☞ 说明：说明"样式"列表中与当前样式相关的选定样式。如果说明超出给定的空间，可以单击窗格并使用箭头键向下滚动。

☞ 置为当前：将在"样式"下选定的标注样式设置为当前标注样式。当前样式将应用于所创建的标注。

☞ 新建：显示"创建新标注样式"对话框，从中可以定义新的标注样式。

☞ 修改：显示"修改标注样式"对话框，从中可以修改标注样式。对话框选项与"新建标注样式"对话框中的选项相同。

☞ 替代：显示"替代当前样式"对话框，从中可以设置标注样式的临时替代值。对话框选项与"新建标注样式"对话框中的选项相同。替代将作为未保存的更改结果显示在"样式"列表中的标注样式下。

☞ 比较：显示"比较标注样式"对话框，从中可以比较两个标注样式或列出一个标注样式的所有特性。

7.22 替代*

【功能】替代标注系统变量。

【下拉菜单】标注→替代

【工具栏】标注：

【命令】dimoverride

输入要替代的标注变量名；

输入标准变量的新值；

选择要替代的标注。

【操作提示】

☞ 要替代的标注变量名：替代指定尺寸标注系统变量的值。

☞ 清除替代：清除选定标注对象的所有替代值；将标注对象返回到其标注样式所定义的设置。

【说明】

该命令只替代与标注对象相关联的尺寸标注系统变量，但不影响当前的标注样式。

7.23 重新关联标注*

【功能】将选定的标注关联或重新关联至对象或对象上的点。

【下拉菜单】标注→重新关联标注

【工具栏】标注：

【命令】dimreassociate

依次亮显每个选定的标注，并显示适于选定标注的关联点的提示；

每个关联点提示旁边都显示一个标记；

如果当前标注的定义点与几何对象无关联，则标记将显示为 X；

如果定义点与几何图像相关联，则标记将显示为框内的 X。

【说明】

DIMREASSOCIATE　不会更改　DIMLFAC　标注中的设置。

8 视 图

8.1 重画*

【功能】快速刷新或清除当前视口中的点标记，而不更新图形数据库。

在绘图和编辑过程中，有时会在屏幕留下一些杂乱显示内容（杂散像素），为了消除这些痕迹，不影响图形的正常观察，可以执行重画。

【下拉菜单】视图→重画

【命令】redraw，redrawall（或'redraw，'redrawall，用于透明使用）

重画一般情况下自动执行，redraw 命令只刷新当前窗口，redrawall 命令刷新所有窗口。

【说明】透明使用是指在其他命令的应用过程中使用该命令。

8.2 重生成*

【功能】从图形数据库重生成整个图形。

【下拉菜单】视图→重生成

【命令】regen

【说明】更新图形的屏幕显示，从而优化显示和对象选择的性能。

8.3 全部重生成*

【功能】重生成图形并刷新所有视图。

【下拉菜单】视图→全部重生成

【命令】regenall

【说明】更新图形的屏幕显示，从而优化显示和对象选择的性能。

8.4 缩放**

【功能】放大或缩小视图，缩放只改变局部视窗的大小，不会改变实际图形。

【下拉菜单】视图→缩放(范围，窗口，上一个，全部，动态，实时，中心，对象，放大，缩小)

【工具栏】在"标准"工具栏中有实时缩放 🔍，缩放上一个 🔍，窗口缩放 🔍。在缩放工具栏中还有动态缩放 🔍，比例缩放 🔍，中心缩放 🔍，放大 🔍，缩小 🔍，全部缩放 🔍，范围缩放 🔍。

【命令】zoom（或'zoom，用于透明使用）

指定窗口角点，输入比例因子(nX 或 nXP)，或者[全部(A)/中心点(C)/动态(D)/范围(E)/上一个(P)/比例(S)/窗口(W)/对象(O)] <实时>：用鼠标指定窗口的一个角点，再指定窗口的另一个角点；输入比例因子或选项；回车进入实时缩放。

【操作提示】

☞ 输入比例因子（nX 或 nXP）：按照一定比例进行缩放，X 指相对于模型空间缩放，

XP 相对于图纸空间缩放。

☞ 全部（A）：在当前视口中显示整个图形。对应菜单：视图→缩放→全部。

☞ 中心点：指定一中心点，该点作为视口中图形显示的中心。对应菜单：视图→缩放→中心点。

☞ 动态（D）：动态显示图形，该选项集成了平移(PAN)命令和显示缩放(ZOOM)命令中的"全部（A）"和"窗口（W）"功能。对应菜单：视图→缩放→动态。

☞ 范围(E)：将图形在当前视口中最大限度地显示。对应菜单：视图→缩放→范围。

☞ 上一个(P)：恢复上一个视口内显示的图形，最多可以恢复 10 个图形显示。对应菜单：视图→缩放→上一个。

☞ 比例(S)：根据输入的比例来显示图形。对应菜单：视图→缩放→比例。

☞ 窗口(W)：缩放由两点定义的窗口范围内的图形到整个视口的范围。对应菜单：视图→缩放→窗口。

☞ 对象（O）：缩放以便尽可能大地显示一个或多个选定的对象并使其位于视图的中心。

☞ 实时：在提示后直接回车，进入实时缩放状态，按住鼠标向上或向左放大图形，按住鼠标向下或向右缩小图形，对应菜单：视图→缩放→实时。

另外，在下拉菜单中，视图→缩放→放大，相当于比例缩放中的比例为 2X；视图→缩放→缩小，相当于比例缩放中的比例为 0.5X。

【说明】该命令经常透明使用以方便编辑操作，但在使用 VPOINT 或 DVIEW 命令时，或在使用另一个 ZOOM、PAN 或 VIEW 命令时，不能透明使用 ZOOM 命令。

8.5 平移**

【功能】通过使用平移命令或窗口滚动条，可以移动视图的位置。平移只改变视窗的位置，不会改变实际图形。

【下拉菜单】视图→平移(实时，定点，左，右，上，下)

【工具栏】

【命令】pan（或'pan，用于透明使用）

【操作提示】

☞ 实时：出现手形光标时，按住鼠标左键移动视图，也可使用鼠标滚轮移动图形。

☞ 定点：可将图形从第一指定点移到另一指定点。

☞ 左：向左移动视图。

☞ 右：向右移动视图。

☞ 上：向上移动视图。

☞ 下：向下移动视图。

8.6 鸟瞰视图

【功能】显示整个图形。AutoCAD 用一个宽边框标记当前视图。

【下拉菜单】视图→鸟瞰视图

【命令】dsviewer

【操作提示】

执行命令后，在屏幕上弹出"鸟瞰视图"窗口。图中，绿色线框即为当前显示在视口中的图形范围，该窗口包含了三个菜单项和三个按钮。

菜单里包括"视图"、"选项"、"帮助"，如图 8-1 所示。

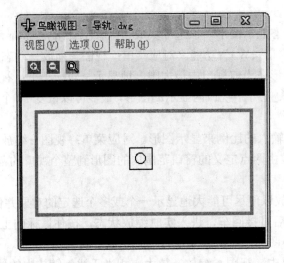

图 8-1 "鸟瞰视图"窗口

☞ 视图：视图里又包括"放大"、"缩小"、"全局"三个子项。

通过放大、缩小图形或在"鸟瞰视图"窗口显示整个图形来改变"鸟瞰视图"的缩放比例。当整个图形都显示在"鸟瞰视图"窗口时，不能使用"缩小"菜单选项和按钮。当前视图几乎充满"鸟瞰视图"窗口时，不能使用"放大"菜单项和按钮。如果两种情况同时发生，如使用 ZOOM 范围之后，两选项均不可用。所有菜单选项也可通过在"鸟瞰视图"窗口中单击右键从快捷菜单访问。

视图→放大：以当前视图框为中心放大两倍来增大"鸟瞰视图"窗口中的图形显示比例。

视图→缩小：以当前视图框为中心缩小两倍来减小"鸟瞰视图"窗口中的图形显示比例。

视图→全局：在"鸟瞰视图"窗口显示整个图形和当前视图。

☞ 选项：选项中又包括"自动视口"、"动态更新"、"实时缩放"三个子项。

选项→自动视口：是指在屏幕上切换视图，同步更新鸟瞰视图。当它打开时，自动显示活动视口的模型空间视图；当它关闭时，并不更新视图。

选项→动态更新：在编辑图形时更新鸟瞰视图。当它关闭时，并不更新鸟瞰视图，直到焦点切换到鸟瞰视图为止。

选项→实时缩放：指在鸟瞰视图缩放时是否同步更新视口显示。

☞ 按钮：包括"放大"，"缩小"，"全局"。

按钮→放大：将鸟瞰视图放大一倍显示，不影响图形视口。

按钮→缩小：将鸟瞰视图缩小一半显示，不影响图形视口。

按钮→全局：标准菜单里有，在鸟瞰视图窗口中显示整个图形，不影响图形视口。

【说明】

① "鸟瞰视图"窗口是一种浏览工具。它在一个独立的窗口中显示整个图形的视图，以便快速定位并移动到某个特定区域。"鸟瞰视图"窗口打开时，不需要选择菜单选项或输入命令，就可以进行缩放和平移。

② 在图纸空间,"鸟瞰视图"窗口只显示图纸空间对象,包括视口边界。在图纸空间不能从"鸟瞰视图"窗口对窗口进行实时更新。

8.7 视口**

【功能】创建新的视口配置,或命名和保存模型视口配置。对话框中可用的选项取决于用户是配置模型视口(或平铺视口,在模型选项卡中)还是配置布局视口(在布局选项卡中,图纸空间)。

【下拉菜单】视图→视口

【工具栏】在"视口"工具栏中有:显示"视口"对话框 ▦,单个视口 ▢,多边形视口 ▤,将对象转换为视口 ▦,剪裁现有视口 ▤。

【命令】vports

【操作提示】执行命令后,在屏幕上弹出"视口"窗口,如图 8-2 所示。

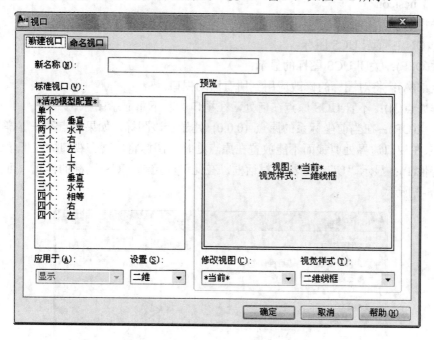

图 8-2 "视口"窗口

其中两个选项卡中的各选项与菜单栏的各选项意义相同,即:
☞ 命名视口:显示命名视口的布局选项。
☞ 新建视口:新建新视口。
☞ 一个视口:在界面中创建一个视图。
☞ 两个视口:在界面中创建两个视图。
☞ 三个视口:在界面中创建三个视图。
☞ 四个视口:在界面中创建四个视图。
☞ 多边形视口:用指定的点创建不规则形状的视口。
☞ 对象:指定闭合的多段线、椭圆、样条曲线、面域或圆,转换为视口。
☞ 合并:将两个相邻视口合并为一个大视口。

【说明】AutoCAD 可在屏幕上同时建立多个窗口，即视口。分成平铺视口（模型空间）和浮动视口（图纸空间）。平铺视口有以下特点：对每个视口而言，可以被分为最多 4 个视口，每个子视口又可以继续被分成最多 4 个子视口，如此类推；对每个视口而言，可以采用缩放、平移等命令控制该视口中的图形显示范围和大小，而不影响其他视口；可以对任何一个视口中的图形进行编辑，效果都一样。

8.8　显示

控制与视图显示有关的特性，可分成几个子项。

8.8.1　USC 图标

【功能】控制 UCS 图标的显示特性

【下拉菜单】视图→显示→UCS 图标(开，原点，特性)

【命令】ucsicon

【操作提示】

☞ 开(ON)：显示 UCS 图标；

☞ 关(OFF)：关闭 UCS 图标的显示；

☞ 全部(A)：将对图标的修改应用到所有活动视口。

☞ 非原点(N)：不管 UCS 原点在何处，在视口的左下角显示图标。

☞ 原点(OR)：在当前坐标系的原点 (0,0,0) 处显示该图标。如果原点不在屏幕上，或者如果图标未在视口边界处剪裁而不能放置在原点处时，图标将出现在视口的左下角。

☞ 特性(P)：显示 "UCS 图标" 对话框，在此可以控制 UCS 图标的样式、可见性和位置。如图 8-3 所示。

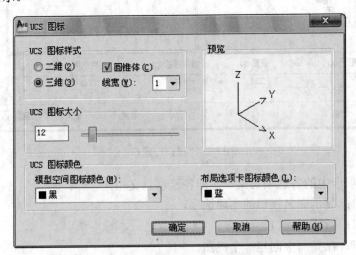

图 8-3　"UCS 图标" 对话框

"UCS 图标" 对话框含义如下：

UCS 图标样式：指定二维或三维 UCS 图标的显示及其外观。圆锥体：如果选中三维 UCS 图标，则 X 和 Y 轴显示三维圆锥形箭头。如果不选择 "圆锥体"，则显示二维箭头。线宽：控制选中三维 UCS 图标时 UCS 图标的线宽。可选 1、2 或 3 个像素。

预览：显示 UCS 图标在模型空间中的预览效果。

UCS 图标大小：按视口大小的百分比控制 UCS 图标的大小。默认值为 12，有效值范围是 5～95。注意，UCS 图标的大小与显示它的视口大小成比例。

UCS 图标颜色：控制 UCS 图标在模型空间视口和布局选项卡中显示的颜色。

模型空间图标颜色：控制 UCS 图标在模型空间视口显示的颜色。

布局选项卡图标颜色：控制 UCS 图标在布局选项卡中显示的颜色。

【说明】

① AutoCAD 在图纸空间和模型空间中显示不同的 UCS 图标。在两种空间中，当图标放置在当前 UCS 原点上时，将在图标的底部出现一个加号(+)。对于二维 UCS 图标，如果当前 UCS 与世界坐标系相同，则在图标的 Y 部分出现字母 W。对于三维 UCS 图标，如果 UCS 与世界坐标系相同，将在 XY 平面的原点显示一个矩形。

② 对于二维 UCS 图标，如果俯视 UCS（沿 Z 轴正方向），则在图标的底部出现一个框。仰视 UCS 时方框消失。对于三维 UCS 图标，俯视 XY 平面时，Z 轴是实线；仰视 XY 平面时，则为虚线。

③ 如果 UCS 旋转使 Z 轴位于与观察平面平行的平面上，也就是说，如果 XY 平面对观察者来说显示为边，那么二维 UCS 图标将被断铅笔图标所代替。三维 UCS 图标不使用断铅笔图标。

8.8.2 属性显示

【功能】全局控制属性的可见性

【下拉菜单】视图→显示→属性显示(普通，开，关)

【命令】attdisp

【操作提示】

☞ 普通(N)：保持每个属性当前的可见性设置。

☞ 开(ON)：显示所有属性。

☞ 关(OFF)：隐藏所有属性。

【说明】

属性是与块相关联的文字信息。除非 REGENAUTO（控制自动重生成的变量）处于关闭状态，否则改变属性的可见性后，AutoCAD 将重生成图形。AutoCAD 将属性的当前可见性存储在 ATTMODE 系统变量中。

8.8.3 文本窗口

【功能】文本窗口控制

【下拉菜单】视图→显示→文本窗口

【命令】txetscr(或 'textscr，用于透明使用)

【说明】该命令执行后将在独立的窗口中显示 AutoCAD 命令行。按 F2 键可在绘图区域和文本窗口之间进行切换。命令提示被隐藏时，可以通过在文本窗口中输入 commandline 将命令提示重新打开。AutoCAD 在双屏幕系统中忽略此命令。

8.9 工具栏**

【功能】指定要显示、关闭或定位的工具栏。

【下拉菜单】视图→工具栏

【命令】toolbar

【操作提示】执行命令后，出现如图 8-4 所示对话框。

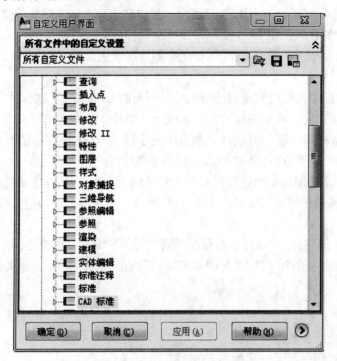

图 8-4　"自定义工具栏"对话框

在对话框中可选择需要显示或隐藏的工具栏，也可新建、重命名或删除某个工具栏。
光标指向工具栏，按鼠标右键，即弹出工具栏菜单，就可选用某一工具栏。

9 插　入

9.1　块**

【功能】将块或图形插入到当前图形中。

【下拉菜单】插入→块

【工具栏】

【命令】insert

【操作提示】调用该命令后，激活"插入"对话框，如图 9-1 所示。

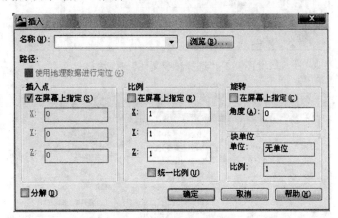

图 9-1　"插入"对话框

在名称一栏中选择当前图形中已定义的块，或单击浏览选择外部 DWG 文件；

设置块的插入点、比例和旋转角度；

单击"确定"按钮。

【说明】

①　可以用外部文件覆盖当前图形中的某个块定义。

②　如果想插入单独的物体而不是指向块定义的插入块，可选择分解。

③　如果选择在屏幕上指定选项，请在命令提示行中输入插入点、比例和旋转角度等参数。

【注意】如果当前文件和被插入文件（子文件）的图层名相同但设置不同，子文件中该图层上的物体将使用当前文件的设置。

9.2　DWG 参照

【功能】插入 DWG 文件作为外部参照。

【下拉菜单】插入→DWG 参照

【工具栏】

【命令】xattach

【操作提示】

调用该命令后，显示"选择参照文件"对话框，如图 9-2 所示。选择 DWG 文件后，将显示"附着外部参照"对话框，如图 9-3 所示。附着该文件后，可以通过"外部参照"功能区上下文选项卡调整和剪裁外部参照。

图 9-2　"选择参照文件"对话框

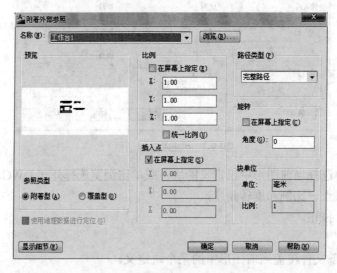

图 9-3　"附着外部参照"对话框

① 名称：标识已选定要进行附着的 DWG。

② 浏览：选择"浏览"以显示"选择参照文件"对话框，从中可以为当前图形选择新的外部参照。

③ 预览：显示已选定要进行附着的 DWG。

④ 参照类型：指定外部参照为附着型还是覆盖型。与附着型的外部参照不同，当附着覆盖型外部参照的图形作为外部参照附着到另一图形时，将忽略该覆盖型外部参照。

⑤ 使用地理数据进行定位：附着将地理数据用作参照的图形。

⑥ 比例：

☞ 在屏幕上指定：允许用户在命令提示下或通过定点设备输入。如果没有选择"在屏幕上指定"，则请输入比例因子的值。默认比例因子是 1。

☞ "比例因子"字段：为比例因子输入值。默认比例因子是 1。

⑦ 插入点：

☞ 在屏幕上指定：指定是通过命令提示输入还是通过定点设备输入。如果未选择"在屏幕上指定"，则需输入插入点的 X、Y 和 Z 坐标值。

☞ X：设置 X 坐标值。

☞ Y：设置 Y 坐标值。

☞ Z：设置 Z 坐标值。

⑧ 路径类型：选择完整（绝对）路径、外部参照文件的相对路径或"无路径"、外部参照的名称（外部参照文件必须与当前图形文件位于同一个文件夹中）。

⑨ 旋转：

☞ 在屏幕上指定：如果选择了""在屏幕上指定"，则可以在退出该对话框后用定点设备旋转对象或在命令提示下输入旋转角度值。

☞ 角度：如果未选择"在屏幕上指定"选项，则可以在对话框里输入旋转角度值。默认旋转角度是 0。

⑩ 块单位：

☞ 单位：显示为插入块指定的 INSUNITS 值。

☞ 比例：显示单位比例因子，它是根据块和图形单位的 INSUNITS 值计算出来的。

⑪ 显示细节：

☞ 位置：显示外部参照文件的路径。

☞ 保存路径：显示附着外部参照时与图形一起保存的路径。路径取决于"路径类型"设置。

9.3　DWF 参照

【功能】更改 DWF 参考底图的显示、剪裁、图层和对象捕捉选项。

【下拉菜单】插入→DWF 参照

【工具栏】

【命令】dwfattach

【操作提示】选择图形中的 DWF 参考底图时，"DWF 参考底图"上下文选项卡将显示在功能区上，如图 9-4 所示。

图 9-4　DWF 参照

① "调整"面板：

☞ 对比度：控制参考底图的对比度和淡入效果。此值越大，每个像素就会在更大程度上被强制使用主要颜色或次要颜色。

☞ 淡入度：控制划线的外观。值越大，参考底图中显示的线条越浅。

☞ 以单色显示：以黑白色显示参考底图。

② "剪裁"面板：

☞ 创建剪裁边界：用户可删除旧的剪裁边界（如果有）并创建新边界。

☞ 删除剪裁：删除剪裁边界。

③ "选项"面板：

☞ 显示参考底图：隐藏或显示参考底图。

☞ 启用捕捉：确定是否为 DWF 参考底图中的几何图形启用对象捕捉。

☞ 外部参照：显示 "外部参照" 选项板。

④ "DWF 图层"面板：

☞ 编辑图层：控制 DWF 参考底图中图层的显示。

9.4　PDF 参照

【下拉菜单】插入→PDF 参照

【工具栏】

【命令】pdfattach

【操作提示】

该操作与 DWF 的操作步骤相同。

9.5　光栅图像参照

【功能】将新的图像附着到当前的图形中。

【下拉菜单】插入→光栅图像参照

【工具栏】

【命令】imageattach

执行该命令后，打开 "选择图像文件" 对话框，通过该对话框可以查看光栅图像、两色位图图像、8 位灰度图像、8 位彩色图像或 24 位彩色图像文件，并将其附着到图形中。附着图像将创建图像定义、将图像加载到内存中并显示该图像。标识要附着的选定图像，可以从 "选择图像文件" 对话框中选择（未附着过的图像），也可以从以前附着过的图像列表中选择。要添加已附着的图像文件的另一个引用，可以从列表中选择图像名后选择 "确定"。

【说明】光栅图像不保存在图形文件中，而只是建立了指向该光栅图像的指针，就像外部应用一样。

9.6　字段

【功能】创建具有字段的多行文字对象，该对象可随字段值更改而自动更新。

【下拉菜单】插入→字段

【工具栏】

【命令】field

也可用快捷菜单：在任意文字命令处于活动状态时，单击右键，然后单击 "插入字段"。

调用该命令后，显示字段对话框。在字段类别中单击下拉菜单，在所列选项中选择；在字段名称选项中选择；该对话框中可用的选项随字段类别和字段名称的变化而变化；对其他如格式等选项也作出选择。在对话框下方显示了字段表达式，它不可编辑，但用户可以通过阅读此区域来了解字段的构造方式。

【说明】

① 字段是包含说明的文字，这些说明用于可能会在图形生命周期中修改的数据。

② 字段可以插入到任意种类的文字（公差除外）中，其中包括表单元、属性和属性定义中的文字。

③ 一些图纸集字段可以作为占位符插入。例如，可以将"图纸编号和标题"作为占位符插入。没有值的字段将显示连字符 (----)。

9.7　点云

9.7.1　附着

【下拉菜单】插入→点云→附着

【工具栏】

【命令】PointCloudAttach

【说明】指定点云的插入点。根据插入对象捕捉的位置，会将点云插入指定的坐标处。如果地理位置信息存在于当前图形和点云文件中，则可以根据该数据插入文件。

9.7.2　索引

【下拉菜单】插入→点云→索引

【工具栏】

【命令】PointCloudIndex

【说明】显示"选择数据文件"和"创建带索引的点云文件"对话框。根据扫描文件创建带索引的点云文件，这些扫描文件由 LiDAR 扫描仪创建（LAS 文件）或由更小型的三维扫描仪创建（XYB、LAS、FLS 或 FWS 文件）。

9.7.3　密度

【下拉菜单】插入→点云→密度

【工具栏】

【命令】PointCloudDensity

【说明】该系统变量的值是 1500000 的百分比，1500000 是可在图形中存在的最大点数（不考虑附着到单个图形的点云数目）。

例如，如果该系统变量设定为 1，即使屏幕上显示了多个点云，一次最多也只显示 15000 个点。15000 个点将均匀分布在这些可见的点云之间。

9.8　布局*

【功能】创建新布局。

9.8.1　命令行创建布局

【下拉菜单】插入→布局→新建布局、来自样板的布局

【工具栏】

【命令】layout

执行该命令后，系统提示：

输入布局选项 [复制(C)/删除(D)/新建(N)/样板(T)/重命名(R)/另存为(SA)/设置(S)/?]，选取响应的选项可以对布局进行不同的操作。

【操作提示】

☞ 复制(C)：复制布局。如果不提供名称，则新布局以被复制的布局的名称附带一个递增的数字（在括号中）作为布局名。新选项卡插到复制的布局选项卡之前。

☞ 删除(D)：删除选定的布局，默认当前布局。

☞ 新建(N)：创建新的布局选项卡。在单个图形中可以创建最多 255 个布局。布局名必须唯一。布局名最多可以包含 255 个字符，不区分大小写。布局选项卡上只显示最前面的 31 个字符。

☞ 样板(T)：基于样板(DWT)、图形(DWG)或图形交换(DXF)文件中现有的布局创建新布局选项卡。如果将系统变量 FILEDIA 设置为 1，则将显示标准文件选择对话框，用以选择 DWT、DWG 或 DXF 文件。选定文件后，程序将显示"插入布局"对话框，其中列出了保存在选定的文件中的布局。选择布局后，该布局和指定的样板或图形文件中的所有对象被插入到当前图形。

☞ 重命名(R)：修改已有布局的名称，布局名必须唯一。布局名最多可以包含 255 个字符，不区分大小写。布局选项卡上只显示最前面的 31 个字符。

☞ 另存为(SA)：用于将布局保存为一个图形样板（.DWT）文件。

☞ 设置(S)：指定一个布局为当前布局。

☞ ？：显示图形中定义的所有布局。

【说明】将鼠标指针指向"布局"标签并单击鼠标右键，从弹出的快捷菜单中也可以对布局进行创建、删除等功能。

9.8.2 创建布局向导

【下拉菜单】插入→布局→创建布局向导

【命令】layoutwizard

【操作提示】启动创建布局命令后，系统显示如图 9-5 所示对话框，并一步一步进行新布局的创建。

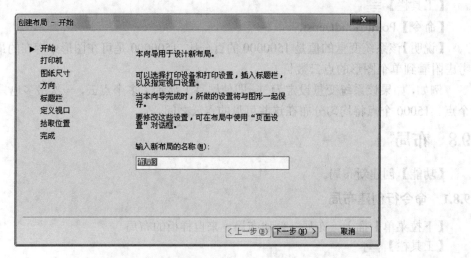

图 9-5 "创建布局-开始"对话框

　　☞ 在开始对话框中输入新建布局名称，单击"下一步"后出现打印机对话框直至完成所有选项的设置；

　　☞ 在打印机对话框中列出当前计算机可以使用的打印机；

　　☞ 在图纸尺寸对话框中选择打印图纸的大小并选择所用的单位；

　　☞ 在方向对话框中设置布局的方向；

　　☞ 在标题栏对话框中可以选择已经存在的图纸样式，在对话框右侧给出所选样式的预览图像，还可指定所选的图纸样式是作为块还是外部参照插入到图形中；

　　☞ 在定义视口对话框中指定布局的视图设置、比例等；

　　☞ 当完成拾取位置设置后，出现如图 9-6 所示的"创建布局-完成"对话框，点击"完成"结束新布局的创建。

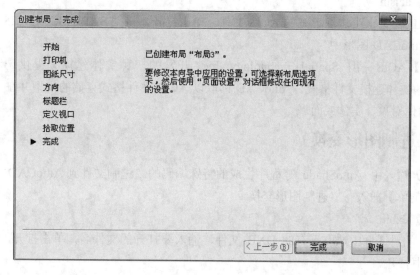

图 9-6　"创建布局-完成"对话框

9.9　3D Studio

　　【功能】输入 3D Studio 文件到 AutoCAD。

　　【下拉菜单】插入→3D Studio

　　【工具栏】

　　【命令】3dsin

　　【操作提示】在弹出的文件输入对话框中选取已有的 3D Studio 文件，单击打开。Auto CAD 将显示 3D Studio 文件输入选项对话框。

　　☞ 可用对象：显示 3D Studio 文件中所有对象的名称，最多可以选择 70 个对象。

　　☞ 选定对象：显示要输入的选定 3D Studio 对象。

　　☞ 保存到图层：控制如何将 3D Studio 对象指定到图形中的图层。

　　☞ 多重材质对象：3D Studio 按面、元素或对象指定材质。AutoCAD 仅按对象指定材质。当 AutoCAD 遇到指定了多重材质的 3D Studio 对象时，必须找出一种方法来处理指定。

　　【说明】

　　① 输入的对象被赋予最接近其 3D Studio 颜色的 AutoCAD 颜色。

② 3D Studio 光源被转换为最接近的 AutoCAD 光源。环境光失去其颜色。泛光光源变成点光源。聚光灯变成 AutoCAD 聚光灯。3D Studio 相机变成 AutoCAD 命名视图。

③ 如果 3D Studio 对象的名称与 AutoCAD 图形中的名称冲突，3D Studio 对象名称将被赋予一个序号以解决冲突。为了解决冲突，此名称可能会被截断。

9.10 ACIS 文件

【功能】输入 ACIS 文件到 AutoCAD。

【下拉菜单】插入→ACIS 文件

【工具栏】

【命令】acisin

在弹出的对话框中选取已有的 ACIS 文件，单击打开，将把 SAT (ASCII) ACIS 文件输入到用户的 AutoCAD 图形中。

【说明】ACIS（由 Spatial Technology, Inc. 开发的一种实体建模）提供一种可用于 AutoCAD 的实体建模文件格式。AutoCAD 读取以 ACIS 文件格式存储的模型并在 AutoCAD 图形中创建体对象、实体或面域。

9.11 二进制图形交换

【功能】输入由 AutoShade 等程序生成的特殊编码的二进制文件到 AutoCAD。

【下拉菜单】插入→二进制图形交换

【命令】dxbin

在弹出的对话框中选取已有的 DXB 文件，输入要打开的文件名，单击打开，文件将在 AutoCAD 中打开。

9.12 Windows 图元文件*

【功能】以 Windows 图元文件格式输入文件到 AutoCAD。

【下拉菜单】插入→Windows 图元文件

【工具栏】

【命令】wmfin

在弹出的对话框中选取已有的 WMF 文件，单击打开即可。

【说明】与位图和光栅文件不同，图元文件包含矢量信息，这些信息可以在不丢失分辨率的情况下缩放和打印。

9.13 OLE 对象

【功能】插入链接对象或内嵌对象到当前 AutoCAD。

【下拉菜单】插入→OLE 对象

【工具栏】

【命令】insertobj

【操作提示】执行该命令后显示如图 9-7 所示的"插入对象"对话框（1）。

图 9-7 "插入对象"对话框（1）

点击"由文件创建"，显示如图 9-8 所示的"插入对象"对话框（2）。

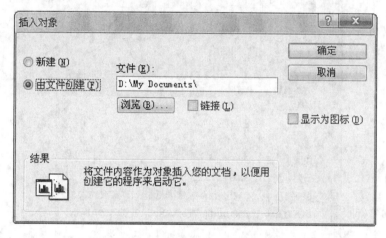

图 9-8 "插入对象"对话框（2）

☞ 选"新建"（图 9-5），打开"对象类型"列表中亮显的应用程序以创建新的插入对象；

☞ 在选"新建"前提下，选"显示为图标"则插入的对象将以图标的形式显示；

☞ 如选"由文件创建"，将出现如图 9-8 所示的对话框，可指定要链接或嵌入的文件；

☞ 在选"由文件创建"前提下，选"链接"，则创建到选定文件的链接，而不是嵌入它。选"显示为图标"，则在 AutoCAD 图形中显示源应用程序的图标。双击该图标可显示链接或嵌入信息。

【说明】

① 在向 AutoCAD 图形中插入来自支持 OLE 的应用程序的对象时，此对象可以保持与源文件的连接。

② 链接的对象仍保持与源文件的关联。在 AutoCAD 中编辑链接对象时，源文件也随之改变。在源文件中编辑对象时，链接的 AutoCAD 对象也随之改变。

③ 内嵌对象与其源文件没有关联。在 AutoCAD 图形中使用源应用程序编辑嵌入数据，源文件不会改变。

9.14 外部参照

【功能】将其他图形链接到当前 AutoCAD 图形中，并提供其拆离、重载等功能。

【下拉菜单】插入→外部参照

【工具栏】

【命令】xref，externalreferences

【操作提示】调用该命令后，显示"外部参照"选项板，如图 9-9 所示。

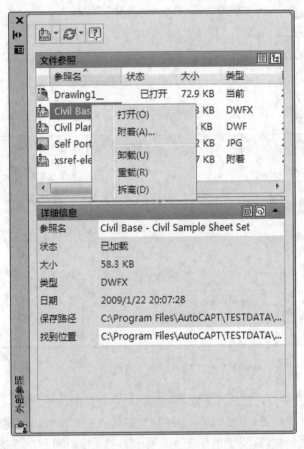

图 9-9 "外部参照管理器"对话框

"外部参照"选项板用于组织、显示和管理参照文件，例如 DWG 文件（外部参照）、DWF、DWFx、PDF 或 DGN 参考底图以及光栅图像。

只有 DWG、DWF、DWFx、PDF 和光栅图像文件可以从"外部参照"选项板中直接打开。

☞ AutoCAD 为附着的外部参照图形提供了两种方式：列表图和树状图。默认设置是以列表图列出已附着的外部参照文件及相关数据。若要将文件按字母排序，单击"参照名"列，再次单击则为反序排列；

☞ 双击外部参照文件名或按 F2，可以对文件重命名；

☞ "?"选项，列出 DWG 参照的名称、路径和类型以及当前附着到用户图形中的 DWG 参照数；

☞ "附着"选项，单击后将打开"选择参照文件"对话框，可选择需要插入到当前图形中的外部参照文件；

☞ "拆离"选项，从图形中拆离一个或多个 DWG 参照，从定义表中删除指定外部参照的所有实例，并将这个外部参照定义删除。只能拆离直接附着或覆盖到当前图形中的外部参照，而不能拆离嵌套的外部参照；

☞ "重载"选项，重载一个或多个 DWG 参照。这个选项重载并显示最近保存的图形；

☞ "卸载"选项，卸载选定的 DWG 参照；

☞ "绑定"选项，将指定的 DWG 参照转换为块，使其成为图形的永久组成部分；

☞ "覆盖"选项，显示"输入要覆盖的文件名"对话框（标准的文件选择对话框）。选择要将其作为外部参照覆盖附着到图形的文件。如果参照的图形自身包含被覆盖的外部参照，则被覆盖的外部参照不会显示在当前图形中。

☞ "路径"选项，显示并编辑与特定的 DWG 参照关联的路径名称。当改变与外部参照相关联图形文件的位置或重命名这个图形文件时，可以使用这个选项。

【说明】

① "状态"列内显示外部参照文件当前的状态；

② "大小"列显示外部参照文件的大小；

③ "类型"列指出外部参照是"附加"型或是"覆盖"型；

④ "日期"列显示相关文件的最新修改日期，当此文件为"已卸载"、"未找到"或"未融入"时，不列出此项；

⑤ "保存路径"列显示外部文件的保存路径；

⑥ 树状列表显示了附着外部参照文件的嵌套关系，不管是什么类型的文件都显示出来。

9.15　超链接

【功能】在对象上附着超链接或修改现有的超链接。

【下拉菜单】插入→超链接

【工具栏】

【命令】hyperlink

调用该命令后，先选择对象，然后出现插入超链接对话框。

在对话框中键入"显示文字"内容，并键入或选择"键入文件或 Web 页名称"。

单击"确定"。

【说明】

① 显示文字：该文本框用于设置超链接的说明。将光标移到插入超链接对象处，除光标变为连接图表外，底下还显示该说明文字。

② 文件或 Web 页：指超链接所指向的文件或 URL。

③ 此图形的视图：显示当前图形中命名视图的可扩展的树状图，从中可选择一个进行链接。

④ 电子邮件地址：指定链接目标电子邮件地址。执行超链接时，将使用默认的系统邮件程序创建新邮件。

⑤ 如要编辑已有的超链接，则要先选取一个或多个要编辑的对象，出现编辑超链接对话框，在该对话框中进行编辑、删除。

10 工　具

10.1　工作空间

【功能】设置、创建、修改和保存工作空间，并将其设定为当前工作空间。

【下拉菜单】工具→工作空间→草图与注释/三维建模/AutoCAD 经典/工作空间设置

【命令】wscurrent，wssave，wssettings，cui，workspacelabel

【说明】

工作空间是由分组组织的菜单、工具栏、选项板和功能区控制面板组成的集合，使用户可以在专门的面向任务的环境中工作。

10.2　选项板

10.2.1　功能区[*]

【功能】打开或关闭功能区。

【下拉菜单】工具→选项板→功能区

【命令】ribbon，ribbonclose

【说明】功能区将传统的菜单命令、工具箱、属性栏等内容分类集中于一个区域。功能区主要由"功能选项卡"、"面板"与"功能按钮"组成，在"二维草图与注释"工作空间中包含"常用"、"插入"、"注释"、"参数化"、"视图"、"管理"和"输出"7 个功能选项卡，如图 10-1 所示。每个选项卡又包含了多个不同的功能面板，功能区选项卡可控制功能区面板在功能区上的显示及显示顺序。

图 10-1　功能区

10.2.2　特性[**]

【功能】显示、修改图形对象的特性。

【下拉菜单】工具→选项板→特性

【工具栏】▤

【命令】properties

执行该命令后，AutoCAD 将显示如图 10-2 所示的特性窗口。

【说明】

① 在绘制和修改对象时，如果开启特性窗口则它始终显示在图形区；

② 当选择两个或两个以上类似对象时（如两个圆），只显示相同特性的值，而其他不相同的特性值为空白，如果在空白处输入一个值，则这些对象都将使用这个新值；

③ 在特性窗口中修改对象的特性，则修改值立刻显示在图形中，结束修改，按 Esc 键两次；

④ 对象特性管理器是一个十分有用的功能，它可以对图形中多个图元同时进行修改。

10.2.3 图层

【功能】修改选定的图层状态。显示选定的图层状态中已保存的所有图层及其特性，视口替代特性除外。

【下拉菜单】工具→选项板→图层

【工具栏】

图 10-2 "特性"选项板

【命令】layer

执行该命令后，AutoCAD 将显示如图 10-3 所示的特性窗口。

图 10-3 "图层特性管理器"对话框

【操作提示】

① 新建特性过滤器（ ）：单击该按钮，打开如图 10-4 所示对话框，输入过滤器名称，然后在"过滤器定义"列表框中定义过滤条件，点击"确定"按钮。此时，"图层特性管理器"选项板就只显示过滤后的图层。

② 新建组过滤器（ ）：单击该按钮，此时选项板左侧列表中即生成一个组过滤器，用户直接输入名称即可。然后，打开"所有使用的图层"选项，将需要加入组过滤器的图层拖到该组过滤器上。选择该组过滤器，即可查看被加入的图层了。

③ 图层状态管理器（ ）：单击该按钮，打开如图 10-5 所示对话框，显示图形中已保存的图层状态列表。可以创建、重命名、编辑和删除图层状态。

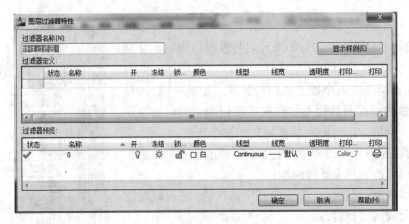

图 10-4 "图层过滤器特性"对话框

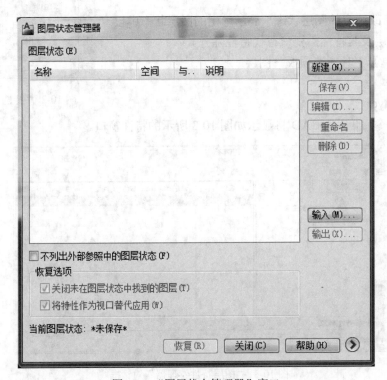

图 10-5 "图层状态管理器"窗口

10.2.4　工具选项板*

【功能】显示或隐藏"工具选项板"窗口。

【下拉菜单】工具→选项板→工具选项板

【工具栏】

【命令】toolpalettes

【操作提示】

使用工具选项板可在选项卡形式的窗口中整理块、图案填充和自定义工具。可以通过在"工具选项板"窗口的各区域单击鼠标右键时显示的快捷菜单访问各种选项和设置。例如，可以更改块的插入比例或填充图案的角度。在某个工具上单击鼠标右键，然后单击快捷菜单中的"特性"以显示"工具选项板"窗口。如图 10-6 所示。

10.2.5 快速计算器*

【功能】显示或隐藏快速计算器，执行各种算术、科学和几何计算，创建和使用变量，并转换测量单位。

【下拉菜单】工具→选项板→快速计算器

【工具栏】

【命令】quickcalc

执行该命令后，显示如图 10-7 所示的窗口。

【操作提示】

☞ 清除：（　）：清除输入框。

☞ 清除历史记录：（　）：清除历史记录区域。

☞ 将值粘贴到命令行：（　）：在命令提示下将值粘贴到输入框中。在命令执行过程中以透明方式使用"快速计算器"时，在计算器底部，此按钮将替换为"应用"按钮。

☞ 获取坐标"（　）：计算用户在图形中单击的某个点位置的坐标。

☞ 两点之间的距离：（　）：计算用户在对象上单击的两个点位置之间的距离。计算的距离始终显示为无单位的十进制值。

☞ 由两点定义的直线的角度：（　）：计算用户在对象上单击的两个点位置之间的角度。

☞ 由四点定义的两条直线：（　）：计算用户在对象上单击的四个点位置的交点。

☞ 帮助：（　）：显示"快速计算器"的帮助。

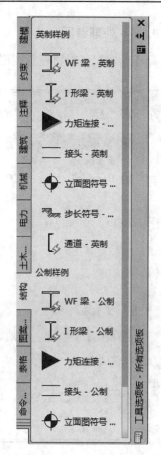

图 10-6 "工具选项板"窗口

图 10-7 "快速计算器"窗口

10.2.6 外部参照

【功能】可以将任意图形文件插入到当前图形中作为外部参照。

图 10-8 "外部参照"窗口

【工具栏】

【命令】externalreferences

执行命令后，将显示如图 10-8 所示的对话框。

【说明】点击"附着 DWG"按钮（ ），则附着外部参照。此功能与"插入"菜单下的外部参照相同。

10.2.7 图纸集管理器

【功能】显示或隐藏图纸集管理器窗口。

【下拉菜单】工具→选项板→图纸集管理器

【工具栏】

【命令】sheetset，sheetsethide

图纸集管理器用于组织、显示和管理图纸集（图纸的命名集合）。图纸集中的每张图纸都与图形（DWG）文件中的一个布局相对应。

"图纸集管理器"窗口的上部包含称为"图纸列表控件"的列表框和若干个按钮。根据选定的选项卡，按钮会发生变化。

执行命令后，显示"图纸集管理器"窗口，如图 10-9 所示。

【操作提示】

☞ "图纸列表"选项卡：显示按顺序排列的图纸列表。可以将这些图纸组织到用户创建的名为子集的标题下。

☞ "图纸视图"选项卡：显示当前图纸集使用的、按顺序排列的视图列表。可以将这些视图组织到用户创建的名为类别的标题下。

☞ "模型视图"选项卡：显示可用于当前图纸集的文件夹、图形文件以及模型空间视图的列表。可以添加和删除文件夹位置，以控制哪些图形文件与当前图纸集相关联。

10.2.8 标记集管理器**

【功能】打开或关闭标记集管理器。

【下拉菜单】工具→选项板→标记集管理器

【工具栏】

【命令】markup，markupclose

标记集是一组标记，包含在单个 DWF 文件中。将标记集加载到标记集管理器后，树状图会显示每个带标记的图纸及其关联标记。在标记集管理器中，可以选择各个标记，查看其状态和其他详细信息，例如标记的创建者、创建日期和时间以及与标记相关的任何注释。

执行命令后，显示"标记集管理器"窗口，如图 10-10 所示。

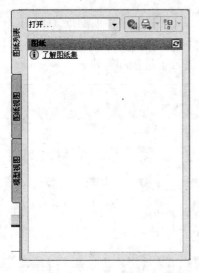

图 10-9 "图纸集管理器"窗口

图 10-10 "标记集管理器"窗口

【操作提示】

☞ 标记集列表控件：标记集列表控件显示标记集的名称（如果未打开任何标记集则显示"打开"选项）。

☞ 重新发布标记 DWF：提供重新发布带标记的 DWF 文件的选项。

☞ 查看红线圈阅几何图形：在绘图区域中显示或隐藏红线圈阅标记几何图形。按下此按钮时，绘图区域中将显示红线圈阅标记几何图形。

☞ 查看 DWG 几何图形：在绘图区域中显示或隐藏原始图形文件。按下此按钮时，绘图区域中将显示图形文件。

☞ 查看 DWF 几何图形：在绘图区域中显示或隐藏 DWF 文件几何图形。按下此按钮时，绘图区域中将显示 DWF 文件几何图形。

☞ 标记：显示已加载的标记集。树状图中的顶层节点代表当前已加载的标记集。每张包含关联标记的图纸显示为一个图纸节点。添加到 DWF Composer 中 DWF 文件的任何图纸以斜体列出。每个标记在其对应的图纸下显示为一个单独的节点。

☞ 标记详细信息：提供当前在"标记"区域中选定节点（标记集、图纸或单个标记）的信息。

10.2.9 设计中心

【功能】不同文件之间交换、插入基本设置、块、外部参照和填充图案等内容。

【下拉菜单】工具→选项板→设计中心

【工具栏】▦

【命令】adcenter

执行该命令后，显示如图 10-11 所示的"设计中心"窗口。

"设计中心"窗口分为两部分，左边为树状图，右边为内容区。树状图显示用户计算机和网络驱动器上的文件与文件夹的层次结构、打开图形的列表、自定义内容以及上次访问过的位置的历史记录。选择树状图中的项目以便在内容区域中显示其内容。在树状图中可浏览内容的源，而在内容区显示内容。在内容区显示树状图中当前选定"容器"的内容。容器是包含设计中心可以访问的信息的网络、计算机、磁盘、文件夹、文件或网址 (URL)。在内容区可将项目添加到图形或工具选项板中。在内容区的下面，也可以显示选定图形、块、填充图案或外部参照的预览或说明。窗口顶部的工具栏提供若干选项和操作。

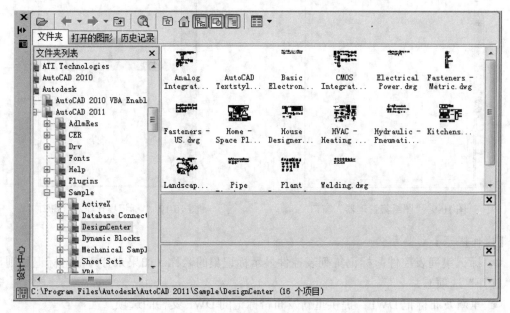

图 10-11　"设计中心"窗口

【操作提示】

☞ "文件夹"选项卡：显示计算机或网络驱动器中文件和文件夹的层次结构。

☞ "打开的图形"选项卡：显示 AutoCAD 任务中当前打开的所有图形，包括最小化的图形。

☞ "历史记录"选项卡：显示最近在设计中心打开的文件的列表，包括路径。

☞ "联机设计中心"选项卡：用于访问联机设计中心网页。

☞ "树状图切换"按钮：单击该按钮，可以显示或隐藏树状视图。

☞ "收藏夹"按钮：单击该按钮，在内容区域中显示"收藏夹"文件夹的内容，包含经常访问项目的快捷方式。

☞ "加载"按钮：单击该按钮，显示"加载"对话框，浏览本地和网络驱动器或 Web 上的文件，然后选择内容加载到内容区域。

☞ "预览"按钮：单击该按钮，显示或隐藏内容区域窗格中选定项目的预览。如果选定项目没有保存的预览图像，"预览"区域将为空。

☞ "说明"按钮：显示或隐藏内容区域窗格中选定项目的文字说明。如果同时显示预览图像，文字说明将位于预览图像下面。如果选定项目没有保存的说明，"说明"区域将为空。

☞ "视图"按钮：为加载到内容区域中的内容提供不同的显示格式。可以从"视图"列表中选择一种视图，或者重复单击"视图"按钮在各种显示格式之间循环切换。默认视图根据内容区域中当前加载的内容类型的不同而有所不同。

☞ "搜索"按钮：显示"搜索"对话框，从中可以指定搜索条件以便在图形中查找图形、块和非图形对象，用于选择性插入。

举例：应用设计中心将其他图形中的图层设置、文字样式、标注样式、线型和外部参照拖入当前图形中。打开源图形中的图层，如图 10-12 所示，用鼠标拉出一个选择框，按住左键不放，拖入当前图形中。

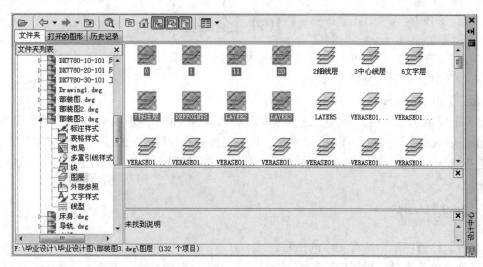

图 10-12 插入外部图形设置

10.2.10 数据库连接

【功能】提供到外部数据库表的 AutoCAD 接口。

【下拉菜单】工具→选项板→数据库连接

【命令】dbconnect

执行该命令后，弹出"数据库连接管理器"对话框（图 10-13）；

利用数据库连接管理器配置数据源；

将配置信息保存在 UDL 文件中；

连接到数据源；

建立图形对象与数据库记录之间的连接。

【说明】

① 配置数据源过程因数据库管理系统不同而异；

② ULD 是 Microsoft 数据连接文件；

③ AutoCAD 支持对下列数据库的连接：Microsoft Access 、Excel、Oracle、Visual Foxpro、SQL Server、Paradox。

图 10-13 "数据库连接管理器"对话框

10.3 命令行

【功能】显示隐藏的命令行窗口。可以在可固定并可调整大小的窗口（称为命令行窗口）中显示命令、系统变量、选项、消息和提示。

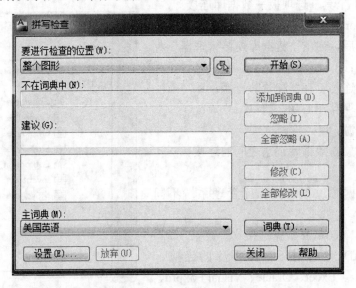

图 10-14　命令行

【下拉菜单】工具→命令行

【命令】commandline

执行该命令后，显示隐藏的命令行窗口，如图 10-14 所示。

10.4　全屏显示**

【功能】清除工具栏和可固定窗口（命令行除外）屏幕。

【下拉菜单】工具→全屏显示

【命令】cleanscreenon

屏幕上仅显示菜单栏、"模型"选项卡和布局选项卡（位于图形底部）、状态栏和命令行。使用 cleanscreenoff 可恢复界面项（菜单栏、状态栏和命令行除外）的显示。按 CTRL+0（零）组合键在 cleanscreenon 和 cleanscreenoff 之间切换。"全屏显示"按钮位于应用程序状态栏的右下角。

10.5　拼写检查

【功能】检查图形中所有文字的拼写。

【下拉菜单】工具→拼写检查

【命令】spell

选择一个或多个文字；

发现可疑单词将显示如图 10-15 所示的对话框；

当检查完所有文字后，命令行中将显示"检查已经完成"的信息。

图 10-15　"拼写检查"对话框

【操作提示】

☞ 单击"修改"将用"建议"框中的单词替换当前词语；

☞ 单击"全部修改"将替换文本中所有这样的单词；

☞ 单击"忽略"将不替换而跳过当前词语；

☞ 单击"全部忽略"将全部忽略并跳过文本中所有这样的单词；

☞ 单击"添加到词典"将当前词语添加到当前词典或用户词典中；

☞ 单击"开始"将检查"建议"框内词语的拼写。

【说明】出现拼写检查对话框时有时当前单词是正确的，但由于一些专有名词如"PDM"，系统词典没有收录，可能会建议替换。

10.6 快速选择

【功能】根据过滤条件创建选择集。

【下拉菜单】工具→快速选择

【命令】qselect

调用该命令后将显示"快速选择"对话框，如图 10-16 所示。用户可以进行快速过滤功能的各项设置。

例：使用"快速选择"选择图形中的蓝色对象。

在对话框的"应用到"下，选择"整个图形"；

在"对象类型"下，选择"所有图元"；

在"特性"下，选择"颜色"；

在"运算符"下，选择"= 等于"；

在"值"下，选择"蓝色"；

在"如何应用"下，选择"包括在新选择集中"；

单击"确定"。

【注意】快速选择功能在绘图中很有使用价值，请读者自己体会。

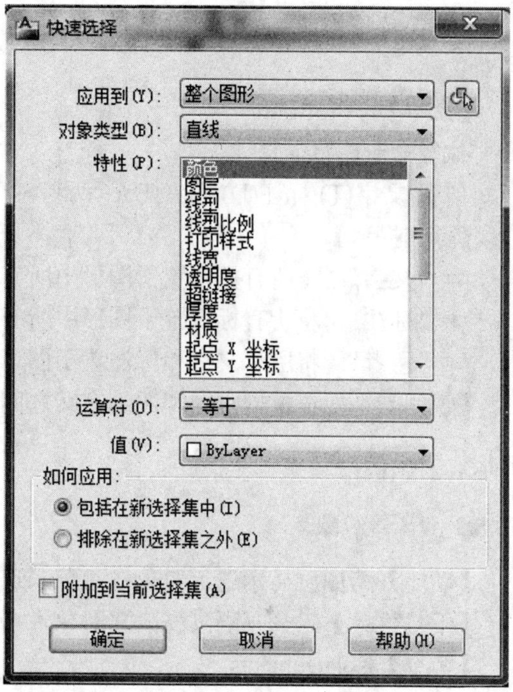

图 10-16 "快速选择"对话框

10.7 绘图次序

10.7.1 图形对象的绘图次序

【功能】修改图像和其他对象的绘图次序。

【下拉菜单】工具→绘图次序→前置、后置、置于对象之上、置于对象之下

【工具栏】绘图次序：前置 ⌨、后置 ⌨、置于对象之上 ⌨、置于对象之下 ⌨

【命令】draworder

选择对象：可用各种方法；

输入对象排序选项：对象上/对象下/最前/最后；

选择参照对象：选择更改显示顺序的参照对象。

【操作提示】

☞ "对象上"：用于将选顶对象移动到指定参照对象的上面；

☞ "对象下"：用于将选顶对象移动到指定参照对象的下面；

☞ "最前"：用于将选顶对象移动到图形次序的最前面；

☞ "最后"：用于将选顶对象移动到图形次序的最后面

【说明】

① 当选择多个对象进行重排序时，AutoCAD 将保持选定对象的相对显示次序，选择方法不影响图形次序；

② 对象重排序之后此命令终止，并不继续提示对其他对象进行重排序。

10.7.2　文本和标注对象的绘图次序

【功能】修改文本和标注对象的绘图次序。

【下拉菜单】工具→绘图次序→文字和标注前置→仅文字对象、仅标注对象、文字和标注对象

【命令】texttofront

执行命令后将显示：

前置[文字(T)/标注(D)/两者(B)] <两者>：输入选项或按回车键；

【操作提示】

☞ "文字"：将所有文字置于图形中所有其他对象之前。

☞ "标注"：将所有标注置于图形中所有其他对象之前。

☞ "两者"：将所有文字和标注置于图形中所有其他对象之前。

【说明】不能在模型空间和图纸空间之间控制重叠的对象，而只能在同一空间内控制。

10.8　隔离

10.8.1　隔离对象

【功能】跨图层显示选定对象；隐藏未选定的对象。

【下拉菜单】工具→隔离→隔离对象

【命令】isolateobjects

选择要隔离的对象。

在绘图区域中单击鼠标右键，然后选择"隔离"→"隔离对象"，此时只会显示选定的对象。所有其他对象都会隐藏。

若要重新显示隐藏的对象，请在绘图区域中单击鼠标右键，然后选择"隔离"→"结束对象隔离"。

【说明】在当前视图中显示选定对象。所有其他对象都暂时隐藏。

10.8.2　隐藏对象

【功能】隐藏选定对象。

【下拉菜单】工具→隔离→隐藏对象

【命令】hideobject

选择要隐藏的对象。

在绘图区域中单击鼠标右键，然后选择"隔离"→"隐藏对象"。此时将隐藏选定的对象。

若要重新显示隐藏的对象，请在绘图区域中单击鼠标右键，然后选择"隔离"→"结束对象隔离"。

【说明】在当前视图中暂时隐藏选定对象。所有其他对象都可见。

10.8.3 结束对象隔离

【功能】显示先前隐藏的对象。

【下拉菜单】工具→隔离→结束对象隔离

【命令】unisolateobjects

显示之前通过isolateobjects或hideobjects命令隐藏的对象。

10.9 查询**

10.9.1 距离

【功能】计算给定两个点之间的距离的有关角度。

【下拉菜单】工具→查询→距离

【工具栏】

【命令】dist，measuregeom

指定第一个点，如输入 100200；

指定第二个点，如输入 150425；

AutoCAD 显示：

距离 = 230.4886，XY 平面中的倾角 = 77°， 与 XY 平面的夹角 = 0°

X 增量 = 50.0000， Y 增量 = 225.0000， Z 增量 = 0.0000

【说明】

① 指定的点也可在图形中直接选取；

② 如果用一个十进制数响应提示指定第一点，则 AutoCAD 会按当前单位进行换算。

10.9.2 面积

【功能】计算指定区域的面积和周长。

【下拉菜单】工具→查询→面积

【工具栏】

【命令】area，measuregeom

指定第一个角点或（对象）；

指定下一个角点或按 Enter 键全选（确定点）；

指定下一个角点或按 Enter 键全选（确定点）；

……

指定下一个角点或按 Enter 键全选；

按 Enter 键。

AutoCAD 显示：

面积=（计算出的面积），周长=（计算出的周长）

【说明】

① 提示选择对象时，用户可以选择圆、矩形、椭圆、二维多段线、面域等对象；

② 对于非封闭的多段线或样条曲线，执行该命令后，AutoCAD 先假设用一条直线使其首尾相连，再求所围封闭区域的面积，但计算出的长度仍是原来的实际长度。

10.9.3　面域和质量特性

【功能】计算并显示面域或实体的质量特性。

【下拉菜单】工具→查询→面域/质量特性

【工具栏】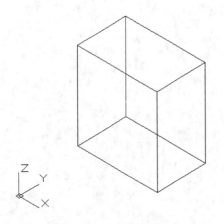

【命令】massprop

选择对象：面域或三维实体；

确定，也可继续选择对象；

在文本窗口中显示所选对象的特性参数。

【说明】如要把显示出来的特性参数写入文件则出现"创建质量与面域特性文件"对话框，通过该对话框确定文件的保存位置和名称后，AutoCAD 就把指定对象的特性参数写入该文（MPR 文件）中。

例：显示如图 10-17 所示三维实体的特性参数。

步骤如下：

执行 massprop；

选择对象：选择图 10-17 中的实体；

确定；

图 10-17　三维实体

AutoCAD 切换到文本窗口，显示如图 10-18 所示信息；

AutoCAD 提示：

是否将分析结果写入文件？[是（Y）/否（N）]；

用户可确定是否将结果写入文件。

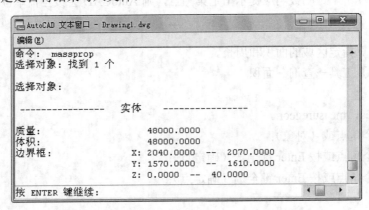

图 10-18　结果写入文件

10.9.4　列表

【功能】以列表形式显示指定对象的数据信息。

【下拉菜单】工具→查询→列表显示

【工具栏】

【命令】list

选择对象：可用各种方法；

执行结果：切换到文本窗口，显示所选对象的数据库信息；

假如执行 LIST 命令后，选择一个圆，AutoCAD 会显示相应的信息，如图 10-19 所示。

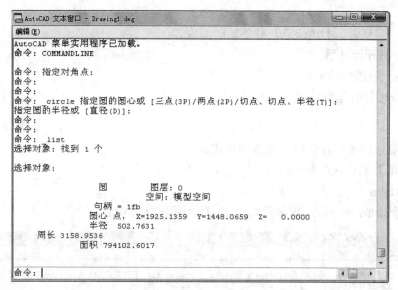

图 10-19 列表显示

10.9.5 点坐标

【功能】显示点位置的坐标。

【下拉菜单】工具→查询→点坐标

【工具栏】

【命令】id

指定点：确定的点；

AutoCAD 显示该点坐标。如：

X = 82.3445　　　　Y = 119.0970　　　　Z = 0.0000

10.9.6 时间

【功能】显示图形的日期和时间信息。

【下拉菜单】工具→查询→时间

【命令】time

执行该命令后，AutoCAD 会显示相应的信息，如图 10-20 所示。

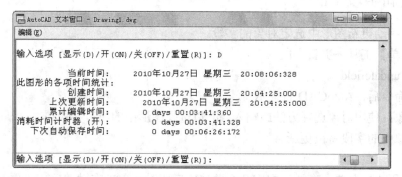

图 10-20 日期和时间信息

【说明】

执行 TIME 命令后，AutoCAD 还显示如下提示：输入选项 [显示(D)/开(ON)/关(OFF)/重置(R)]。

显示(D)：重复显示上述信息，并更新时间内容；

开(ON)：打开计时器；

关(OFF)：关闭计时器；

重置(R)：使计时器复位清零。

10.9.7　状态

【功能】显示图形统计信息、范围和模式。

【下拉菜单】工具→查询→状态

【命令】status

例：执行 status 命令后，则显示如图 10-21 所示的状态信息。

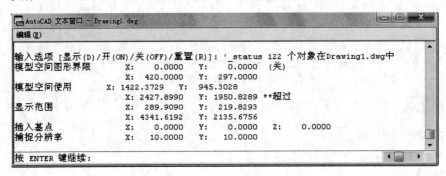

图 10-21　图形统计信息

10.9.8　设置变量

【功能】查看系统变量，设置变量值。

【下拉菜单】工具→查询→设置变量

【命令】setvar

执行该命令后，AutoCAD 提示：输入变量名或 [?]。

输入"？"后直接查看变量的设置。

【说明】如输入变量名，则切换到文本窗口显示系统变量及其设置。

10.10　更新字段

【功能】手动更新图形中选定对象的字段。

【下拉菜单】工具→更新字段

【命令】updatefield

执行该命令后，AutoCAD 将提示：

选择对象：使用对象选择方法或输入 all 以选择图形中的所有字段；

选定对象中的字段将被更新。

【说明】

① 也可用快捷菜单：在激活文字命令并选定字段时，单击右键并单击"更新字段"。

② 在 AutoCAD 2004 或早期版本中打开具有字段的图形时，字段不会更新；它们显示的值与上次在图形中显示的值相同。

10.11 块编辑器

【功能】在"编辑块定义"对话框中，可以从图形中保存的块定义列表中选择要在块编辑器中编辑的块定义。也可以输入要在块编辑器中创建的新块定义的名称。

【下拉菜单】工具→块编辑器

【命令】bedit

执行该命令后，将显示如图 10-22 所示的对话框。

【说明】

①"名称"：指定要在块编辑器中编辑或创建的块的名称。如果选择<当前图形>，当前图形将在块编辑器中打开。在图形中添加动态元素后，可以保存图形并将其作为动态块参照插入到另一个图形中。

②"名称列表"：显示保存在当前图形中的块定义的列表。从该列表中选择某个块定义后，其名称将显示在"名称"框中。单击

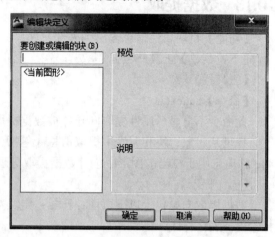

图 10-22 "编辑块定义"窗口

"确定"后，此块定义将在块编辑器中打开。如果选择 <当前图形>，则当前图形将在块编辑器中打开。

③"预览"：显示选定块定义的预览。如果显示闪电图标，则表示该块是动态块。

④"说明"：显示块编辑器中的"特性"选项板的"块"区域中所指定的块定义说明。

⑤"确定"：在块编辑器中打开选定的块定义或新的块定义。

10.12 外部参照和块在位编辑

10.12.1 打开参照

【功能】在新窗口中打开选定的图形参照（外部参照）。

【下拉菜单】工具→外部参照和块在位编辑→打开参照

【命令】xopen

【说明】

选择外部参照：在图形参照中选择一个对象，选定对象后，对象所在的图形参照将在一个单独的窗口中打开。如果图形参照中包含嵌套的外部参照，则将打开选定对象嵌套层次最深的图形参照。

10.12.2 在位编辑参照

【功能】在新窗口中打开选定的图形参照（外部参照）。

【下拉菜单】工具→外部参照和块在位编辑→在位编辑参照

【工具栏】

【命令】refedit

【说明】

①"添加到工作集"：将对象添加到工作集内。保存所做修改时，作为工作集一部分的对象将被添加到参照中，同时从当前图形中删除此对象。

②"从工作集删除"：从工作集内删除对象。保存所做修改时，从工作集内删除的对象将从参照中删除，同时对象也从当前图形中删除。

10.13　数据提取

【功能】将块属性信息输出到外部文件。

【下拉菜单】工具→数据提取

【工具栏】

【命令】eattext

此命令不再显示属性提取向导并被数据提取向导替代。

提供从对象、块和属性中提取信息（包括当前图形或一组图形中的图形信息）的逐步说明。将信息用于在当前图形中创建数据提取处理表，或保存到外部文件中，或同时进行两者。

【操作提示】

数据提取向导包含以下页面：开始；定义数据源；选择对象；选择特性；优化数据；选择输出；表格样式；完成。

如果在命令提示下输入-eattext，则将显示以下提示。

输入提取的样板文件路径：类型：指定用于说明如何提取信息的属性提取样板 (BLK) 或数据提取 (DXE) 文件的路径和文件名。

以后的提示取决于样板文件中设置的信息。如果样板为外部文件指定提取数据，将显示以下提示：

输入输出文件类型[Csv(C)/Txt(T)/Xls(X)/Mdb(M)]<Csv>：输入 c 表示以逗号分隔(CSV)、t 表示以制表符分隔(TXT)、x 表示 Microsoft Excel (XLS)或 m 表示 Microsoft Access (MDB)。

输入输出文件路径：指定将提取数据的路径名和文件名。

【注意】可以输出到 XLS 和 MDB 文件的最大列数是 255。

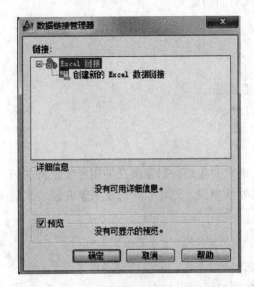

图 10-23　"数据链接管理器"对话框

10.14　数据链接

10.14.1　数据链接管理器

【功能】创建、编辑和管理数据链接。

【下拉菜单】工具→数据链接→数据链接管理器

【命令】datalink

执行该命令后出现"数据链接管理器"对话框，如图 10-23 所示。

【说明】

① Excel 链接：列出图形中的 Microsoft Excel 数据链接。如果图标显示已链接的链，则

数据链接有效。如果图标显示已中断的链接，则数据链接已中断。

② 创建新的 Excel 数据链接：启动一个对话框，您可以在其中输入新数据链接的名称。创建名称后，将显示"新建 Excel 数据链接"对话框。

10.14.2 更新数据链接

【功能】将数据更新至已建立的外部数据链接或从已建立的外部数据链接更新数据。

【下拉菜单】工具→数据链接→更新数据链接

【命令】datelinkupdate

【说明】

① 使用已在外部源文件中更改的数据更新选定的包含数据链接的表格。

② 指定数据链接的名称，以使用已在外部源文件中已更改的数据更新链接；输入"？"将列出当前图形中的数据链接。

③ 使用已在外部源文件中更改的数据更新图形中所有表格中的所有数据链接。

10.14.3 写入数据链接

【功能】使用已在图形的表格中更改的数据更新外部文件中的链接数据。

【下拉菜单】工具→数据链接→写入数据链接

【命令】datelinkupdate

【说明】包含数据链接的表格将在链接的单元周围显示标识符。如果将光标悬停在数据链接上，将显示有关数据链接的信息；将已从原始链接内容中更改的数据上载至源文件。

10.15 加载应用程序

【功能】加载和卸载应用程序以及指定启动时要加载的应用程序。

【下拉菜单】工具→加载应用程序

【命令】appload

执行该命令后，打开"加载/卸载应用程序"对话框，如图 10-24 所示；

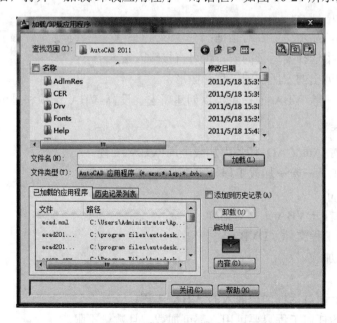

图 10-24 "加载/卸载应用程序"对话框

找到已编制好的应用程序打开后，点击"加载"即把所选的应用程序加载到 AutoCAD 中；

如要卸载应用程序，则在"加载/卸载应用程序"对话框的"已加载的应用程序"列表中选好要卸载应用程序，点击"卸载"即可。

【说明】

① 只有选择了可加载的文件后才能加载，如 ObjectARX、VBA 和 DBX 等应用程序；

② 如果选择的文件已加载，则系统会在适当的时候重载应用程序；

③ LISP 应用程序不能卸载，没有注册为可卸载的 ObjectARX 应用程序也不能卸载。

10.16　运行脚本

【功能】执行脚本文件中的命令序列。

【下拉菜单】工具→运行脚本

【命令】script

执行该命令后，将显示选择脚本文件对话框，找到要运行的脚本文件（SCR）打开；可以看到当脚本文件运行时屏幕上发生的变化。

【说明】

① 在运行中如果出现错误，系统会自行终止并返回命令提示信息，此时应查看文本窗口找出出错的地方，然后修改、保存并重新测试并运行脚本。

② 用户可按 Backspace 或 Esc 来终止脚本文件的运行，运行其他命令后，再用 resume 命令仍可继续执行原来的脚本文件。

10.17　宏

10.17.1　宏的应用

【功能】运行 VBA 宏。

【下拉菜单】工具→宏→宏

【命令】vbarun

执行该命令后，显示"宏"对话框；

从可用宏列表中选择要运行的宏，也可直接输入宏名；

指定宏列表中列出的宏所在的工程和图形；

运行、编辑或删除 VBA 宏。也可以创建新宏、设置 VBA 选项和显示 VBA 管理器。

10.17.2　加载工程

【功能】在当前 AutoCAD 任务中加载全局 VBA 工程。

【下拉菜单】工具→宏→加载工程

【命令】vbaload

执行该命令后打开 VBA 工程对话框；

找到要加载的工程文件（DVB）；

打开后即完成加载。

【说明】

① 不能使用上面对话框加载嵌入的 VBA 工程；

② 工程参照的任何工程只要可用，都可加载，且数量不限。

10.17.3   VBA 管理器

【功能】加载、卸载、保存、创建、嵌入和提取 VBA 工程。

【下拉菜单】工具→宏→VBA 管理器

【命令】vbaman

执行该命令后打开如图 10-25 所示"VBA 管理器"对话框。

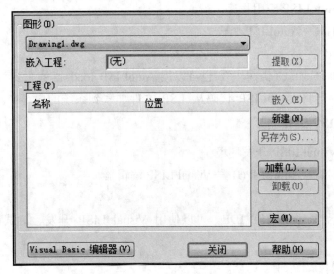

图 10-25   "VBA 管理器"对话框

【操作提示】

☞ "图形"：指定活动图形。列表中包含当前任务中打开的所有图形。

☞ "嵌入工程"：指定图形嵌入工程的名称。如果图形不包含嵌入工程，则显示"（无）"。

☞ "提取"：将图形中的嵌入工程移出并添加到全局工程文件中。如果尚未保存此工程，AutoCAD 将提示用户保存工程。

☞ "工程"：列出 AutoCAD 任务中所有当前可用的工程的名称和位置。

☞ "嵌入"：将选定的工程嵌入到指定的图形中。一个图形中只能包含一个嵌入工程。

☞ "新建"：以默认名称"全局 n"创建新工程，其中 n 是一个与创建顺序相关的数字，每创建一个新工程 n 都会递增。

☞ "另存为"：保存全局工程。仅当选择未保存的全局工程时此选项才可用。

☞"加载"：显示"打开 VBA 工程"对话框，可在其中将现有的工程加载到当前 AutoCAD 任务中。

☞ "卸载"：卸载选定的全局工程。

☞ "宏"：显示"宏"对话框，从中可以运行、编辑或删除 VBA 宏。

☞ "Visual Basic 编辑器"：显示"Visual Basic 编辑器"。

10.17.4   Visual Basic 编辑器

【功能】显示 Visual Basic 编辑器。

【下拉菜单】工具→宏→Visual Basic 编辑器

【命令】vbaide

执行该命令后显示 Visual Basic 编辑器；使用 Visual Basic 编辑器可以编辑工程的代码、

窗体和参照，这些工程可以是打开的图形中任何加载的全局 Visual Basic for Applications（VBA）工程或嵌入的 VBA 工程。也可以从 Visual Basic 编辑器中调试和运行工程。

10.18 AutoLISP

10.18.1 加载

【功能】加载 AutoLISP 应用程序。

【下拉菜单】工具→AutoLISP.加载

【命令】appload

执行过程同 10.16 加载应用程序。也可以用 AutoLISP load 函数来加载应用程序。加载 AutoLISP 应用程序会将 AutoLISP 代码从 LSP 文件加载到系统的内存中。

10.18.2 Visual LISP 编辑器

【功能】启动 Visual LISP 开发环境。

【下拉菜单】工具→AutoLISP(I) →Visual LISP 编辑器

【命令】vlisp

AutoCAD 显示 Visual LISP IDE。可以使用 Visual LISP 开发、测试和调试 AutoLISP 程序。

10.19 显示图像

【功能】将渲染图像保存到文件中。

【下拉菜单】工具→显示图像

【命令】saveimg

执行该命令后出现"渲染输出文件"对话框，如图 10-26 所示。

图 10-26 "渲染输出文件"对话框

【说明】如果当前渲染设备不支持扫描线图像，则无法使用 SAVEIMG。

10.20　新建 UCS

【功能】新建并编辑 UCS。

【下拉菜单】工具→新建 UCS→世界/上一个/对象/面/视图/原点/Z 轴矢量/三点/X/Y/Z。

【命令】ucs

执行该命令后，AutoCAD 显示当前 UCS 名称，例：*世界*，并提示：

指定 UCS 的原点和[面(F)/命名(NA)/对象（OB）/上一个（P）/视图（V）/世界（W）/X/Y/Z/Z 轴（ZA）]；

各选项的含义如下。

①"世界(W)"：将当前用户坐标系设置为世界坐标系。

②"上一个(P)"：将 UCS 定位到所选边的邻近一个面或后面的一个面。

③"指定新 UCS 的原点"：输入坐标值，默认值<0,0,0>。通过移动 UCS 的原点来定义一个新的 UCS，并保持 X 轴、Y 轴、Z 轴方向不变。

④"Z 轴(ZA) "：由一个坐标点和 Z 轴的正方向来定义新的坐标系。选择此项后先指定新 UCS 的原点，再在正 Z 轴上指定一点。

⑤"三点(3) "：通过指定三点建立新的 UCS 坐标系。选择此项后先指定新 UCS 的原点，再指定正 X 轴上的一点及正 Y 轴上的一点。

⑥"对象(OB) "：通过指定一个对象来定义新的坐标系。UCS 原点设在所建立对象的第一个点上，若对象是直线，原点设在最近的端点上，若对象是圆，原点设在圆心上。通过从原点到定义对象所用的点来定义 X 轴，对象所在的平面为 XY 平面。

⑦"面(F) "：将 UCS 附着在三维实体的一个面上。新的 UCS 的 X 轴方向将沿着所选的第一个面的封闭边。先拾取实体对象的表面，然后 AutoCAD 提示：输入选项 [下一个(N)/X 轴反向(X)/Y 轴反向(Y)] <接受>。

⑧"视图(V) "：使新的 UCS 坐标系平行于当前视图，且原点不变，这样建立的新坐标系的 XOY 平面平行于当前的视图平面。

⑨"X/Y/Z"：将 UCS 坐标系绕所选取的某一坐标轴旋转指定的角度，角度可为正值或负值，得到新的 UCS 坐标系。

选择相应命令执行下一步。

10.21　命名 UCS

【功能】管理已定义的用户坐标系。

【下拉菜单】工具→命名 UCS

【工具栏】UCS 或 UCS II：

【命令】ucsman 或 dducs

执行该命令后，出现如图 10-27 所示对话框。

【操作提示】

☞"命名 UCS"选项卡：列出用户坐标系并设置当前 UCS。

"当前 UCS"：显示当前 UCS 的名称。如果该 UCS 未被保存和命名，则显示为 UNNAMED。

"UCS 名称列表"：列出当前图形中定义的坐标系。

"置为当前"：恢复选定的坐标系。

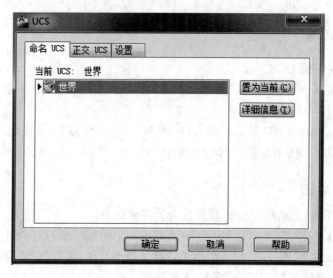

图 10-27　"UCS" 对话框

"详细信息"：显示"UCS 详细信息"对话框，其中显示了 UCS 坐标数据。

☞ "正交 UCS" 选项卡：将 UCS 改为正交 UCS 设置之一。

"正交 UCS 名称"：列出当前图形中定义的六个正交坐标系。正交坐标系是根据"相对于"列表中指定的 UCS 定义的。"深度"列列出了正交坐标系与通过基准 UCS（存储在 UCSBASE 系统变量中）原点的平行平面之间的距离。

"相对于"：指定用于定义正交 UCS 的基准坐标系。默认情况下，WCS 是基准坐标系。

☞ "设置" 选项卡：显示和修改与视口一起保存的 UCS 图标设置和 UCS 设置。

"UCS 图标设置"：指定当前视口的 UCS 图标显示设置。"开"，显示当前视口中的 UCS 图标。"显示于 UCS 原点"，在当前视口中当前坐标系的原点处显示 UCS 图标。如果不选择该选项，或者坐标系原点在视口中不可见，则将在视口的左下角显示 UCS 图标。"应用到所有活动视口"，将 UCS 图标设置应用到当前图形中的所有活动视口。

"UCS 设置"：指定更新 UCS 设置时 UCS 的行为。"UCS 与视口一起保存"，将坐标系设置与视口一起保存。此选项设置 UCSVP 系统变量。如果不选择此选项，视口将反映当前视口的 UCS。"修改 UCS 时更新平面视图"，修改视口中的坐标系时恢复平面视图（UCSFOLLOW 系统变量）。

10.22　地理位置

【功能】可以指定图形中对象的地理位置、方向和标高。此信息对于阳光设置、环境分析、输出到 AutoCAD Map 3D 和使用 Google Earth 非常有用。

【下拉菜单】工具→地理位置

【工具栏】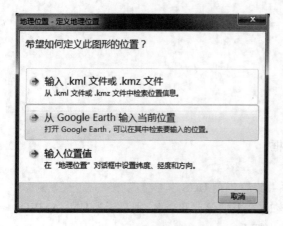

【命令】geographiclocation

执行命令后，将显示如图 10-28 所示的对

图 10-28　"地理位置" 对话框

话框。

【操作提示】

☞ 选择"输入 KML 或 KMZ 文件"

① 浏览到 KML 或 KMZ 文件所在的位置。单击"打开"。

② 单击或以世界坐标系 (WCS) X、Y、Z 格式指定位置的坐标。

③ 单击以指定北向。地理标记将在指定位置插入。

☞ 选择"从 Google Earth 输入当前位置"

① 单击"通过 Google Earth 输入当前位置"。

② 单击"继续"。

③ 单击或以世界坐标系(WCS) X、Y、Z 格式指定位置的坐标。

④ 单击以指定北向。在图形上的指定点处创建地理标记。

☞ 选择"输入位置值"

① 单击"输入位置值"。

② 选择纬度和经度格式，或单击"使用地图"指定最近的城市和时区。

③ 对应于地理数据，在图形中指定 X、Y 和 Z 坐标。选择了参照地理位置的点后，将计算北向角度。

④ 单击"确定"。

10.23　CAD 标准

10.23.1　配置

【功能】为当前图形配置 CAD 标准。

【下拉菜单】工具→CAD 标准→配置

【工具栏】

【命令】standards

执行命令后，将显示如图 10-29 所示的对话框。

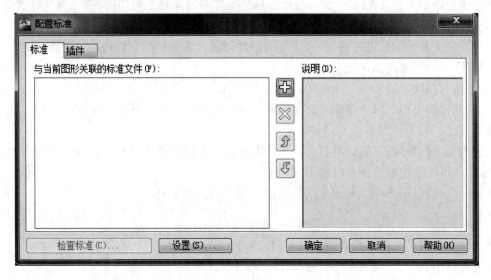

图 10-29　"配置标准"对话框

【操作提示】

☞ "标准"选项卡：显示与当前图形相关联的标准文件的相关信息。

"与当前图形相关联的标准文件"：列出与当前图形相关联的所有标准（DWS）文件。

"添加标准文件"（➕）：使标准（DWS）文件与当前图形相关联。

"删除标准文件"（❌）：从列表中删除某个标准文件。（不是实际删除它，而只是断开它与当前图形的关联性。）

"上移"（⬆）：将列表中的某个标准文件上移一个位置。

"下移"（⬇）：将列表中的某个标准文件下移一个位置。

"说明"：提供列表中当前选定的标准文件的概要信息。

按"设置"则显示如图 10-30 所示的对话框。其中各项含义如下。

图 10-30 "CAD 标准设置"对话框

"通知设置"：设置发生标准冲突时的通知选项。

"禁用标准通知"：关闭关于标准冲突和丢失标准文件的通知。

"标准冲突时显示警告"：打开当前图形中的标准冲突通知。当出现标准冲突时会显示一个警告。警告通知用户在更改图形时创建或编辑了多少个非标准的对象。

"显示标准状态栏图标"：打开与标准文件关联的文件以及创建或修改非标准对象时，状态栏上显示图标。

"检查标准设置"：为修复标准冲突和忽略已标记的问题设置选项。

"自动修复非标准特性"：如果有建议的修复方案，则在自动修复和不修复非标准 AutoCAD 对象之间切换。

"显示忽略的问题"：在显示和不显示已标记为忽略的问题之间切换。如果复选了此选项，则在当前图形上执行核查时将显示已标记为忽略的标准冲突情况。

"建议用于替换的标准文件"：提供标准文件列表，这些标准文件控制"检查标准"对话框的"替换"列表中的默认选项。

☞ "插入模块"选项卡（图 10-31）：列出并描述当前系统上安装的标准插入模块。安装的标准插入模块将用于每一个命名对象，利用它即可定义标准（图层、标注样式、线型和文字样式）。

"检查标准时使用的插入模块"：列出当前系统上的标准插入模块。通过从此列表中选择插入模块，可以指定核查图形时使用哪个插入模块。

"说明"：提供列表中当前选定的标准插入模块的概要信息。

10.23.2 检查

【功能】检查当前图形是否符合其 CAD 标准。

【下拉菜单】工具→CAD 标准→检查

【工具栏】✅

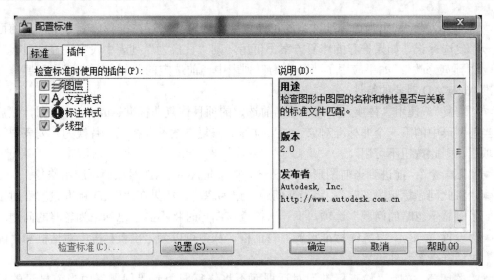

图 10-31 "配置标准插入模块"选项卡对话框

【命令】checkstandards

执行命令后，若已设置与本图相关联的 CAD 标准(否则需在"配置标准"对话框添加标准文件)，则将显示如图 10-32 所示的对话框。

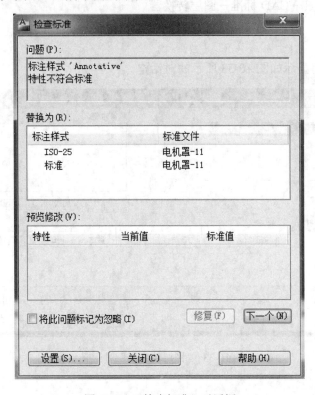

图 10-32 "检查标准"对话框

【操作提示】

☞"问题"：提供关于当前图形中非标准对象的说明。要修复问题，可从"改为"列表中选择一个替换选项，然后单击"修复"。

☞"替换为"：列出当前标准冲突的可能替换选项。如果存在推荐修复方案，其前面则带有一个复选标记。如果推荐的修复方案不可用，则"替换为"列表中没有亮显项目。

☞"预览修改"：如果应用了"替换为"列表中当前选定的修复选项，请指示要修改的非标准 AutoCAD 对象的特性。

☞"修复"：使用"替换为"列表中当前选定的项目修复非标准 AutoCAD 对象，然后前进到当前图形中的下一个非标准对象。如果推荐的修复方案不存在或"替换为"列表中没有亮显项目，则此按钮不可用。

☞"下一个"：前进到当前图形中的下一个非标准 AutoCAD 对象而不应用修复。

☞"将此问题标记为忽略"：将当前问题标记为忽略。如果在"CAD 标准设置"对话框中关闭了"显示忽略的问题"选项，下一次检查该图形时将不显示已标记为忽略的问题。

☞"设置"：显示"CAD 标准设置"对话框，从中可以为"检查标准"对话框和"配置标准"对话框指定其他设置。

☞"关闭"：关闭"检查标准"对话框而不将修复应用到"问题"中当前显示的标准冲突。

10.23.3　图层转换器

【功能】转换图层的名称和特性。

【下拉菜单】工具→CAD 标准→图层转换器

【工具栏】

【命令】laytrans

执行命令后，将显示如图 10-33 所示的对话框。

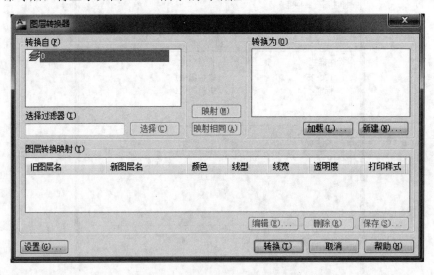

图 10-33　"图层转换器"对话框

【操作提示】

☞"转换自"：在当前图形中指定要转换的图层。可以通过在"转换自"列表中选择图层或通过提供选择过滤器指定图层。

☞"选择过滤器"：用可包括通配符的命名方式，在"转换自"列表中指定要选择的图层。

☞ "选择"：选择在"选择过滤器"中指定的图层。

☞ "映射"：将"转换自"中选定的图层映射到"转换为"中选定的图层。

☞ "映射相同"：映射在两个列表中具有相同名称的所有图层。

☞ "转换为"：列出当前图形的图层可转换为的图层。

☞ "加载"：使用图形、图形样板或所指定的标准文件加载"转换为"列表中的图层。

☞ "新建"：定义一个要在"转换为"列表中显示并用于转换的新图层。

☞ "图层转换映射"：列出要转换的所有图层以及图层转换后所具有的特性。

☞ "编辑"：打开"编辑图层"对话框，从中可以编辑所选择的转换映射。

☞ "删除"：从"图层转换贴图"列表中删除选定的转换贴图。

☞ "保存"：将当前图层转换贴图保存为一个文件以便日后使用。

☞ "设置"：打开"设置"对话框，从中可以自定义图层转换的过程。

☞ "转换"：开始对已映射图层进行图层转换。

【说明】使用图层转换器可以修改图形的图层，使其与用户设置的图层标准相匹配。

10.24   向导*

10.24.1   网上发布

【功能】创建选定图形的网页。

【下拉菜单】工具→向导→网上发布

【命令】publishtoweb

执行命令后，将显示如图 10-34 所示对话框。

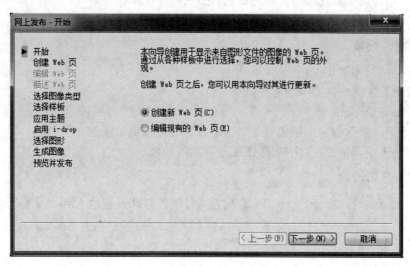

图 10-34 "网上发布"对话框

按照说明即可生成网页。

10.24.2   添加绘图仪

【功能】添加并配置绘图仪。

【下拉菜单】工具→向导→添加绘图仪

执行菜单命令后，显示"添加绘图仪向导"对话框，然后可按提示操作。

【说明】执行菜单命令"文件→绘图仪管理器"，或"plottermanager"命令后，将打开"Plotters"文件夹，双击"添加绘图仪向导"文件，也将出现"添加绘图仪向导"对话框。

10.24.3 添加打印样式表

【功能】创建打印样式表

【下拉菜单】工具→向导→添加打印样式表

执行菜单命令后，显示"添加打印样式表向导"对话框，然后可按提示操作。

【说明】执行菜单命令"文件→打印样式管理器"，或"stylesmanager"命令后，将打开"Plot Styles"文件夹，双击"添加打印样式表向导"文件，也将出现"添加打印样式表向导"对话框。

10.24.4 添加颜色相关打印样式表

【功能】创建颜色相关打印样式表

【下拉菜单】工具→向导→添加颜色相关打印样式表

【命令】r14penwizard

执行命令后，显示添加颜色相关打印样式表向导对话框，然后可按提示操作。

10.24.5 创建布局

【功能】用向导中提供的设置创建布局

【下拉菜单】工具→向导→创建布局

【命令】layoutwizard

执行命令后，显示创建布局向导对话框，然后可按提示操作。

【说明】与下拉菜单"插入→布局→创建布局向导"功能相似。

10.24.6 新建图纸集

【功能】创建新图纸集

【下拉菜单】工具→向导→新建图纸集

【命令】newsheetset

执行命令后，显示创建图纸集向导对话框，然后可按提示操作。

【说明】与下拉菜单"文件→新建图纸集"功能相似。

10.24.7 输入打印设置

【功能】显示向导，将 PCP 和 PC2 配置文件中的打印设置输入到"模型"选项卡或当前布局中

【下拉菜单】工具→向导→输入打印设置

【命令】pcinwizard

执行命令后，将显示"输入 PCP 或 PC2 打印设置"向导。向导将提示指定要从中输入设置的 PCP 或 PC2 配置文件名称。输入打印设置之前可以查看和修改。输入的设置可用于当前"模型"选项卡或布局选项卡。可以从 PCP 或 PC2 文件中输入的信息包括：打印区域、打印旋转、打印偏移、打印优化、打印到文件、图纸尺寸、打印比例和笔映射等。

10.25 绘图设置*

【功能】设置栅格和捕捉、极轴追踪和对象捕捉模式。

【下拉菜单】工具→绘图设置

【命令】dsettings

执行该命令后，显示绘图设置对话框，在该对话框中有三个选项卡，即"捕捉和栅格"、"极轴追踪"和"对象捕捉"选项卡。

【操作提示】

☞ 设置"捕捉和栅格"：在捕捉和栅格选项卡中选择"启用捕捉"和"启用栅格"，在"捕捉"栏内，设置 X、Y 轴的捕捉间距；在"栅格"栏内，设置 X、Y 轴的栅格间距。

☞ 设置"极轴追踪"：在极轴追踪选项卡中选择"启用极轴追踪"，设置用来显示极轴追踪对齐路径的极轴角增量，可以输入任何角度，或从列表中选择常用的角度：90、45、30、22.5、18、15、10 和 5。

☞ 设置"对象捕捉"：在对象捕捉选项卡中选择"启用对象捕捉"或"启用对象捕捉追踪"指定执行对象捕捉模式，可选一个或多个选项。

【说明】

① 为方便栅格捕捉，栅格捕捉和栅格间距最好设为同一值，例如都选 5（默认都为 10）；

② 设置极轴追踪时，如选择"启用对象捕捉追踪"的"仅正交追踪"则仅显示对象捕捉点的正交（水平/垂直）对象捕捉追踪路径，如选择"用所有极轴角设置追踪"，则当指定点时，允许光标对任何极轴角追踪路径进行追踪；

③ 要使用对象捕捉追踪，必须打开一个或多个对象捕捉；

④ 打开或关闭上述各项也可点击 AutoCAD 界面下方的按钮来实现；

⑤ 上述设置还可通过调用"选项"对话框的"草图"选项卡来完成。

10.26 组

【功能】创建和管理已保存的对象集（称为编组）。

【下拉菜单】工具→组

【命令】group

【操作步骤】创建未命名编组的步骤：选择要编组的对象,依次单击"常用"选项卡→"编组"面板→"编组"；选定的对象被编入一个指定了默认名称（例如 *A1）的未命名编组；只有选择了"包含未命名编组"时，"对象编组"对话框中才会显示未命名编组。

创建命名编组的步骤：依次单击"常用"选项卡→"编组"面板→"编组"；在命令提示下，输入 n 和编组的名称；选择要编组的对象，并按 Enter ；为选定对象创建了已命名的编组。

【说明】不要创建包含成百或上千个对象的大型编组。大型编组会大大降低本程序的性能。

10.27 解除编组

【功能】解除组中对象的关联。

【下拉菜单】工具→解除编组

【命令】ungroup

【操作步骤】在绘图区域中，选择一个编组。

依次单击"常用"选项卡→"编组"面板→"解组"；对象被解组。

【说明】分解属于一个编组的对象（例如，块或图案填充）不会自动将结果组件添加到任何编组。

10.28　数字化仪

【功能】校准、配置、打开和关闭已附着的数字化仪。

【下拉菜单】工具→数字化仪/开/关/校准/配置

【命令】tablet

【操作步骤】执行该命令后，AutoCAD 提示：

选项[开（O）/关（F）/校准（C）/配置(N)：

选择相应的选项执行下一步；

校准数字化仪

输入"cal"；

在图形上选择一已知点；

输入刚指定点的坐标；

输入第二点的坐标；

……

回车确定。

配置数字化仪

输入"cfg"；

输入想要的数字化仪菜单数目（0～4）；

给菜单区输入列数和行数；

指定固定屏幕定点区域（也可不指定）；

……

对齐数字化仪菜单区域（也可不对齐）。

【说明】

① 如果数字化仪已经被校准了，最后的校准坐标仍然起作用。

② 菜单板上行和列排列方式必须与使用的菜单相一致，行和列的值必须按表 10-1 的值输入。

表 10-1　数字化仪菜单区域

菜单区	行	列	菜单区	行	列
1	9	25	3	7	7
2	9	11	4	7	25

10.29　自定义*

10.29.1　界面

【功能】管理自定义用户界面元素

【下拉菜单】工具→自定义→界面

【命令】cui

执行该命令后，显示"自定义用户界面"对话框，如图 10-35 所示。

图 10-35 "自定义用户界面"对话框

【操作提示】

☞ 管理自定义用户界面元素，例如工作空间、工具栏、菜单、快捷菜单和键盘快捷键。

10.29.2 工具选项板

【功能】显示、创建、重命名和删除工具选项板

【下拉菜单】工具→自定义→工具选项板

【命令】customize

执行该命令后，显示"自定义工具选项板"对话框，如图 10-36 所示。

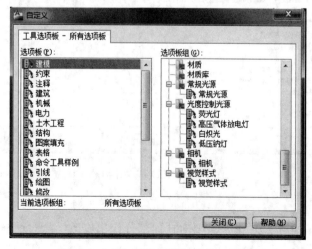

图 10-36 "自定义工具选项板"对话框

【操作提示】

☞ "工具选项板"：列出所有可用的工具选项板。单击并拖动一个工具选项板可以将其在列表中上移或下移。右键单击列表中的一个工具选项板可以重命名、删除或输出该工具选项板。

☞ "选项板组"：以树状图的形式显示工具选项板的组织结构。单击并拖动一个工具选项板可以将其移至另一个组中。右键单击一个工具选项板组，然后单击快捷菜单中的"置为当前"，可以显示该工具选项板组。

☞ "当前选项板组"：显示当前显示的工具选项板组的名称。显示所有可用的工具选项板时，显示的名称为"所有选项板"。

10.29.3　编辑程序参数

【功能】打开 acad.pgp 文件进行编辑

【下拉菜单】工具→自定义→编辑程序参数

执行该命令后，以记事本打开列有命令别名的 acad.pgp 文件，供用户编辑。

10.30　选项**

【功能】控制多种 AutoCAD 工作平台的特性。

【下拉菜单】工具→选项

【命令】options

执行该命令后，将显示"选项"对话框，如图 10-37 所示。

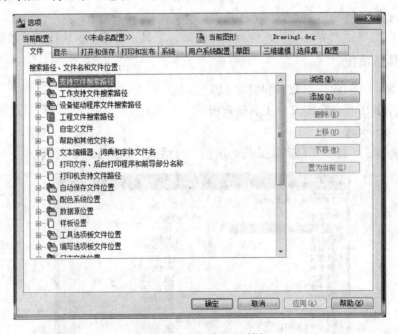

图 10-37　"选项"对话框

【说明】

① 选项对话框有九个选项卡，若要对任何部分作出修改，从对话框的顶部选择相应的选项卡即可。

②"文件"：指定 AutoCAD 搜索支持文件、驱动程序、工程文件、样板图形文件位置、临时文件位置、临时外部参照文件位置和纹理贴图搜索路径，还指定菜单、帮助、日志文件、文字编辑器和字典文件的位置。

③"显示"：控制有关 AutoCAD 的显示性能参数，如改变的屏幕背景颜色。

④"打开和保存"：控制打开或保存图形、外部参照和 ObjectARX 应用程序的格式和参数。

⑤"打印和发布"：控制打印图形的参数及发布日志文件，包括新图形的默认打印设置、后台处理选项、打印并发布日志文件、基本打印选项和指定打印偏移时相对于六个部分，还有打印戳记设置和打印样式表设置。

⑥"系统"：控制系统参数，包括当前三维图形显示、布局重生成选项、当前定点设备、数据库连接选项和基本选项五个部分。

⑦"用户系统配置"：控制 AutoCAD 中优化性能的选项。

⑧"草图"：定制 AutoCAD 的草图选项。

⑨"三维建模"：设置在三维中使用实体和曲面的选项。

⑩"选择集"：定制 AutoCAD 的选择选项，包括选择模式、拾取框大小、夹点和夹点大小等部分。

⑪"配置"：用于管理配置，是一组命名和保存的环境设置。

11 工程图纸的打印

为了保证图纸打印一次成功，减少废图，提高打印图纸的质量，必须经过适当设置。

11.1 打印颜色设置**

单色打印机对图形中的彩色线条只能打印出不同灰度的线条，因此，在打印时要经过设置，将所有彩色线条自动转变为黑色，而不需改变图纸。

【下拉菜单】 文件→页面设置管理器→新建页面设置：黑色打印

见图 11-1 页面设置管理器。

新建一个以"P"命名的页面设置管理器。

单击修改，显示页面设置，见图 11-2。在打印样式表(笔指定)中选择：monochrome.ctb；在打印机/绘图仪名称中选择系统打印机；图纸尺寸：选择需要的标准图幅；打印区域：选择"窗口、范围、图形界限、显示"中最合适的一种；图形方向：A0~A3 选择横向；A4 选择纵向。打印比例选择：布满图纸；打印偏移选择：居中打印。最后选择所有图纸幅面和图形方向，在页面设置管理器中置为当前预览，确定。

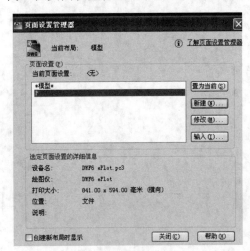

图 11-1　页面设置管理器

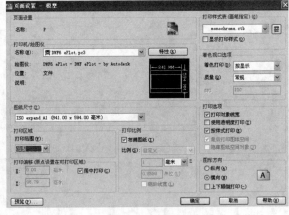

图 11-2　页面设置

最后通过打印管理器打印。

11.2 打印**

11.2.1 在打印窗口中打印

由打印窗口打印是最简便的打印方法。

【下拉菜单】 文件→打印

【命令】 plot

【操作提示】

☞ 页面设置→名称：选中已经设置的页面设置 P。

☞ 打印机/绘图仪名称：选择能够使用的打印机或绘图仪，一般为系统默认设备。

☞ 图纸尺寸：选择打印图纸的大小。

☞ 打印范围：

窗口：由用户选取的矩形窗口为打印范围；

范围：将 Zoom 命令中 Extents 选项的大小作为打印范围。最好先用 Zoom 命令先观察后再打印；

图形显示：将图形的边界值作为打印范围；

显示：打印当前窗口中显示的图形。

☞ 布满图纸：可以使图形布满图纸，而比例不确定。

☞ 居中打印：自动布置图形居中打印。

以上设置均为页面设置 P 的内容。

【说明】

① 因 AutoCAD "显示图非打印图"，为了一次打印成功，最好先预览后再打印。

② 线宽、字高都与图纸大小有关，要在模型空间中调整好再打印。

单击打印，在页面设置名称中选择 "P"，预览。在预览中即可看到彩色的线条已转变为黑色。预览无误，确定，打印（图 11-3）。

图 11-3　打印管理器

11.2.2　在布局中打印

（1）显示布局　单击布局，自动显示布局中的图形，如果图纸布局不够满意，可以重新布局。单击图框，全部选中后删除。

（2）调出视口命令　光标指向工具栏，单击右键，弹出工具栏菜单，选中视口，显示视口工具栏（图 11-4）。选择单个视口，在布局的一角到另一角拉一个矩形，重新显示图形。

图 11-4　视口工具栏

（3）自动生成图形比例　单击图框，在比例显示窗口显示以小数表示的图形比例，以此换算成分数比例，如 0.003342，其分数比例是 1:299，取整数 1:300，图形比例即为 1:300。

（4）打印图　单击打印命令，显示打印窗口，选择打印机/绘图仪名称，选择图纸尺寸，预览，满意后确定打印。

在"布满图纸"和"居中打印"中打"√"，可以提高打印成功率。

12 图库的建立**

　　图库就是分类保存常用图元的专门文件夹。常用图元的来源可以是自我积累、同事之间的交换和网上收集。一位经验丰富的设计人员一般都有自己的图库，随时调用图库中的图元，可以大大提高工作效率。收集如下图元供读者参考（图 12-1～图 12-34）。

　　推荐几个网站，对学习、交流绘图技巧，提高绘图水平，积累设计经验很有帮助。
www.co.163.com，www.china.autodesk.com/support，http://www.mjtd.com，www.xdcad.net，cadcam.mold.net.tw，www.icad.com.cn，www.cncad.net。

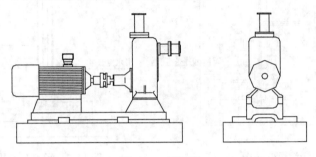

图 12-1　污泥泵

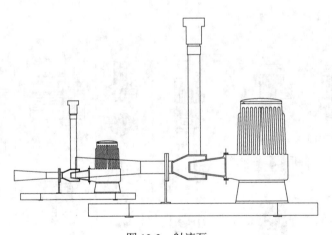

图 12-2　射流泵

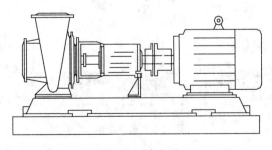

图 12-3　清水泵

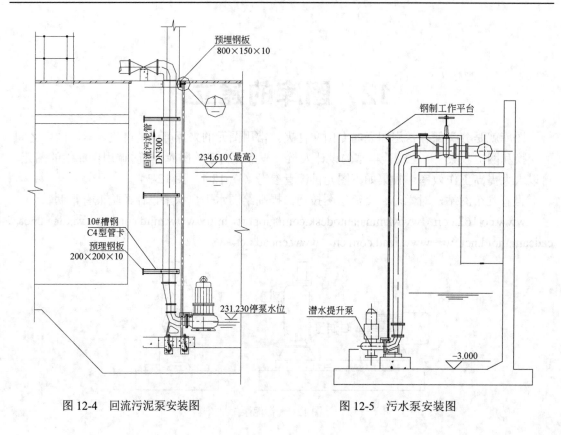

图 12-4　回流污泥泵安装图　　　　　图 12-5　污水泵安装图

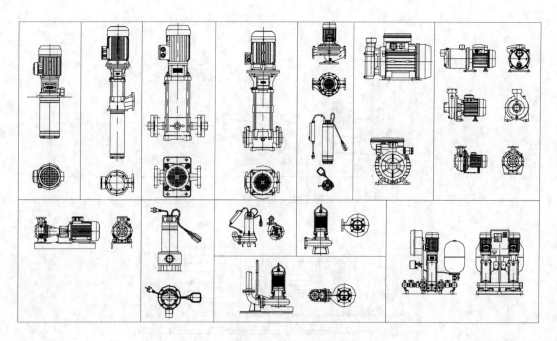

图 12-6　水泵图集

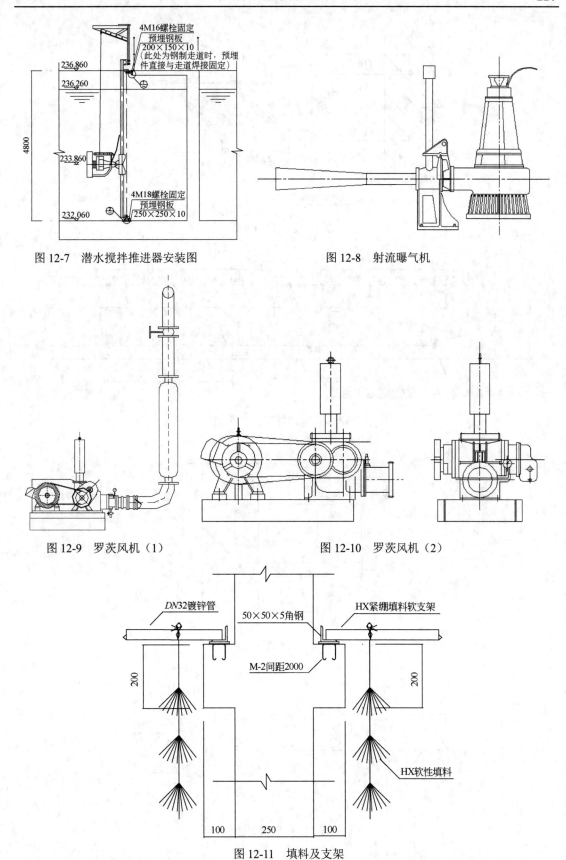

图 12-7 潜水搅拌推进器安装图　　　　图 12-8 射流曝气机

图 12-9 罗茨风机（1）　　　　　　图 12-10 罗茨风机（2）

图 12-11 填料及支架

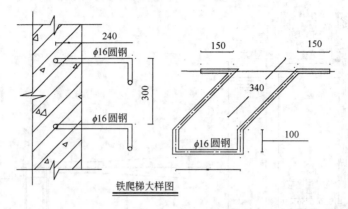

铁爬梯大样图

图 12-12　铁爬梯

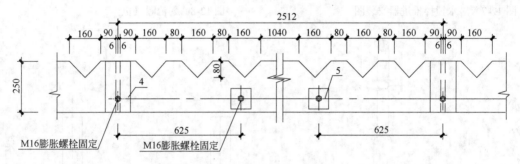

图 12-13　三角堰安装大样图

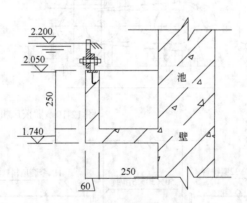

图 12-14　出水堰示意图

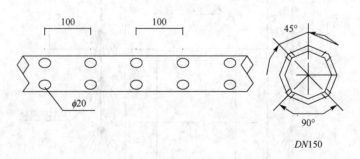

图 12-15　穿孔 PVC 排水管

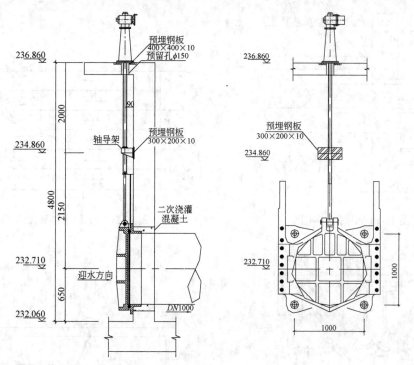

图 12-16 靠壁式圆闸门(DN1000)安装图

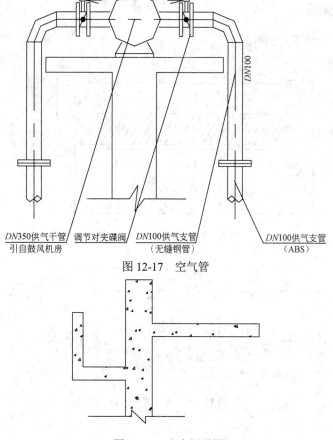

图 12-17 空气管

图 12-18 出水堰详图

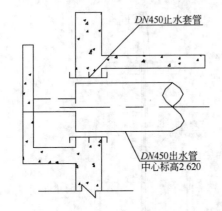

图 12-19　出水斗详图

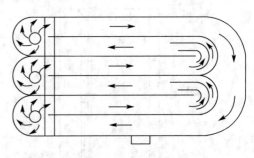

图 12-20　卡鲁塞尔氧化沟

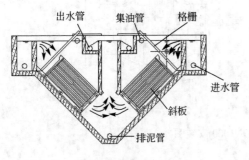

图 12-21　倾斜板式隔油池

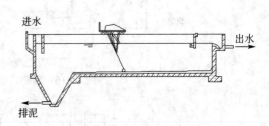

图 12-22　平流式沉淀池

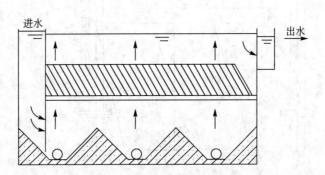

图 12-23　斜板（管）沉淀池

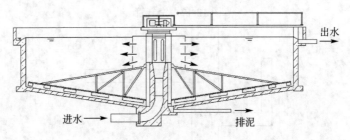

图 12-24　辐流式沉淀池

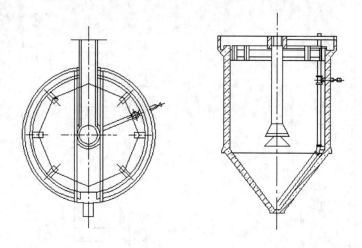

图 12-25 竖流式沉淀池

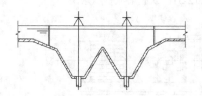
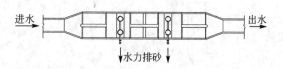

图 12-26 平流式沉砂池

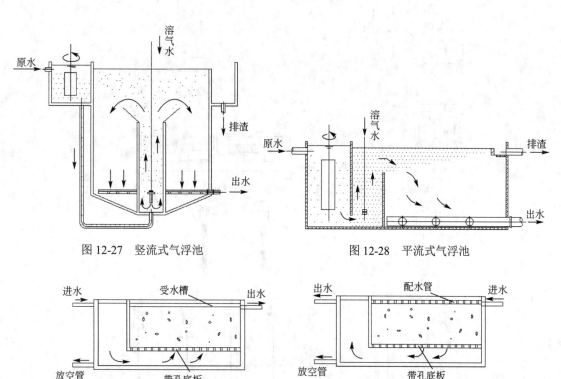

图 12-27 竖流式气浮池   图 12-28 平流式气浮池

(a)升流式   (b)降流式

图 12-29 普通中和滤池

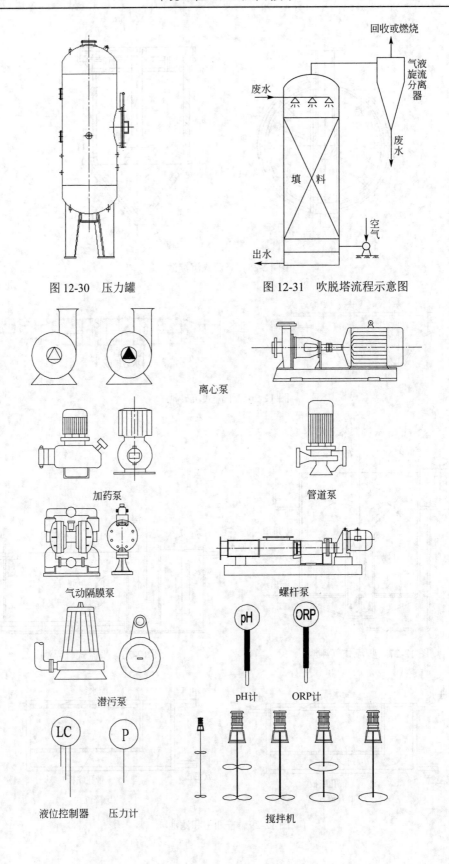

图 12-30　压力罐　　　　　　图 12-31　吹脱塔流程示意图

离心泵

加药泵　　　　　　　管道泵

气动隔膜泵　　　　　螺杆泵

潜污泵　　　pH计　　ORP计

液位控制器　压力计　　　　搅拌机

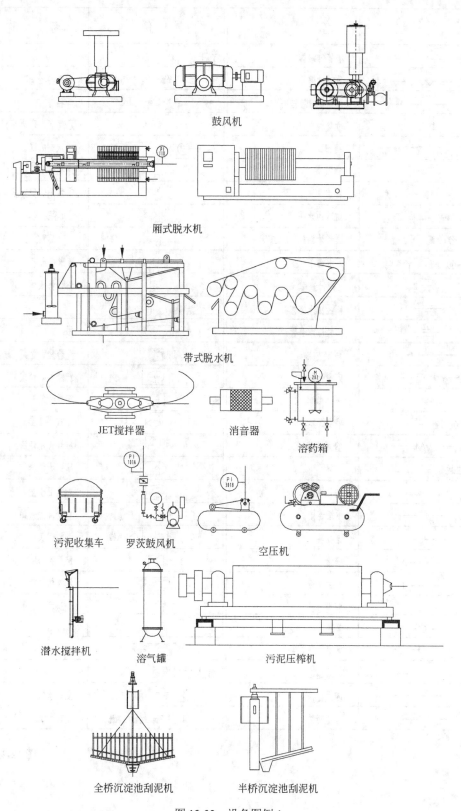

鼓风机

厢式脱水机

带式脱水机

JET搅拌器　　消音器　　溶药箱

污泥收集车　　罗茨鼓风机　　空压机

潜水搅拌机　　溶气罐　　污泥压榨机

全桥沉淀池刮泥机　　半桥沉淀池刮泥机

图 12-32　设备图例 1

图　例	名　称	图　例	名　称
	套管伸缩器	管件：	
	波纹伸缩器	平面　系统	偏心异径管
	可曲挠橡胶接头		异径管
	立管检查口		乙字管（弯曲管）
平面　系统	清扫口	平面　系统	吸水喇叭口
	通气帽		承插弯头
平面　系统	雨水斗		吸水喇叭口支座
平面　系统	虹吸雨水斗		S形存水弯
平面　系统	圆形地漏		P形存水弯
平面　系统	排水漏斗		瓶形存水弯
	Y形过滤器		浴盆排水件
	刚性防水套管	卫生洁具：	
	柔性防水套管		浴　盆
	固定支架		洗脸盆（立式，墙挂式）
平面　系统	方型地漏		洗脸盆（台式）
	减压孔板		坐式大便器
平面　系统	毛发聚集器		立式小便器
	金属软管		壁挂式小便器
管道连接：			蹲式大便器
	法兰连接		妇女卫生盆
	承插连接	平面　系统	自动冲洗水箱
	活接头	平面　系统	淋浴喷头
	管堵		洗涤盆(池)
	法兰堵盖		洗涤槽
	管道弯转		洗涤盆 化验盆
	管道丁字上接		污水池
	管道丁字下接		盥洗槽
	三通连接	给水排水设备：	
	四通连接	平面　系统	立式水泵
	管道交叉	平面　系统	卧式水泵

图 12-33　设备

图　例	名　称	图　例	名　称
潜水泵		平面　系统	室内双口消火栓
定量泵		平面　系统	闭式自动洒水头（下喷）
立式热交换器		平面　系统	闭式自动洒水头（上喷）
平面　系统	开水器	平面　系统	闭式自动洒水头（上下喷）
户用水表		平面　系统	侧喷闭式洒水头
紫外线消毒器		平面　系统	水喷雾喷头
家用洗衣机		平面　系统	水幕喷头
仪表：		平面　系统	湿式报警阀
温度计		平面　系统	预作用报警阀
压力表		平面　系统	雨淋阀
自动记录压力表		平面　系统	干湿报警阀
压力控制器		信号阀	
自动记录流量计		水流指示器	
转子流量计		水力警铃	
真空表		消防水泵接合器	
温度传感器		水炮	
压力传感器		1XHL- 平面　1XHL- 系统	低区消火栓立管
pH值传感器		2XHL- 平面　2XHL- 系统	高区消火栓立管
酸传感器		1ZPL- 平面　1ZPL- 系统	低区自动喷水灭火给水立管
碱传感器		2ZPL- 平面　2ZPL- 系统	高区自动喷水灭火给水立管
余氯传感器		XH 1, 2, 3……	消火栓给水引入管
消防设施：		ZP 1, 2, 3……	自动喷水灭火给水引入管
—— XH₁ ——	低区消火栓给水管	▲	手提式灭火器
—— XH₂ ——	高区消火栓给水管	△	推车式灭火器
—— ZP₁ ——	低区自动喷水灭火给水管	灭火器表示方法	▲X-xx-x
—— ZP₂ ——	高区自动喷水灭火给水管		灭火剂充装量
—— YL ——	雨淋灭火给水管		灭火器型号
—— SM ——	水幕灭火给水管		灭火器数量
—— SP ——	水炮灭火给水管		灭火器图例
平面　系统	室内单口消火栓		

图例 2

图　　例	名　　称	图　　例	名　　称
管道：		—— ZYH ——	直饮水回水管
—— J₁ ——	低区生活给水管	—— ZJ ——	中水给水管
—— J₂ ——	中区生活给水管	—— XJ ——	循环冷却给水管
—— J₃ ——	高区生活给水管	—— XH ——	循环冷却回水管
—— RJ₁ ——	低区生活热水管	—— Z ——	蒸汽管
—— RJ₂ ——	中区生活热水管	—— PZ ——	膨胀管
—— RJ₃ ——	高区生活热水管	～～～	局部保温管段
—— RH₁ ——	低区生活热水回水管	═ RJ ═→	管沟
—— RH₂ ——	中区生活热水回水管	——→	排水明沟
—— RH₃ ——	高区生活热水回水管	----→	排水暗沟
—— RM ——	热媒供水管	⟋1JL- 平面　1JL- 系统	低区给水立管
—— RMH ——	热媒回水管	⟋2JL- 平面　2JL- 系统	中区给水立管
—— W ——	生活污水管	⟋3JL- 平面　3JL- 系统	高区给水立管
═══════	电伴热保温管（局部管段）	⟋2RL- 平面　2RL- 系统	中区热水立管
—— F ——	废水管	⟋3RL- 平面　3RL- 系统	高区热水立管
—— T ——	通气管	⟋2RHL- 平面　2RHL- 系统	中区热水回水立管
—— Y ——	雨水管	⟋3RHL- 平面　3RHL- 系统	高区热水回水立管
—— YF ——	压力废水管	⟋WL 平面　WL 系统	污水立管
—— YW ——	压力污水管	⟋YWL 平面　YWL 系统	压力污水立管
—— HY ——	虹吸雨水管	⟋FL 平面　FL 系统	废水立管
—— YY ——	压力雨水管	⟋YFL 平面　YFL 系统	压力废水立管
—— YS ——	溢水管	⟋TL 平面　TL 系统	通气立管
—— XS ——	泄水管	⟋YL 平面　YL 系统	雨水立管
—— KN ——	空调凝结水管	⟋HYL 平面　HYL 系统	虹吸雨水立管
—— ZY ——	直饮水给水管	⟋YYL 平面　YYL 系统	压力雨水立管

图 12-34　设备

图　例	名　称	图　例	名　称
XL 平面　XL 系统	泄水立管	液压浮球阀	液压浮球阀
ZYL- 平面　ZYL- 系统	直饮水给水立管	自动排气阀	自动排气阀
ZYHL- 平面　ZYHL- 系统	直饮水回水立管	水锤消除器	水锤消除器
XJL- 平面　XJL- 系统	循环冷却水给水立管	延时自闭冲洗阀	延时自闭冲洗阀
XHL- 平面　XHL- 系统	循环冷却水回水立管	压力调节阀	压力调节阀
J/1 2,3……	给水引入管	平面　系统	吸水底阀
W/1 2,3……	污水出户管	角阀	角阀
Y/1 2,3……	雨水出户管	吸气阀	吸气阀
F/1 2,3……	废水出户管	持压阀	持压阀
RM/1 2,3……	热媒进户管	流量平衡阀	流量平衡阀
RMH/1 2,3……	热媒回水出户管	管道倒流防止器	管道倒流防止器
阀门：		**给水配件：**	
闸阀	闸阀	平面　系统	脚踏开关
蝶阀	蝶阀	洒水拴	洒水拴
截止阀DN>50	截止阀DN>50	平面　系统	水龙头
截止阀DN<50	截止阀DN<50	平面　系统	皮带水龙头（洗衣机龙头）
止回阀	止回阀	混合水龙头	混合水龙头
消音止回阀	消音止回阀	旋转水龙头	旋转水龙头
超压泄压阀	超压泄压阀	浴盆带软管喷头混合水龙头	浴盆带软管喷头混合水龙头
电动阀	电动阀	肘开关	肘开关
电磁阀	电磁阀	大便器感应式冲洗阀	大便器感应式冲洗阀
温度调节阀	温度调节阀	小便器感应式冲洗阀	小便器感应式冲洗阀
减压阀	减压阀	蹲便器脚踏开关	蹲便器脚踏开关
安全阀	安全阀	淋浴器脚踏开关	淋浴器脚踏开关
平面　系统	浮球阀	**管道附件：**	

图例3

13 水处理工程设计绘图练习图集

13.1 第一阶段练习图集**

第一阶段练习图集共 15 幅。

图 13-1 纸板生产废水处理工艺流程图.dwg

图 13-2 造纸废水处理站总平面布置图.dwg

图 13-3 A/O 池工艺平面图.dwg

图 13-4 A/O 池工艺剖面图.dwg

图 13-5 竖流式沉淀池工艺图.dwg

图 13-6 污泥浓缩池平、剖面工艺图.dwg

图 13-7 消毒接触池工艺图.dwg

图 13-8 鼓风机房工艺图.dwg

图 13-9 鼓风机房工艺平面图.dwg

图 13-10 污泥泵房工艺图.dwg

图 13-11 含油废水处理流程图.dwg

图 13-12 家禽屠宰废水处理流程图.dwg

图 13-13 某染整污水处理流程图.dwg

图 13-14 某染整污水处理回用 RO 工艺流程图.dwg

图 13-15 某染整废水及回用处理工程总平面布置图.dwg

13.2 第二阶段练习图集*

第二阶段练习图集共 31 幅。

图 13-16 图纸封面.dwg

图 13-17 图纸目录.dwg

图 13-18 工艺设计总说明.dwg

图 13-19 处理工艺流程图.dwg

图 13-20 总平面布置图.dwg

图 13-21 工艺管线总平面图.dwg

图 13-22 进水泵房机管图 1.dwg

图 13-23 进水泵房机管图 2.dwg

图 13-24 旋流沉砂池机管图.dwg

图 13-25 隔油调节池机管图.dwg

图 13-26 初沉池机管图 1.dwg

图 13-27 初沉池机管图 2.dwg

图 13-28 $A^2/O(A)$池机管图 1.dwg

图 13-29 $A^2/O(B)$池机管图 2.dwg

图 13-30 $A^2/O(A)$池机管图 3.dwg

图 13-31 $A^2/O(A)$池机管图 4.dwg

图 13-32 二沉池机管图 1.dwg

图 13-33 二沉池机管图 2.dwg

图 13-34 终沉池机管图 1.dwg

图 13-35 终沉池机管图 2.dwg

图 13-36 消毒池与排放口机管图.dwg

图 13-37 污泥浓缩池机管图 1.dwg

图 13-38 污泥浓缩池机管图 2.dwg

图 13-39 污泥混合池机管图.dwg

图 13-40 鼓风机房机管图.dwg

图 13-41 脱水机房(加药间)机管图 1.dwg

图 13-42 脱水机房(加药间)机管图 2.dwg

图 13-43 脱水机房(加药间)机管图 3.dwg

图 13-44 传达室平面图及系统图.dwg

图 13-45 仪电控制楼平面图及给排水系统图.dwg

图 13-46 仪电控制楼设计及图例.dwg

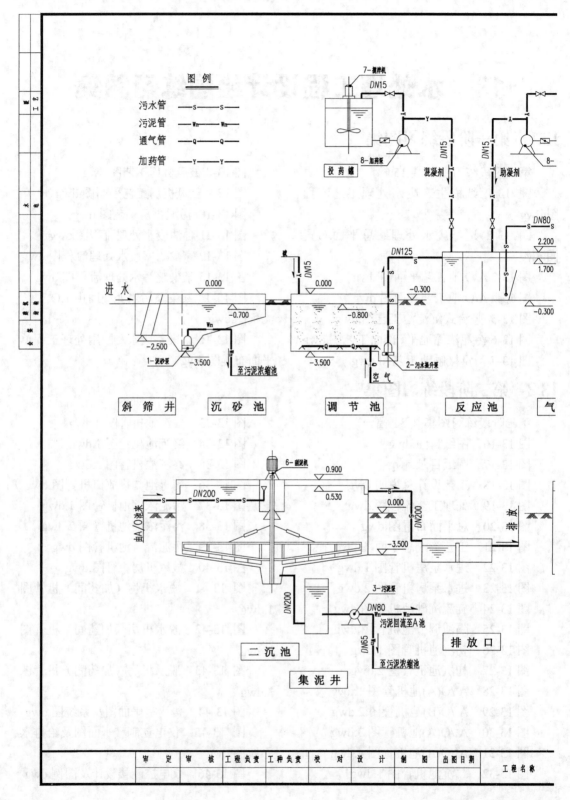

图 13-1　纸板生产废水

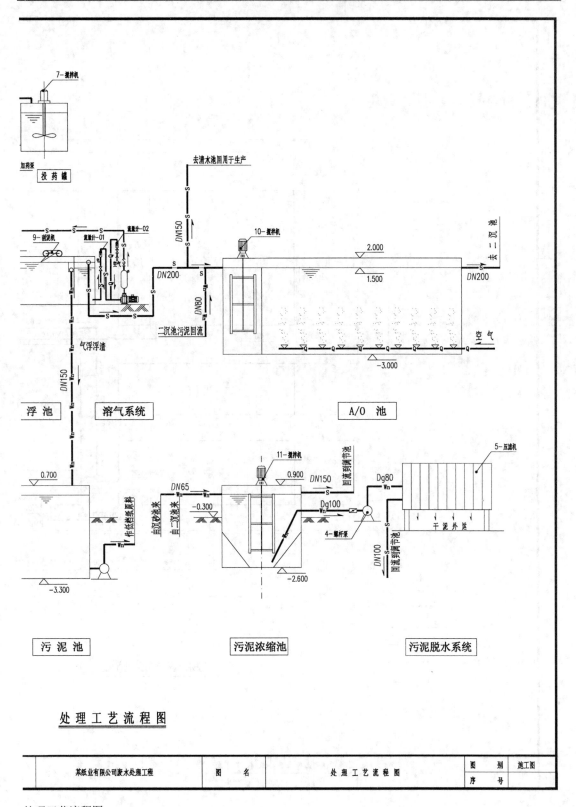

处 理 工 艺 流 程 图

某纸业有限公司废水处理工程	图 名	处 理 工 艺 流 程 图	图 别	施工图
			序 号	

处理工艺流程图

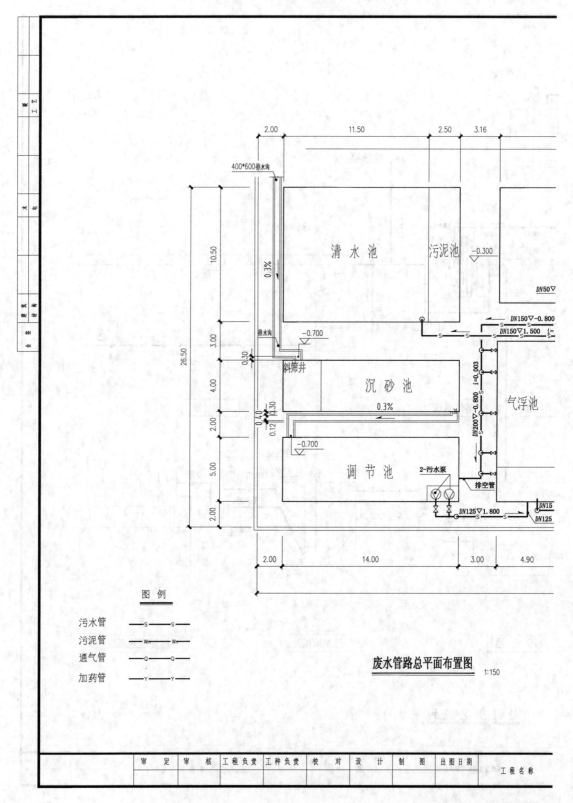

图 例

污水管　—S——S—
污泥管　—Wₙ——Wₙ—
通气管　—Q——Q—
加药管　—Y——Y—

废水管路总平面布置图　1:150

审　定	审　核	工程负责	工种负责	校　对	设　计	制　图	出图日期	工程名称

图 13-2　造纸废水处理

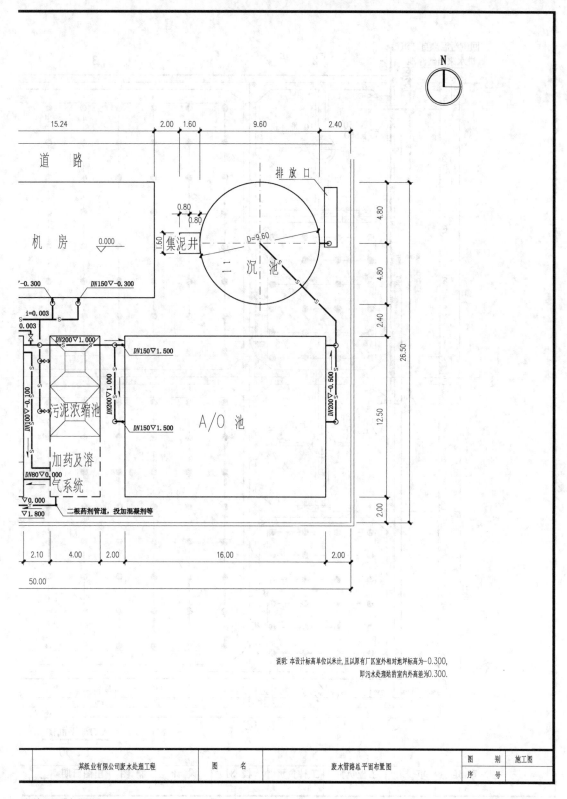

站总平面布置图

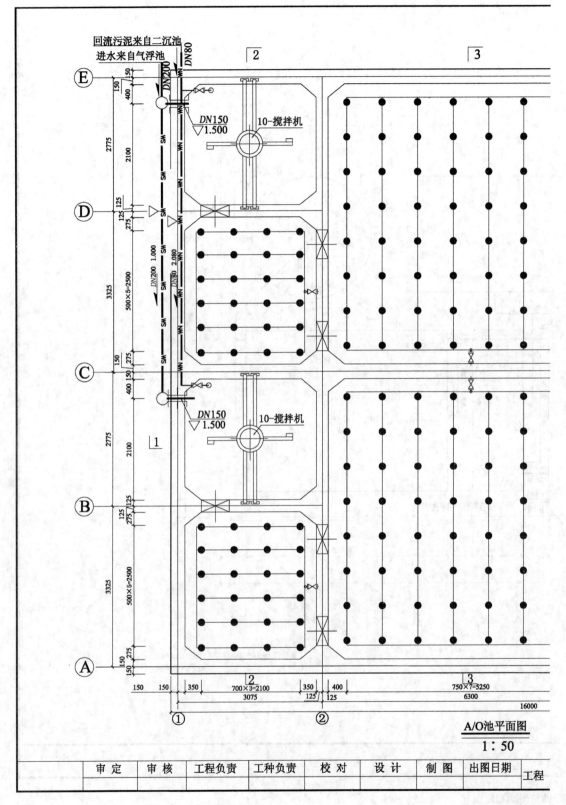

A/O池平面图

1∶50

审　定	审　核	工程负责	工种负责	校　对	设　计	制　图	出图日期	
								工程

图 13-3　A/O 池工

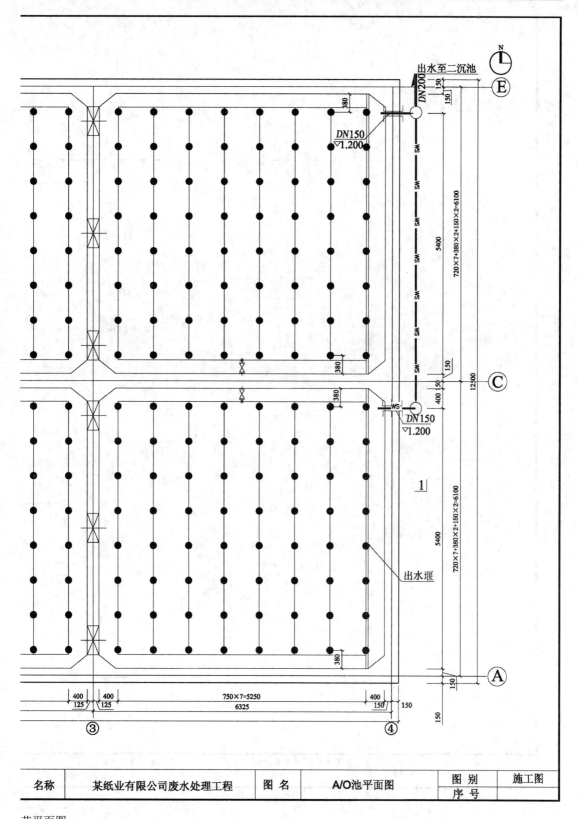

名称	某纸业有限公司废水处理工程	图 名	A/O池平面图	图 别	施工图
				序 号	

艺平面图

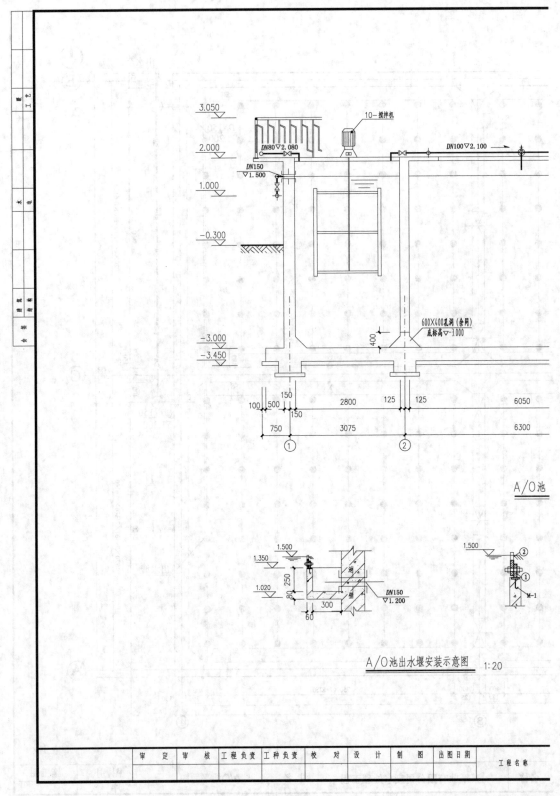

A/O池

A/O池出水堰安装示意图 1:20

图 13-4 A/O 池工

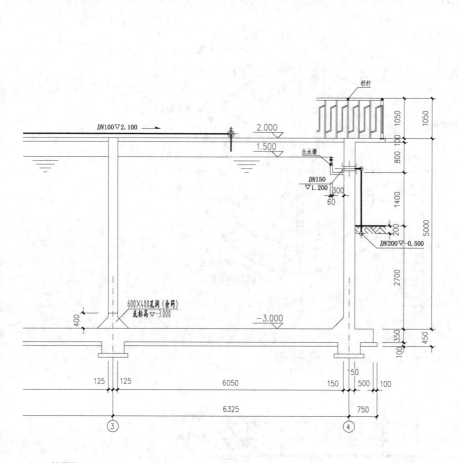

1-1剖面图 1:50

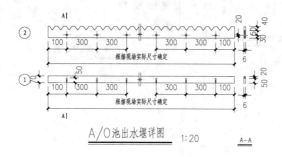

A/O池出水堰详图 1:20   A-A

	图 名	A/O池1-1剖面图 A/O池出水堰安装示意图 A/O池出水堰详图	图 别	施工图
某纸业有限公司废水处理工程			序 号	

艺剖面图

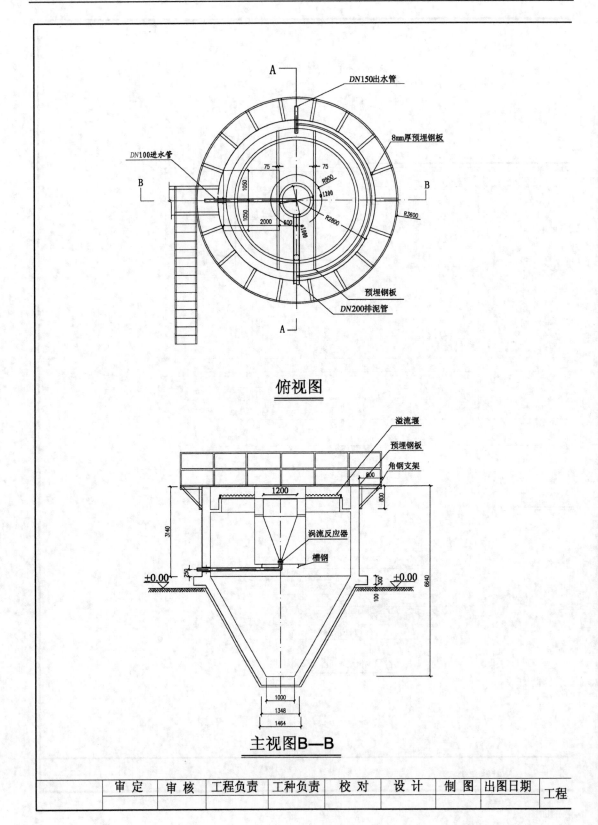

俯视图

主视图B—B

审 定	审 核	工程负责	工种负责	校 对	设 计	制 图	出图日期	工程

图 13-5　竖流式沉

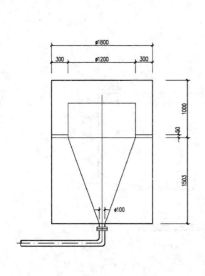

涡流反应中心筒（1∶2）

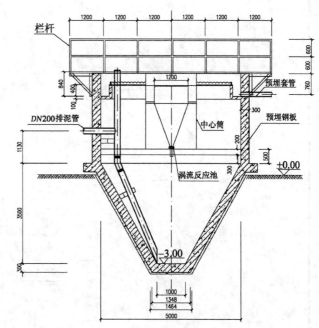

剖面图A—A

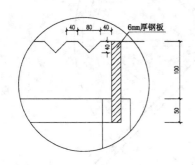

局部放大图（1∶10）

设计说明：

1. 本图尺寸单位，标高单位为米，其余为毫米，以室外地坪标高为0.00为基准。
2. 沉淀池为钢筋混凝土结构，内壁防腐先刷冷底子油两道，再刷沥青漆一道。
3. 中心管支架为钢槽，池壁预埋钢板，中心管用钢板制作，钢板厚度6mm，表面先涂樟丹一遍，再涂沥青两遍防腐。
4. 池底池壁完工后不得有渗漏现象。
5. 进水管，出水管，排泥管穿池壁需预埋套管，套管采用给排水标准图集S312-4型刚性防水套管。大样图和尺寸表见污泥浓缩池。
6. 所有钢材均为A3钢，中心管支架所用钢槽为20号钢槽。其详细尺寸见GB707-65。

名称		图　名	竖流式沉淀池	图　别	施工图
				序　号	

淀池工艺图

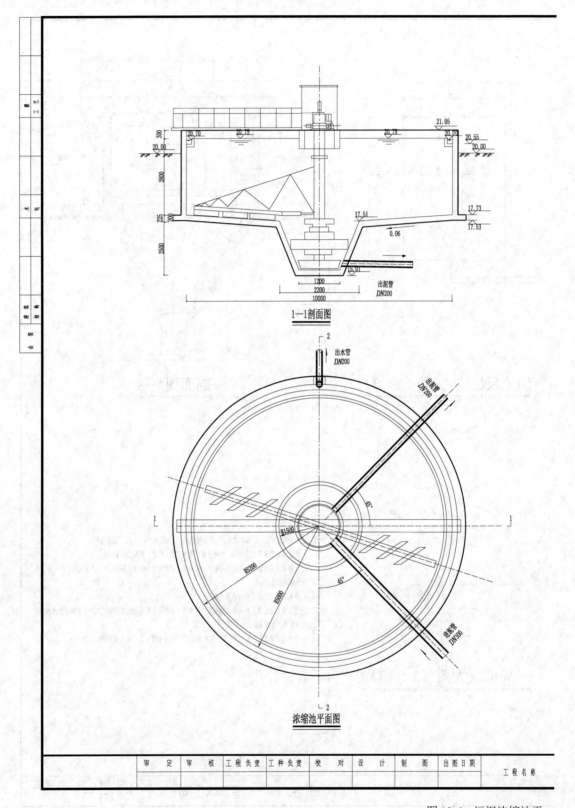

1—1剖面图

浓缩池平面图

审　定	审　核	工程负责	工种负责	校　对	设　计	制　图	出图日期	工程名称

图 13-6　污泥浓缩池平、

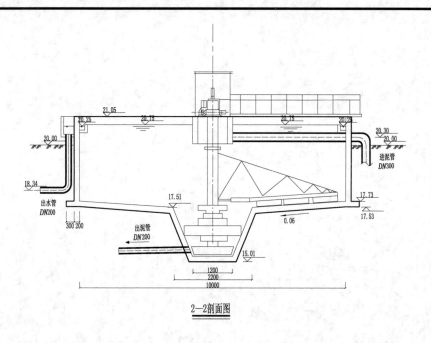

21.05
20.25
20.75
20.75
20.2
20.00
20.30
20.00
进泥管
DN300
18.34
17.51
17.73
17.53
出水管
DN200
0.06
300 200
出泥管
DN200
15.01
1200
2200
10000

2—2剖面图

说明:
1. 图中尺寸单位:高程以米计,其余均以毫米计。
2. 标高为绝对标高,地面标高为20.00m。
3. 排除的泥进入贮泥池后再进行脱水,上清液进入厂区集水井,进
行再度处理。
4. 图中有关设备说明详见设计说明书。

图　名	浓缩池平剖面图	图　别	施工图
		序　号	

剖面工艺图

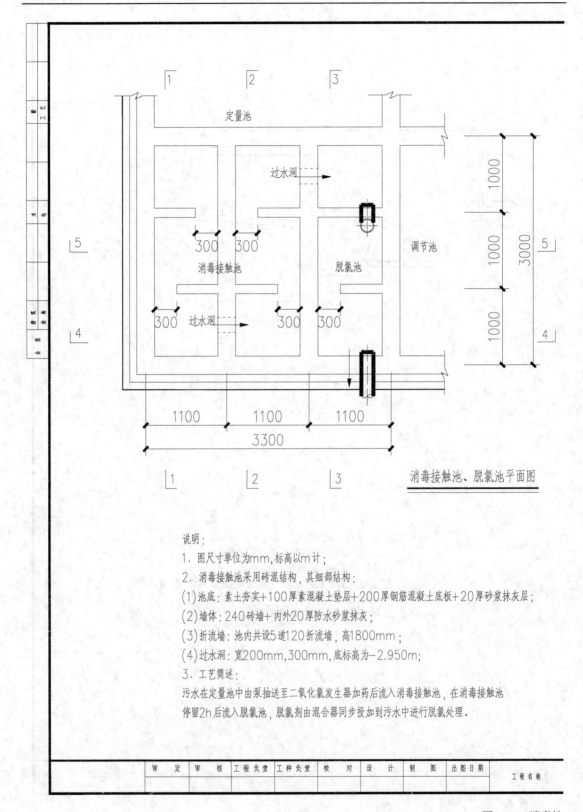

消毒接触池、脱氯池平面图

说明:

1. 图尺寸单位为mm,标高以m计;

2. 消毒接触池采用砖混结构,其细部结构:

(1)池底:素土夯实+100厚素混凝土垫层+200厚钢筋混凝土底板+20厚砂浆抹灰层;

(2)墙体:240砖墙+内外20厚防水砂浆抹灰;

(3)折流墙:池内共设5道120折流墙,高1800mm;

(4)过水洞:宽200mm,300mm,底标高为−2.950m;

3. 工艺简述:

污水在定量池中由泵抽送至二氧化氯发生器加药后流入消毒接触池,在消毒接触池停留2h后流入脱氯池,脱氯剂由混合器同步投加到污水中进行脱氯处理。

审 定	审 核	工程负责	工种负责	校 对	设 计	制 图	出图日期	工程名称

图 13-7 消毒接

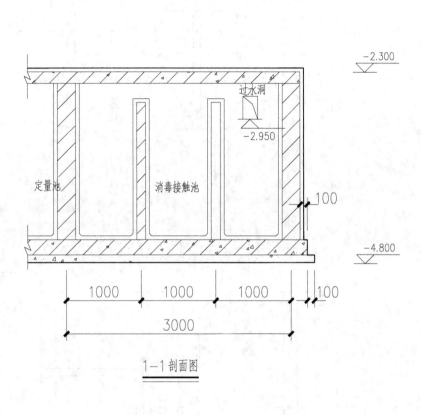

<u>1-1剖面图</u>

某中心血站污水处理工程	图 名	消毒接触池 脱氯池(1)	图 别	施工图
			序 号	

触池工艺图

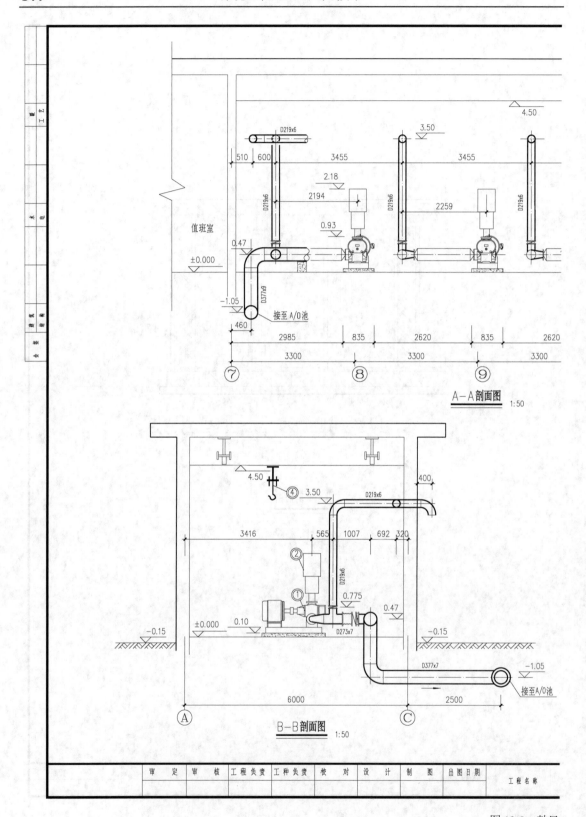

A-A剖面图 1:50

B-B剖面图 1:50

图 13-8 鼓风

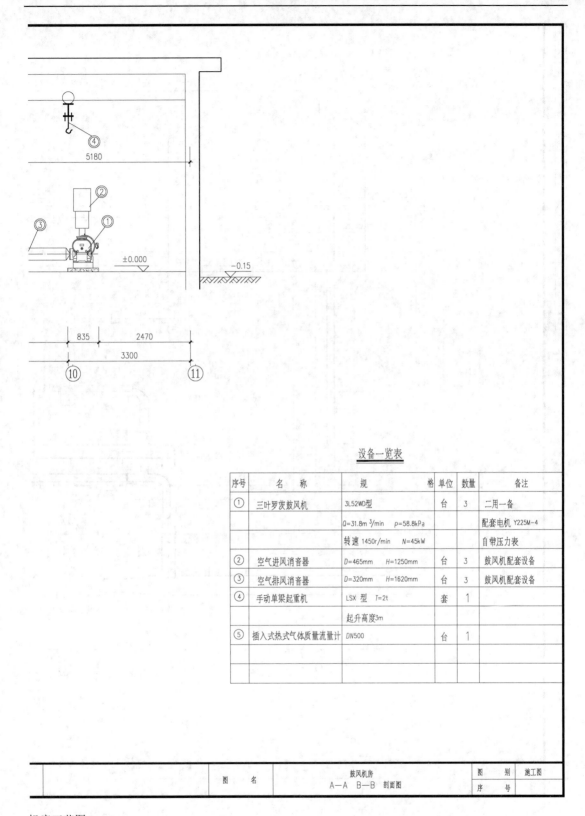

设备一览表

序号	名　称	规　　　　格	单位	数量	备注
①	三叶罗茨鼓风机	3L52WD型	台	3	二用一备
		$Q=31.8m^3/min$　$p=58.8kPa$			配套电机 Y225M-4
		转速 1450r/min　$N=45kW$			自带压力表
②	空气进风消音器	$D=465mm$　$H=1250mm$	台	3	鼓风机配套设备
③	空气排风消音器	$D=320mm$　$H=1620mm$	台	3	鼓风机配套设备
④	手动单梁起重机	LSX 型　$T=2t$	套	1	
		起升高度3m			
⑤	插入式热式气体质量流量计	DN500	台	1	

图　名	鼓风机房 A—A B—B 剖面图	图　别	施工图
		序　号	

机房工艺图

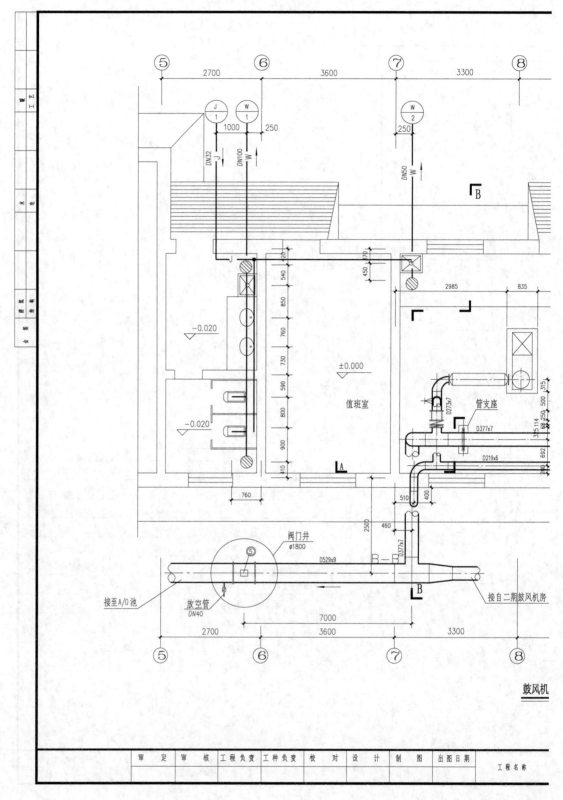

值班室

鼓风机

阀门井
φ1800

接至A/O池

放空管
DN40

接自二期鼓风机房

图 13-9　鼓风机

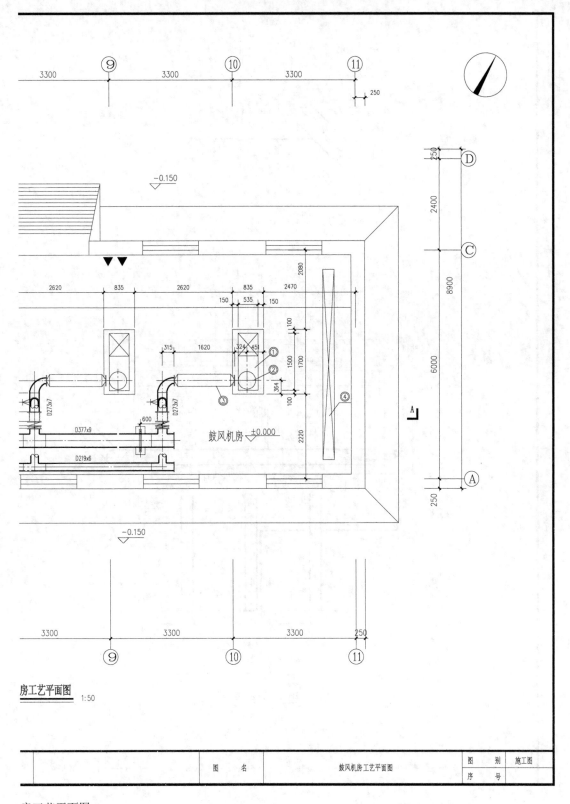

−0.150

鼓风机房 ±0.000

房工艺平面图   1:50

图 名	鼓风机房工艺平面图	图 别	施工图
		序 号	

房工艺平面图

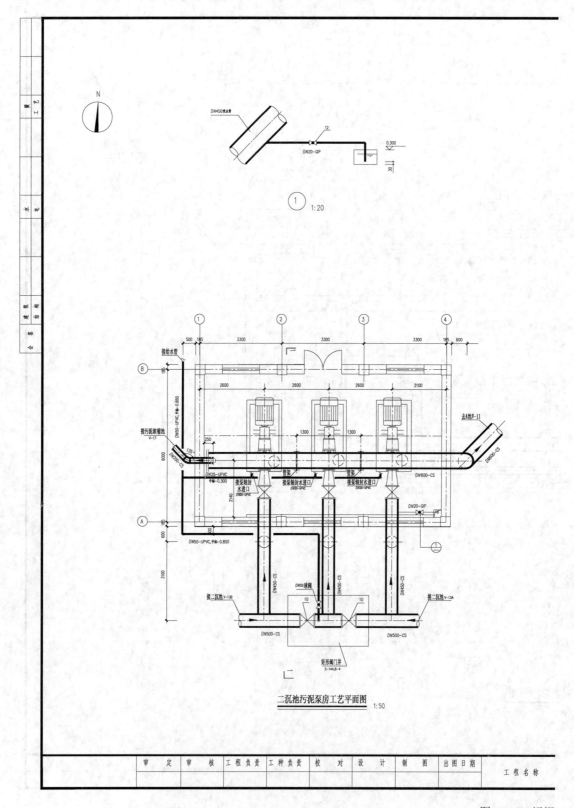

二沉池污泥泵房工艺平面图 1:50

图 13-10　污泥

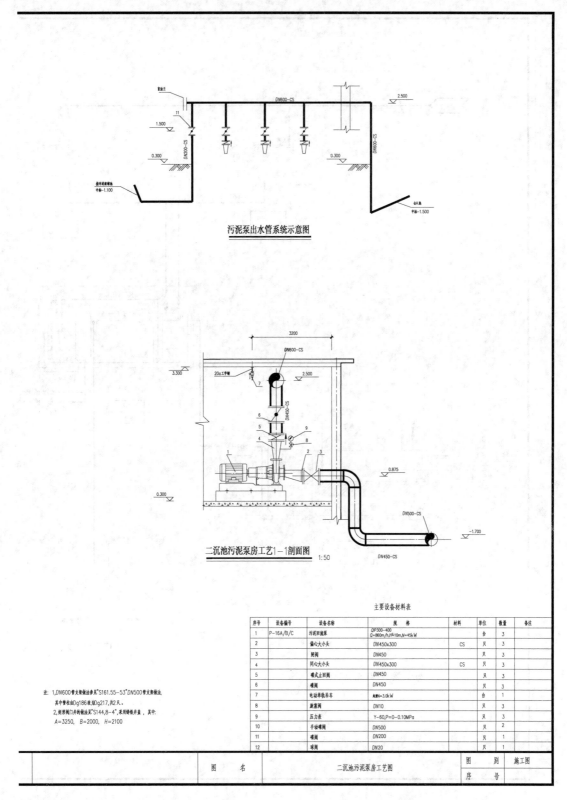

污泥泵出水管系统示意图

二沉池污泥泵房工艺1—1剖面图　1:50

主要设备材料表

序号	设备编号	设备名称	规格	材料	单位	数量	备注
1	P-16A/B/C	污泥回流泵	QJP300-400 Q=860m³/h,H=10m,N=45kW		台	3	
2		偏心大小头	DN450×300	CS	只	3	
3		闸阀	DN450		只	3	
4		同心大小头	DN450×300	CS	只	3	
5		蝶式止回阀	DN450		只	3	
6		蝶阀	DN450		只	3	
7		电动单梁吊车	起重量=3.0kW		台	1	
8		旋塞阀	DN10		只	3	
9		压力表	Y-60,P=0-0.10MPa		只	3	
10		手动蝶阀	DN500		只	2	
11		蝶阀	DN200		只	1	
12		球阀	DN20		只	1	

注：1,DN600管支架做法参见"S161.55-53"DN500管支架做法，
其中管柱出Dg186改见Dg217,共2只。
2,矩形阀门井的做法见"S144.8-4",采用钢铁井盖，其中:
A=3250, B=2000, H=2100

图　名	二沉池污泥泵房工艺图	图　别	施工图
		序　号	

泵房工艺图

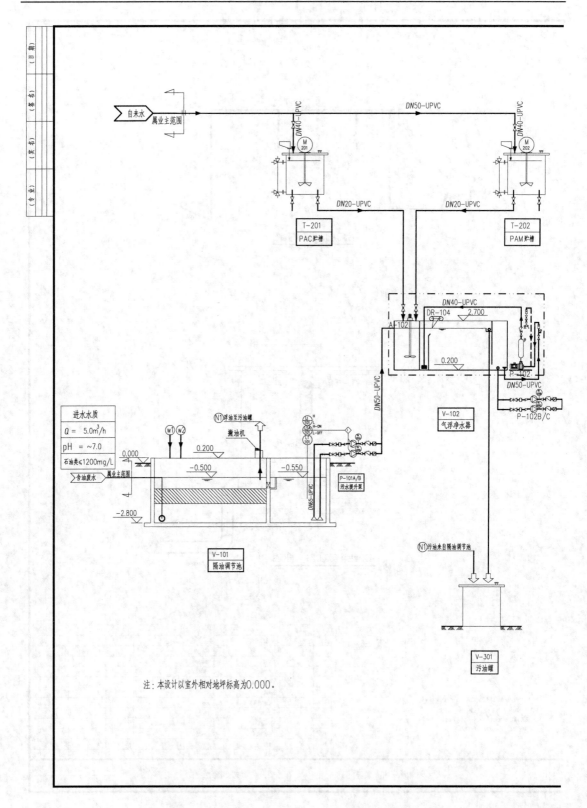

图 13-11　含油

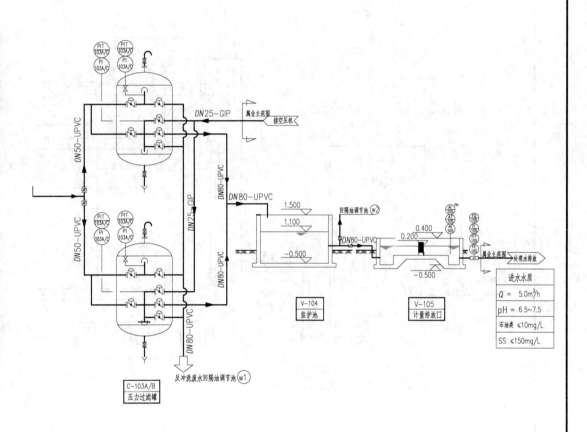

废水处理流程

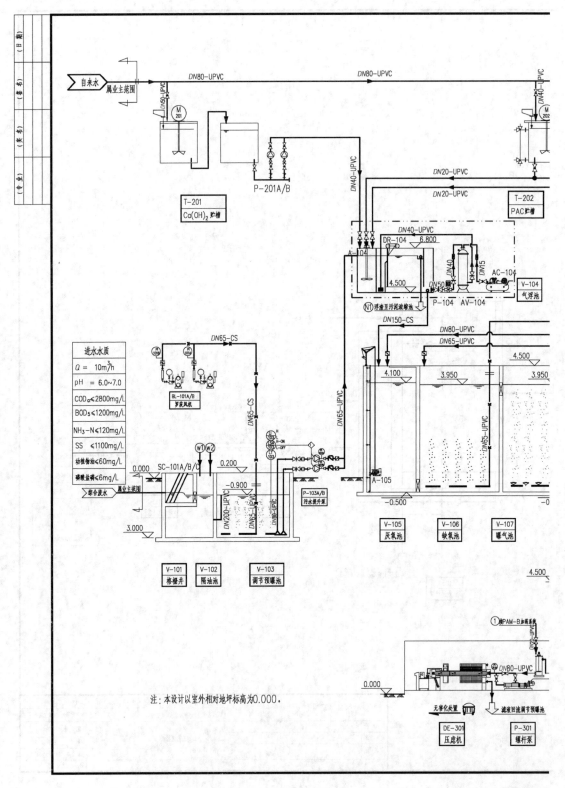

图 13-12　家禽屠宰

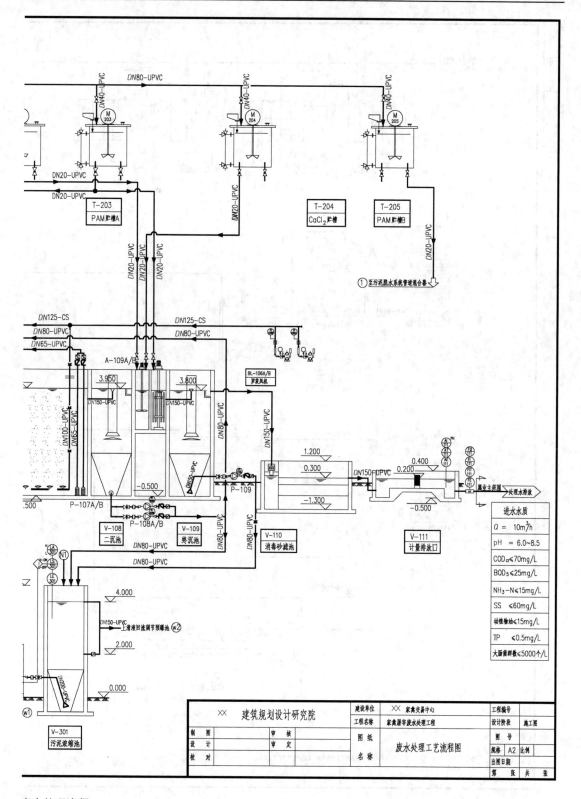

废水处理流程

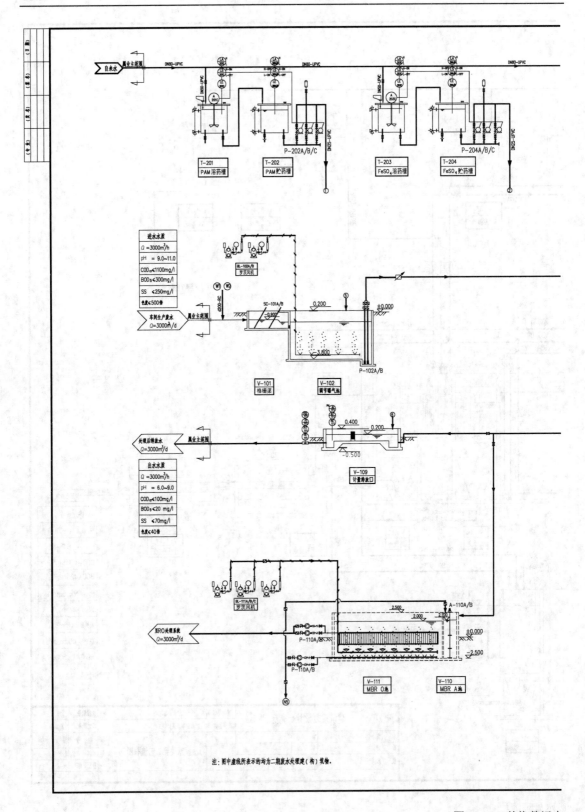

图 13-13　某染整污水

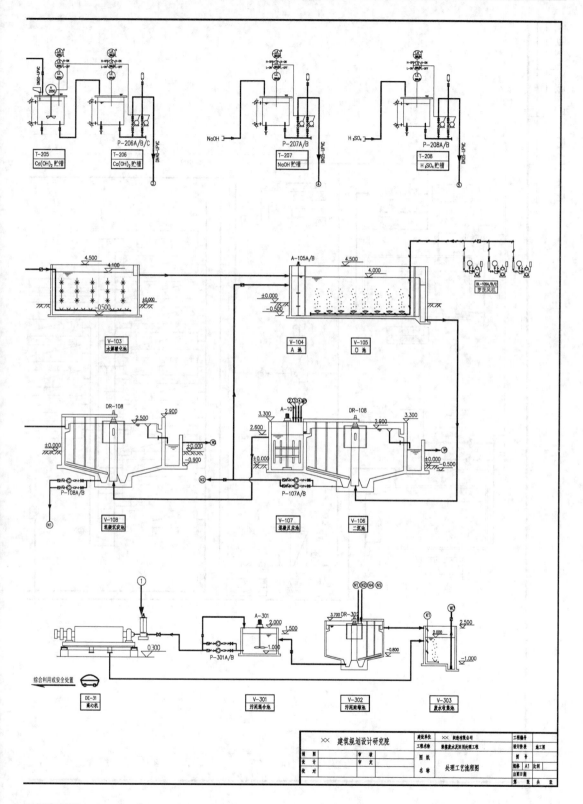

处理流程图

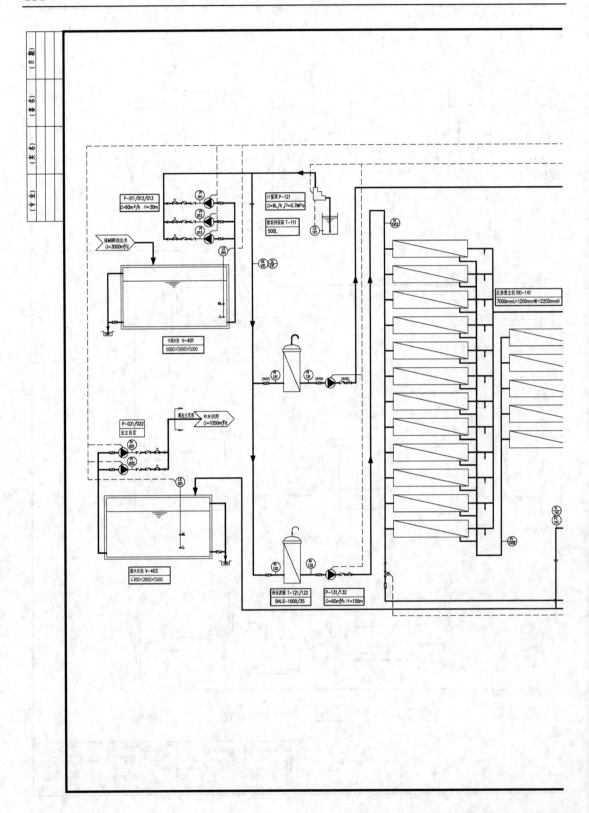

图 13-14　某染整污水回用处理

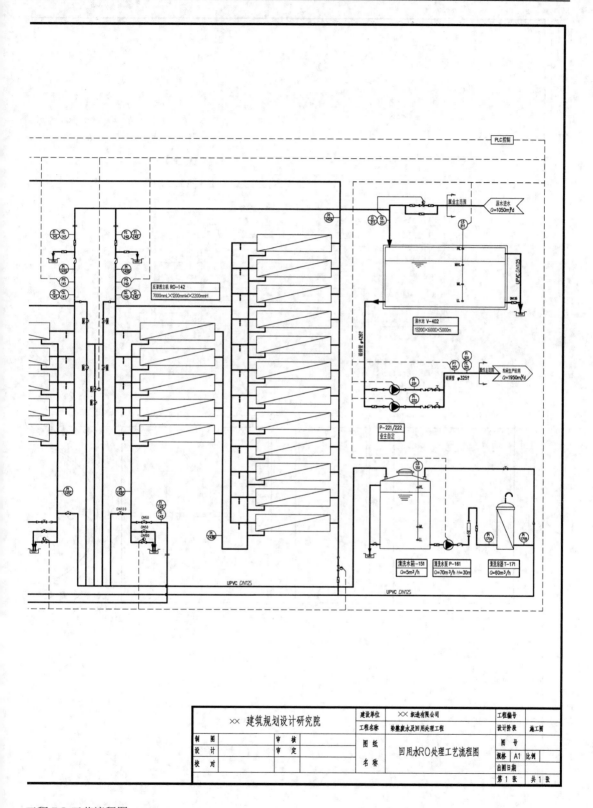

工程 RO 工艺流程图

建、构筑物一览表

序号	名　称	数量	规格	结构
V-101	进水格栅渠	1座	4.0×1.0×1.80m	R.C.
V-102	调节曝气池	1座	20.20×14.00×4.0m	R.C.
V-103	水解酸化池	1座	20.20×8.250×5.0m	R.C.
V-104	A池	2座	3.30×3.30×5.0m	R.C.
V-105	O池	1座	20.20×17.50×5.0m	R.C.
V-106	二沉池	1座	ø16.0×3.80m	R.C.
V-107	混凝反应池	1座	3.0×3.0×4.0m	R.C.
V-108	混凝沉淀池	1座	ø14.0×3.80m	R.C.
V-109	计量排放口	1座	5.10×12.80×0.90m	砖混
V-110	MBR A池	2座	3.30×3.30×5.0m	R.C.
V-111	MBR O池	2座	27.0×16.0×3.0m	R.C.

序号	名　称	数量	规格	结构
V-301	污泥混合池	1座	2.80×2.80×3.0m	R.C.
V-302	污泥浓缩池	1座	ø7.80×4.50	R.C.
V-401	中间水池	1座	6.0×5.0×5.0m	砖混
V-402	清水池	1座	13.20×6.0×5.0m	R.C.
V-403	浓水水池	1座	4.0×2.80×5.0m	R.C.
B-501	综合用房	1座	21.0×12.80×2F	砖混
B-502	RO处理用房	1座	14.0×5.0×1F	砖混

注:
1. 表中所列构筑物尺寸均为一期工程建构筑物净尺寸，建筑物尺寸为轴线尺寸。
2. 图中虚线所表示的均为二期废水处理建（构）筑物。

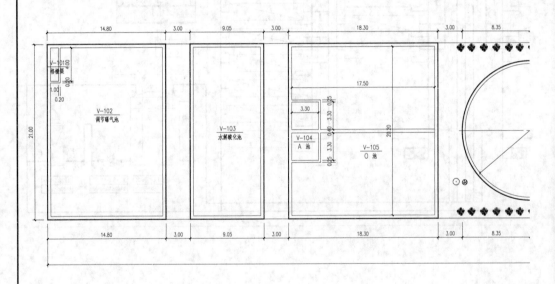

图 13-15　某染整废水及回用

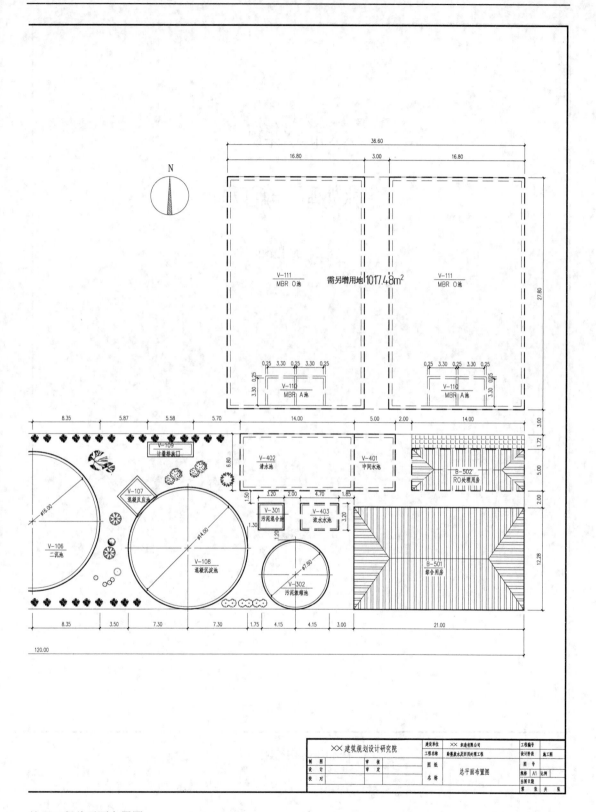

处理工程总平面布置图

××市××集镇

污水处理厂一期工程

施工图—工艺机管设计

×× 建筑规划设计研究院

二0××年十二月

图 13-16　图纸封面

图 纸 目 录　　　　　　　　　　　　　第 1 页　共　页

序号	图 纸 名 称	图 号	规 格	备 注
1	工艺施工图设计总说明	YKW-YS-01-01	A1	
2	工艺流程图	YKW-YS-02-01	A1	
3	工艺管线总平面图	YKW-YS-03-01	A1	
4	进水泵房机管图(一)	YKW-YS-04-01	A1	
5	进水泵房机管图(二)	YKW-YS-04-02	A1	
6	旋流沉砂池机管图	YKW-YS-05-01	A1	
7	隔油调节池机管图	YKW-YS-06-01	A1	
8	初沉池机管图(一)	YKW-YS-07-01	A1	
9	初沉池机管图(二)	YKW-YS-07-02	A1	
10	A2/O(A)池机管图(一)	YKW-YS-08-01	A1	
11	A2/O(B)池机管图(二)	YKW-YS-08-02	A1	
12	A2/O池机管图(三)	YKW-YS-08-03	A1	
13	A2/O池机管图(四)	YKW-YS-08-04	A1	
14	二沉池机管图(一)	YKW-YS-09-01	A1	
15	二沉池机管图(二)	YKW-YS-09-02	A1	
16	终沉池机管图(一)	YKW-YS-10-01	A1	
17	终沉池机管图(二)	YKW-YS-10-02	A1	
18	消毒池(计量排放口)机管图	YKW-YS-11-01	A1	
19	污泥浓缩池机管图(一)	YKW-YS-12-01	A1	
20	污泥浓缩池机管图(二)	YKW-YS-12-02	A1	
21	污泥混合池机管图	YKW-YS-13-01	A1	
22	鼓风机房(变配电间)机管图	YKW-YS-14-01	A1	
23	脱水机房(加药间)机管图(一)	YKW-YS-15-01	A1	
24	脱水机房(加药间)机管图(二)	YKW-YS-15-02	A1	
25	脱水机房(加药间)机管图(三)	YKW-YS-15-03	A1	
26	传达室给排水设计说明 平面图及系统图	YKW-SS-16-01	A1	
27	仪电控制楼给排水平面图 给排水系统图	YKW-SS-16-02	A1	
28	仪电控制楼给排水设计总说明及图例 卫生间大样	YKW-SS-16-03	A1	

××建筑规划设计研究院		建设单位	××市 ×× 集镇		工程编号		
		工程名称	污水处理厂一期工程		设计阶段	施工图	
制 图	审 核	图纸			图 号		
设 计	审 定	名 称	目录(一)		规格 A4	比例 1:100	
校 对					出图日期	2011.12.18	
					第 1 张	共 2 张	

图 13-17　图纸目录

工 艺 设 计

1．标高及管线总图的定位尺寸单位为米，其余均为毫米。

2．本高程系以5车间室内地坪为0.300，相对室外标高为±0.000．．

3．管材与接口：
给水管：采用UPVC给水管，粘接（见02SS405-1图集）。
废水处理管：采用UPVC给水管，粘接（见02SS405-1图集）；或普通焊接钢管(CS)，焊接；
空气管：采用普通焊接钢管(CS)，焊接；
加药管：采用UPVC给水管，粘接（见02SS405-1图集）；加药管阀门采用伸缩球阀安装详见"02SS405-1.28"图；Y型过滤器采用插管式，粘接。
室内排水管：采用UPVC排水管，粘接；室外排水采用加筋UPVC排水管、橡胶接口（见02SS405-1图集）。
加药管、滤布冲洗水管及空压机压缩空气管工作压力≥1.0MPa；其它管道工作压力≥0.25MPa。

4．管道安装：
安装前应使用木槌击打管道，压缩空气吹洗，清除管道内的铁屑，泥土等杂质；使用法兰连接时，应将法兰表面的铁屑或其它杂质清除干净，接触表面如有破损，应进行修补，使之保持光滑平直。
管道安装时使用水平尺水平仪进行水平和铅直测定，横管不允许有倒坡和变坡。

5．管道防腐：
钢件和钢管应防腐，埋地管道除锈后刷环氧沥青漆三道防腐；明装管道除锈后涂环氧树脂红丹二道，再刷环氧面漆(颜色另定)。

6．管沟开挖及回填：
管沟断面为梯形（侧壁取45°，或按土壤休止角），沟底宽规定如下：

管径/mm	50	100	150	200	300	400	500	600	700
底宽/mm	300	400	500	600	750	850	950	1050	1150

管沟挖致设计深度时，如遇到砾石、碎石或坚硬地层，应再加挖100mm深，换上100厚的细砂层（夯实），如遇软土层，应将其挖去至坚硬地层，换以细砂层（夯实）。

管道安装后应经试压，经现场监理人员确认合格，并做好隐蔽工程记录方可回填。回填时，应先排除沟中积水，沟底致管顶100mm范围内应以细砂填实，其上再填砂质黏土至设计地坪标高，管道两侧应仔细夯实，注意两侧应同时对称夯打，回填时注意按层厚300mm 进行填先并分层夯实。

图 13-18 工艺设

总 说 明

7. 加药管线及室外的明装给水管道应作聚丙烯泡沫塑料保温层，做法见"03S401，51"Ⅳ型及"03S401，31"表，保温层厚20mm。

8. 管道支架，除图中另有设计以外均采用给水排水标准图集"03S402"图上相应的支架、管卡。

9. 设备安装定位尺寸本图未作具体标定的，应根据土建设备基础和设备安装说明进行安装，如与设计图纸型号不符或变更，应对设备基础做相应的修改。

10. 三通、异径管、喇叭口、钢制法兰等管件，除图中有特殊说明外，做法均见给水排水标准图集"02S403"图相关做法，DN≥300弯头采用焊接弯头，做法见"02S403-6~35"，DN<300弯头采用市购压制弯头。

11. 管道试压：管道安装完毕后应进行水压试验，试压按照《给水排水管道工程施工及验收规范》（GB50268-97）有关规定进行。

12. 螺栓材质：投药设备和堰板的固定螺栓均采用不锈钢螺栓，有震动的机械设备(如泵、风机)，采用锚栓或化学螺栓，其余图纸未注明的，均采用镀锌螺栓。

13. 所有室外电机均需做防雨罩。

14. 排水检查井做法详见给水排水标准图集"02S515、02(03)S515"。

15. 阀门井做法<DN300的阀门井采用阀门套筒，详见"S143-17、18"，≥DN300的阀门井采用井下操作立式阀门井详见"S143-17.7"，井盖及支座做法详见给水排水标准图集"S501-1~2(2002年合订本)"

16. 设备管道表面颜色和标志参见SH/T3045—2003《石油化工设备管道钢结构表面色和标志规定》，如处理水管为灰色、清水管为绿色、空气管为黄色、ABS管为本色、污泥管为黑色。或由业主方根据全厂要求自定。

17. 工程施工及验收按《给水排水管道工程施工及验收规范》（"GB50268—97"）及国家其它相关的规范、规定执行。

18. 凡未说明者，均应按国家现行有关施工及验收规范执行。

19. 图例：

图 例	名 称
——J——	给水管
——Wh——	处理废水管
——W₂——	脱水机滤液管
——W——	废水管
——N——	二沉回流污泥管
——N₁——	剩余污泥管
——N₂——	混合污泥管
——PAC——	PAC加药管
——PAM——	POLYMER加药管
——H.P——	磷酸加药管
——UREA——	尿素加药管
——X——	滤布冲洗水管
——Q——	空气管
▨	楔阀
⍁	止回阀
⊠	球阀
⊠	闸阀
⌿	软接头
⌀	压力表
◁	同心大小头
◁	偏心大小头
⊢⊣	Y型过滤器
⬿	电磁流量计

×× 建筑规划设计研究院		建设单位	××市 ×× 集镇		工程编号	YKW-YW-01-01
		工程名称	污水处理厂一期工程		设计阶段	施工图
制 图	审 核	图 纸			图 号	
设 计	审 定	名 称	工艺设计总说明		规格 A1	比例 1:100
校 对					出图日期	2011.12.18
					第 1 张	共 29 张

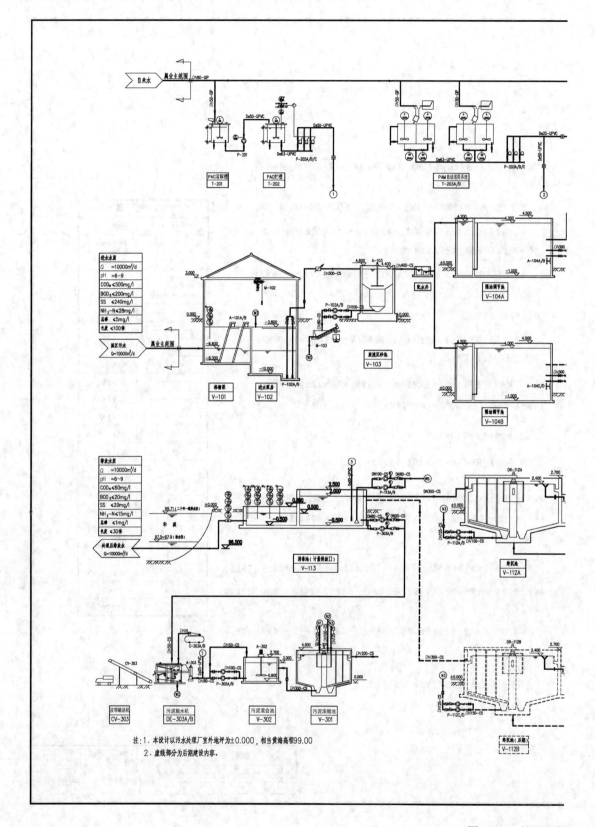

图 13-19　处理工艺

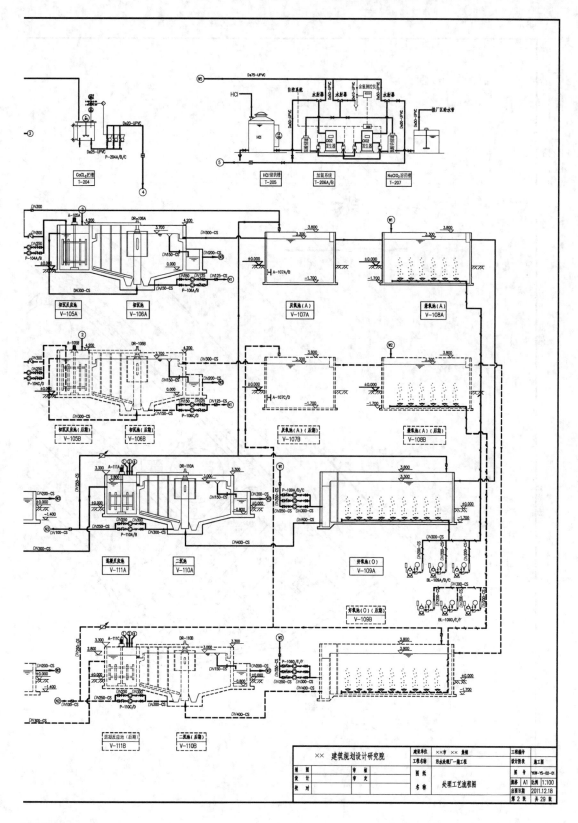

流程图

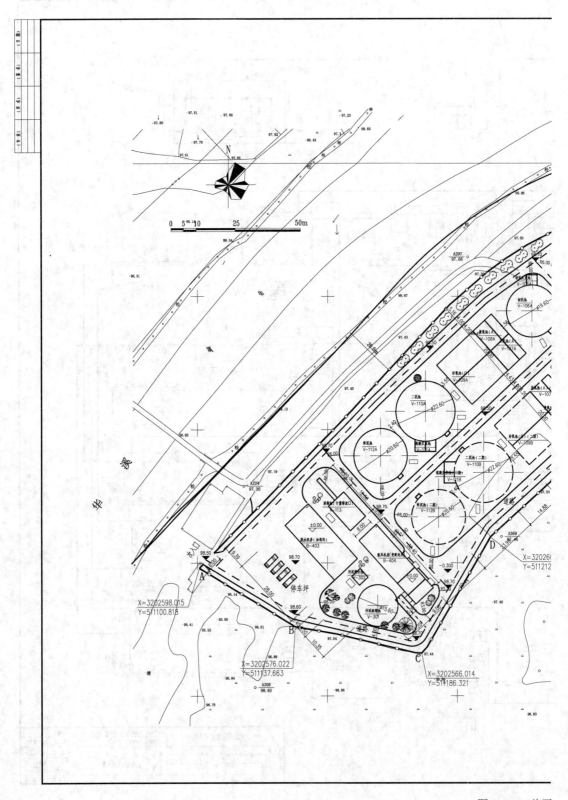

图 13-20　总平

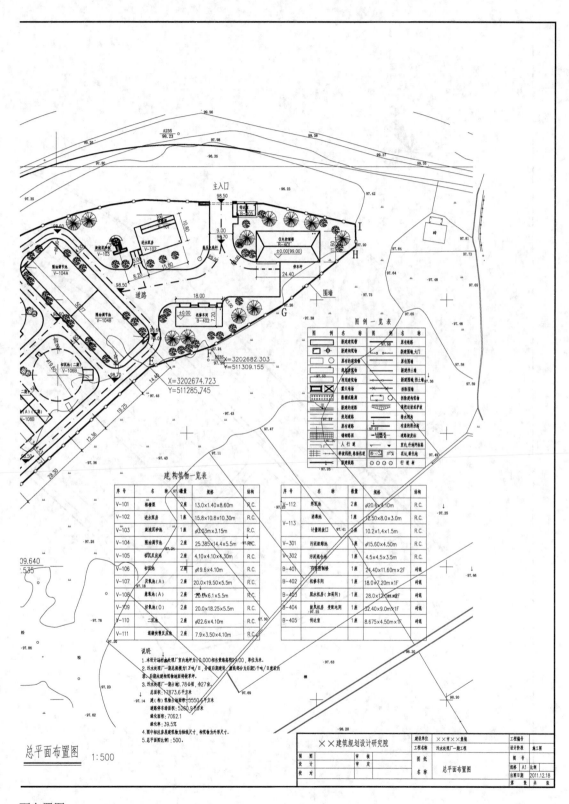

总平面布置图　　1:500

面布置图

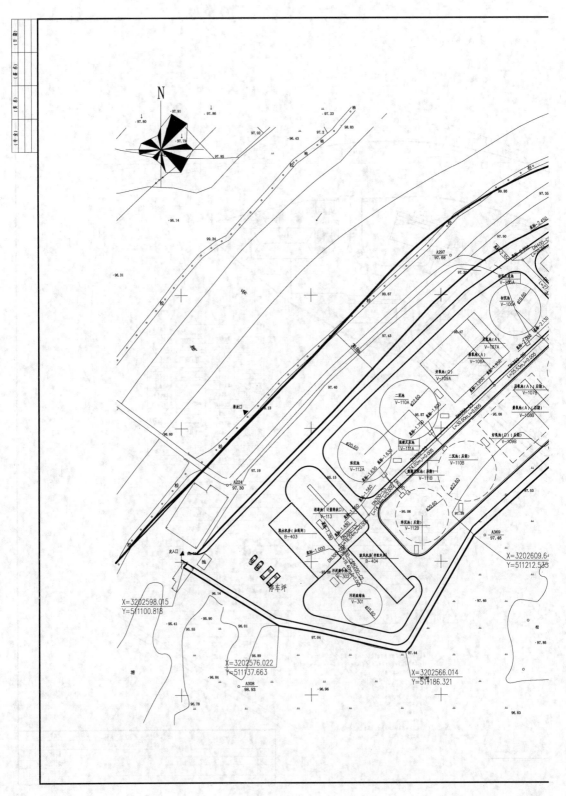

图 13-21 工艺管线

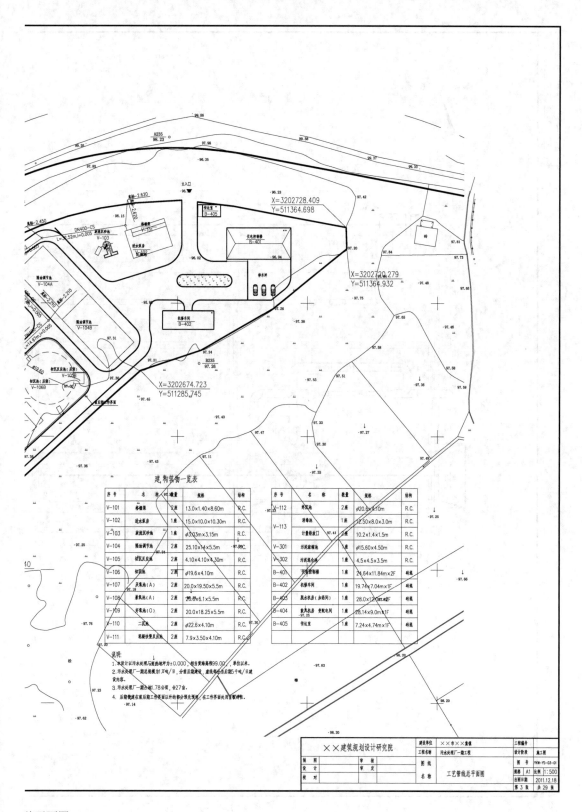

建构筑物一览表

序号	名称	数量	规格	结构
V-101	格栅渠	2座	13.0×1.40×8.60m	R.C.
V-102	进水泵房	1座	15.0×10.0×10.30m	R.C.
V-103	旋流沉砂池	1座	φ3.03m×3.15m	R.C.
V-104	隔油调节池	2座	25.10×14×5.5m	R.C.
V-105	初沉灰应池	2座	4.10×4.10×4.30m	R.C.
V-106	初沉池	2座	φ19.6×4.10m	R.C.
V-107	厌氧池（A）	2座	20.0×19.50×5.5m	R.C.
V-108	兼氧池（A）	2座	20.0×6.1×5.5m	R.C.
V-109	好氧池（O）	2座	20.0×18.25×5.5m	R.C.
V-110	二沉池	2座	φ22.6×4.10m	R.C.
V-111	混凝快滤反应池	2座	7.9×3.50×4.10m	R.C.

序号	名称	数量	规格	结构
V-112	纳污池	2座	φ20.6×4.10m	R.C.
V-113	消毒池	1座	12.50×8.0×3.0m	R.C.
	计量巡放口	2座	10.2×1.4×1.5m	R.C.
V-301	污泥浓缩池	1座	φ15.60×4.50m	R.C.
V-302	污泥泵合流	1座	4.5×4.5×3.5m	R.C.
B-401	供配电控制楼	1座	24.64×11.84m×2F	砖混
B-402	机修车间	1座	19.74×7.04m×1F	砖混
B-403	脱水机房（加药间）	1座	28.0×12.0m×2F	砖混
B-404	鼓风机房　变配电间	1座	28.14×9.0m×1F	砖混
B-405	传达室	1座	7.24×4.74m×1F	砖混

说明：
1.本设计以污水处理厂厂区熟地坪为±0.000，相当黄海高程99.00，单位以米。
2.污水处理厂一期按规模10万吨/日，分重后期建设，建筑物分为后期5千吨/日建设内容。
3.污水处理厂一期总占地1.78公顷，合27亩。
4.后期构建筑在后期施工作界面以外的部分另光预算，在工作界面处用首壁砌体。

××建筑规划设计研究院		建设单位	××市××集镇	工程编号	
		工程名称	污水处理厂一期工程	设计阶段	施工图
制　图	审　核	图纸		图　号	YKW-YS-03-01
设　计	审　定			规格 A1　比例 1:500	
校　对		名称	工艺管线总平面图	出图日期	2011.12.18
				第 3 张　共 29 张	

总平面图

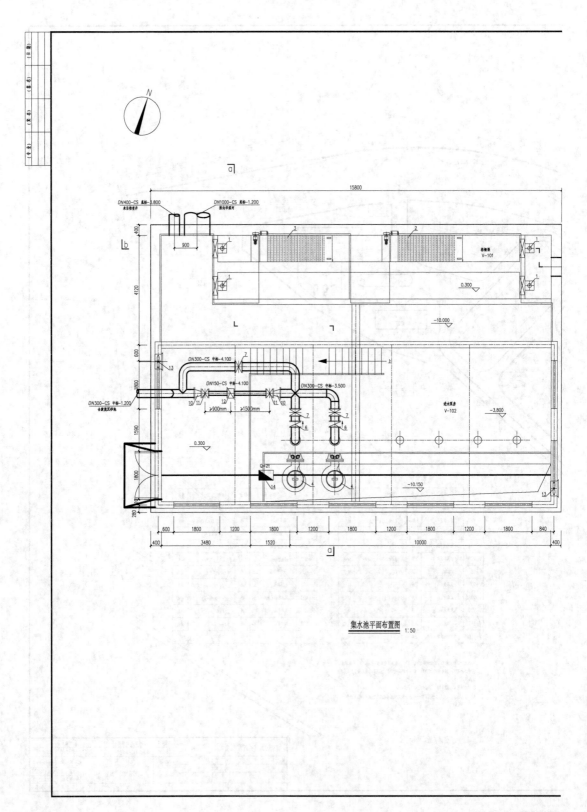

集水池平面布置图 1:50

图 13-22 进水泵

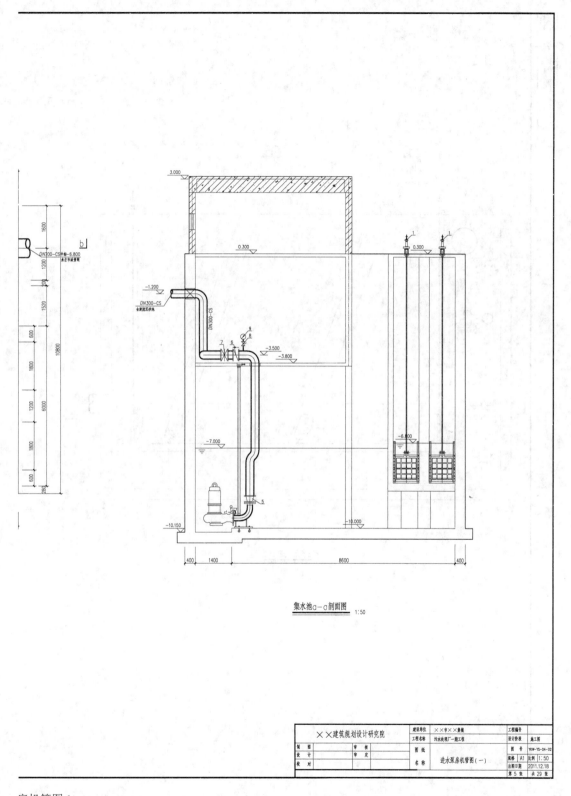

集水池a—a剖面图 1:50

××建筑规划设计研究院	建设单位	××市××集镇	工程编号	
	工程名称	污水处理厂一期工程	设计阶段	施工图
制 图 审 核	图 纸		图 号	YKW-YS-04-02
设 计 审 定	名 称	进水泵房机管图（一）	规格 A1 比例 1:50	
校 对			出图日期	2011.12.18
			第 5 张	共 29 张

房机管图1

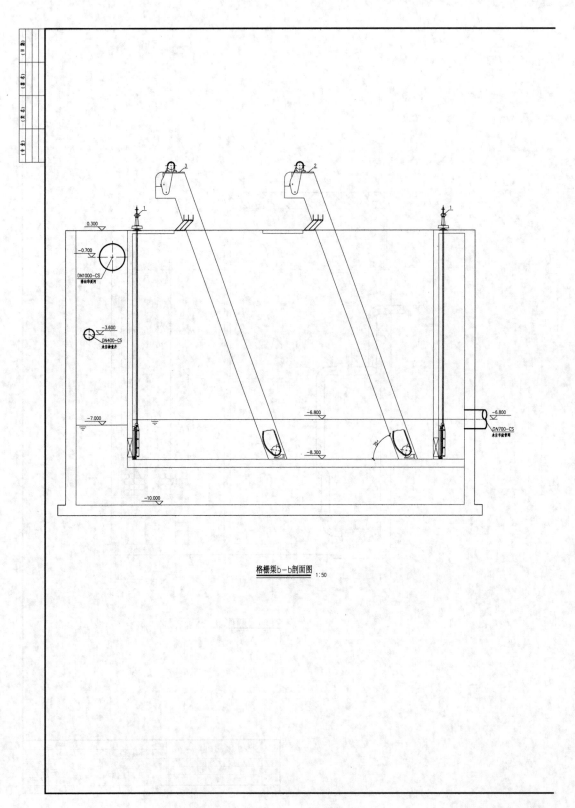

格栅渠b−b剖面图 1:50

图 13-23　进水泵

主要设备材料表

序号	设备编号	名 称	规格型号	材 料	单位	数量	备 注
1		手动闸门	700×700	铸铁	台	4	
2	A-101A	机械格栅	回转式固液分离机 B=1000mm,b=15mm,N=1.1kW	栅板:SUS304 刮齿:尼龙	台	1	
3	A-101B	机械细格栅	回转式固液分离机 B=1000mm,b=5mm,N=1.1kW	栅板:SUS304 刮齿:尼龙	台	1	
4	P-102A/B	集水井提升泵	潜污泵 420m³/h×22.0m×45kW		台	2	首期潜污泵选用: 220m³/h×22.0m×22kW
5		同心大小头	DN200×DN300		只	2	
6		微阻式止回阀	HH49X-10,DN300		只	2	
7		闸阀	Z41T-10,DN300		只	3	
8		放气阀	DN10				
9		压力表	Y-100,P=0~0.4MPa		只	2	
10		同心大小头	DN300×DN150		只	2	
11		闸阀	Z41T-10,DN150		只	2	
12		电磁流量计	DN150		只	1	
13		轴流风机	5000m³/h×80Pa×0.37kW		台	2	防腐蚀型
14		电动葫芦	Q=2t,N=0.4+3.0kW		台	1	

<table>
<tr><td colspan="2">××建筑规划设计研究院</td><td>建设单位</td><td>××市××集镇</td><td>工程编号</td><td></td></tr>
<tr><td>制 图</td><td>审 核</td><td rowspan="3">工程名称
图 纸
名 称</td><td>污水处理厂一期工程</td><td>设计阶段</td><td>施工图</td></tr>
<tr><td>设 计</td><td>审 定</td><td rowspan="2">进水泵房机管图（二）</td><td>图 号</td><td>YKW-YS-04-01</td></tr>
<tr><td>校 对</td><td></td><td>规格 A1 比例 1:50</td><td></td></tr>
<tr><td colspan="2"></td><td></td><td></td><td>出图日期 2011.12.18</td><td></td></tr>
<tr><td colspan="2"></td><td></td><td></td><td>第 4 张 共 29 张</td><td></td></tr>
</table>

房机管图 2

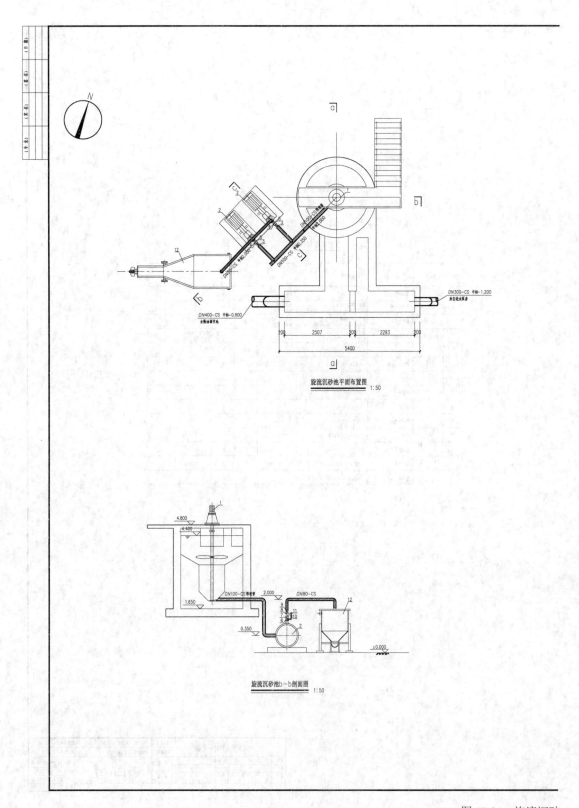

旋流沉砂池平面布置图　1:50

旋流沉砂池b-b剖面图　1:50

图 13-24　旋流沉砂

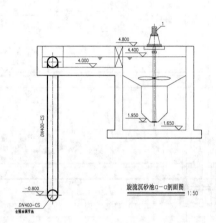

旋流沉砂池a—a剖面图　　1:50

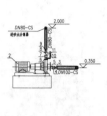

旋流沉砂池C—C剖面图　　1:50

主要设备材料表

序号	设备编号	名称	规格型号	材料	单位	数量	备注
1	A—103	沉砂池搅拌机	竖轴式 φ900 mm×1.5kW	轴、桨叶：SUS304	台	1	
2	P—103A/B	抽砂泵	陆上卧式泵 10m³/h×10.0m×0.75kW		台	2	
3		闸阀	Z41T—10,DN100		只	2	
4		弹性接头	KXT—Ⅲ型,DN100		只	2	
5		偏心大小头	DN50×DN100		只	2	
6		同心大小头	DN50×DN80		只	2	
7		弹性接头	KXT—Ⅲ型,DN80		只	2	
8		梭式止回阀	H77X—10,DN80		只	2	
9		闸阀	Z41T—10,DN80		只	2	
10		旋塞阀	DN10		只	2	
11		压力表	Y—100,P=0~0.4MPa		只	2	
12	M—103	砂水分离器	螺旋式 12l/min×0.37kW		台	1	

××建筑规划设计研究院		建设单位	××市××集镇	工程编号	
		工程名称	污水处理厂一期工程	设计阶段	施工图
制 图	审 核	图 纸 名 称	旋流沉砂池机管图	图　号	YKW—YS—05—01
设 计	审 定			规格 A1　比例 1:50	
校 对				出图日期 2011.12.18	
				第 6 张 共 29 张	

池机管图

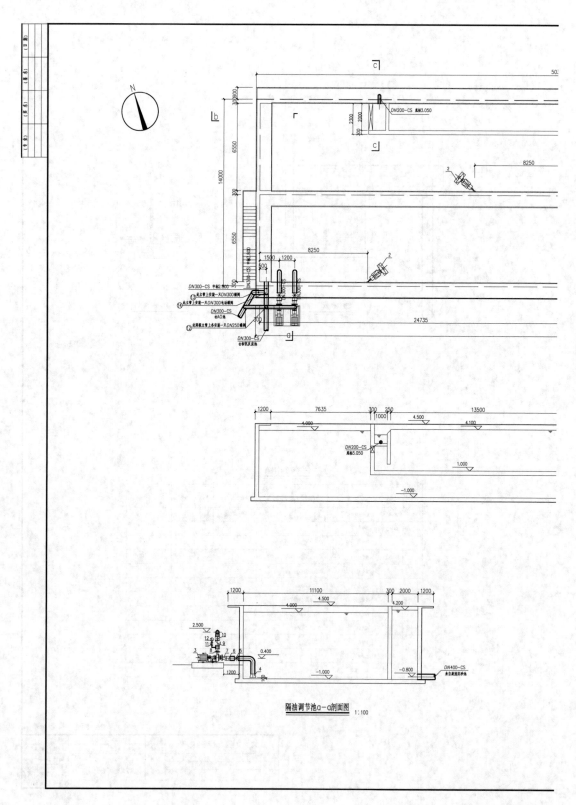

隔油调节池a—a剖面图 1:100

图 13-25 隔油调节

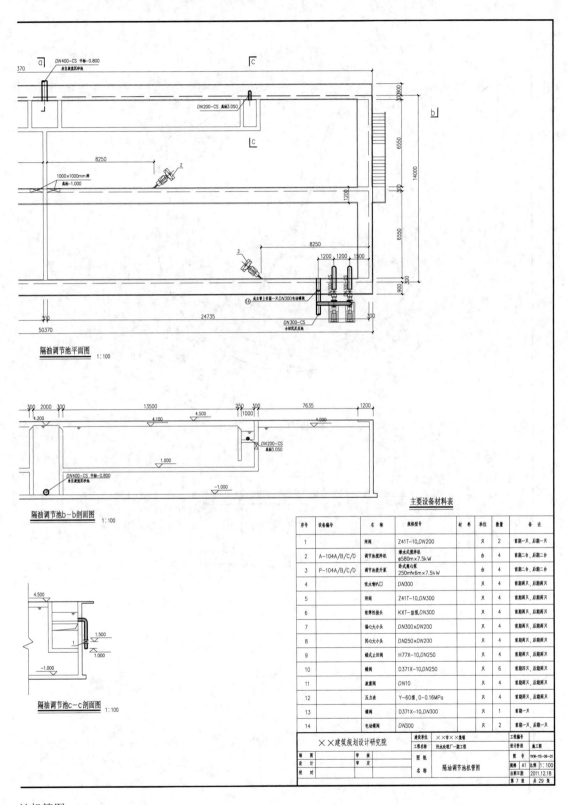

隔油调节池平面图 1:100

隔油调节池b-b剖面图 1:100

隔油调节池c-c剖面图 1:100

主要设备材料表

序号	设备编号	名称	规格型号	材料	单位	数量	备注
1		闸阀	Z41T-10,DN200		只	2	首期一只,后期一只
2	A-104A/B/C/D	调节池搅拌机	潜水式搅拌机 ∅580m×7.5kW		台	4	首期两台,后期两台
3	P-104A/B/C/D	调节池提升泵	卧式离心泵 250m³×6m×7.5kW		台	4	首期两台,后期两台
4		吸水喇叭口	DN300		只	4	首期两只,后期两只
5		闸阀	Z41T-10,DN300		只	4	首期两只,后期两只
6		放弹性接头	KXT-Ⅲ型,DN300		只	4	首期两只,后期两只
7		偏心大小头	DN300×DN200		只	4	首期两只,后期两只
8		同心大小头	DN250×DN200		只	4	首期两只,后期两只
9		旋式止回阀	H77X-10,DN250		只	4	首期两只,后期两只
10		蝶阀	D371X-10,DN250		只	6	首期四只,后期两只
11		液位阀	DN10		只	4	首期两只,后期两只
12		压力表	Y-60型,0-0.16MPa		只	4	首期两只,后期两只
13		蝶阀	D371X-10,DN300		只	1	首期一只
14		电动蝶阀	DN300		只	2	首期一只,后期一只

××建筑规划设计研究院		建设单位	××市××集镇		工程编号	
		工程名称	污水处理厂一期工程		设计阶段	施工图
制 图	审 核	图 纸			图 号	YKW-YS-06-01
设 计	审 定				规格 A1	比例 1:100
校 对		名 称	隔油调节池机管图		出图日期	2011.12.18
					第7张	共29张

池机管图

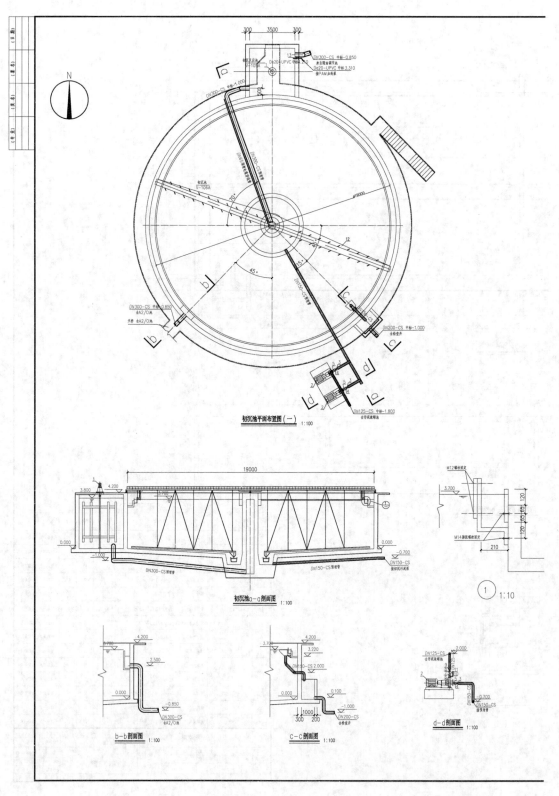

初沉池平面布置图(一) 1:100

初沉池a—a剖面图 1:100

① 1:10

b—b剖面图 1:100

C—C剖面图 1:100

d—d剖面图 1:100

图 13-26 初沉池

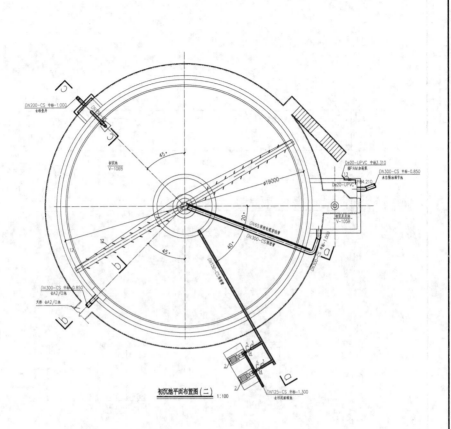

初沉池平面布置图（二） 1:100

主要设备材料表

序号	设备编号	名 称	规格型号	材 料	单位	数量	备 注
1	A-105A/B	初沉反应池搅拌机	框条式 φ3000mm×3000mm,b=150mm,1.1kW	轴:SUS304 框条:松木	台	2	前期一台，后期一台
2	P-106A/B/C/D	污泥提升泵	卧式离心泵 60m³/h×10.0m×5.5kW		台	4	前期二台，后期二台
3		闸阀	Z41T-10,DN150		只	4	前期二只，后期二只
4		弹性接头	KXT-Ⅲ型 DN150		只	4	前期二只，后期二只
5		偏心大小头	DN100×DN150		只	4	前期二只，后期二只
6		同心大小头	DN80×DN125		只	4	前期二只，后期二只
7		弹性接头	KXT-Ⅲ型 DN125		只	4	前期二只，后期二只
8		旋式止回阀	H77X-10,DN125		只	4	前期二只，后期二只
9		闸阀	Z41T-10,DN125		只	4	前期二只，后期二只
10		波意阀	DN10		只	4	前期二只，后期二只
11		压力表	Y-100，P=0-0.4MPa		只	4	前期二只，后期二只
12	DR-106A/B	初沉池刮泥机	全桥周边传动 φ19m×1.1kW		台	2	前期一台，后期一台
13		球阀	DN20	UPVC	只	2	前期一只，后期一只

××建筑规划设计研究院		建设单位	××市××集镇		工程编号	
		工程名称	污水处理厂一施工程		设计阶段	施工图
制 图	审 核	图 纸			图 号	YXW-YS-07-01
设 计	审 定		初沉池机管图（一）		版标 A1 比例 1:100
校 对		名 称			出图日期	2011.12.18
					第 8 张 共 29 张

机管图1

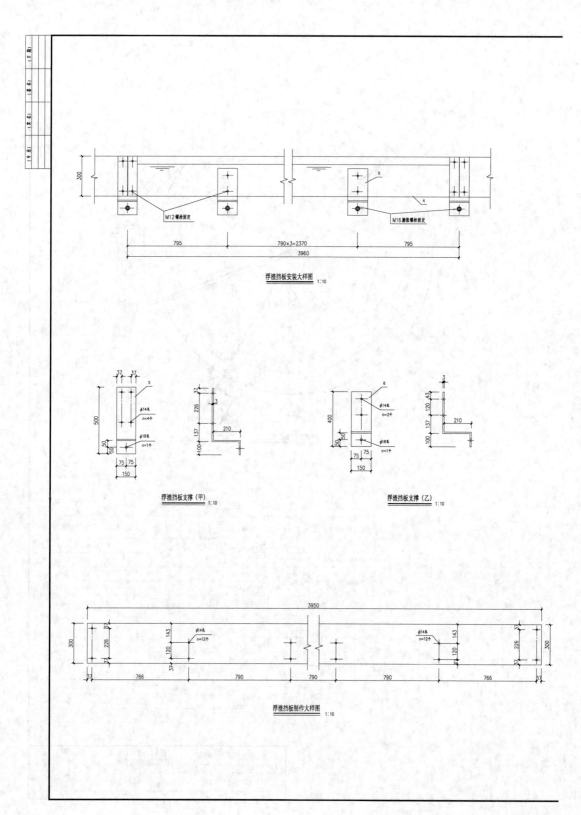

图 13-27　初沉池

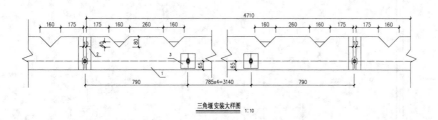

三角堰安装大样图 1:10

三角堰垫板（甲） 1:10　　　　三角堰垫板（乙） 1:10

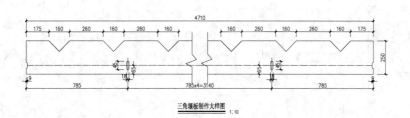

三角堰板制作大样图 1:10

主要设备材料表

序号	设备编号	名　称	规格型号	材　料	单位	数量	备　注
1		三角堰板	4710×250　b=3	SUS304	块	12	
2		三角堰垫板(甲)	130×250　b=3	SUS304	块	12	
3		三角堰垫板(乙)	100×100　b=3	SUS304	块	60	
4		浮渣挡板	3950×300　b=3	SUS304	块	14	
5		浮渣挡板支撑(甲)	扁钢150×500　b=3	SUS304	块	14	
6		浮渣挡板支撑(乙)	扁钢150×400　b=3	SUS304	块	56	

注：此表数量为单个初沉池所需数量。

××建筑规划设计研究院		建设单位	××市××集镇		工程编号	
		工程名称	污水处理厂一期工程		设计阶段	施工图
制 图	审 核	图 纸			图 号	YKW-YS-07-02
设 计	审 定				规格 A1　比例 1:100	
校 对		名 称	初沉池机管图（二）		出图日期	2011.12.18
					第 9 张	共 29 张

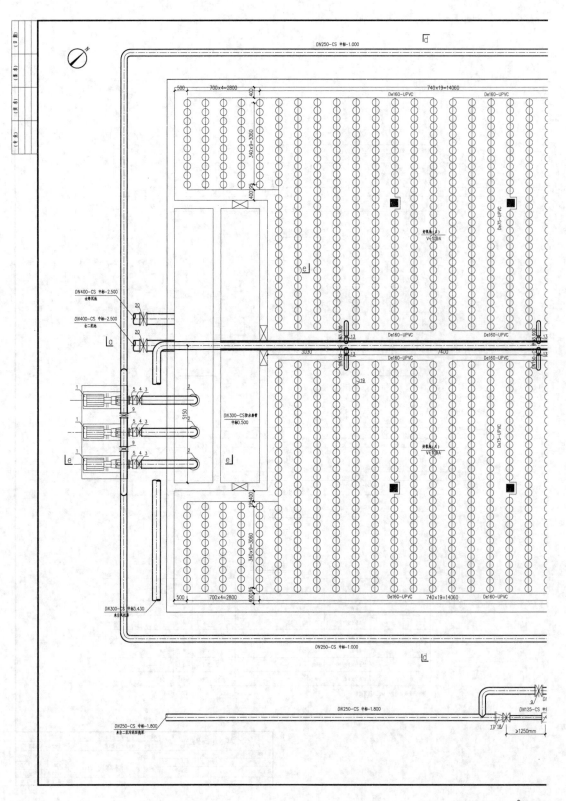

图 13-28　A²/O(A)

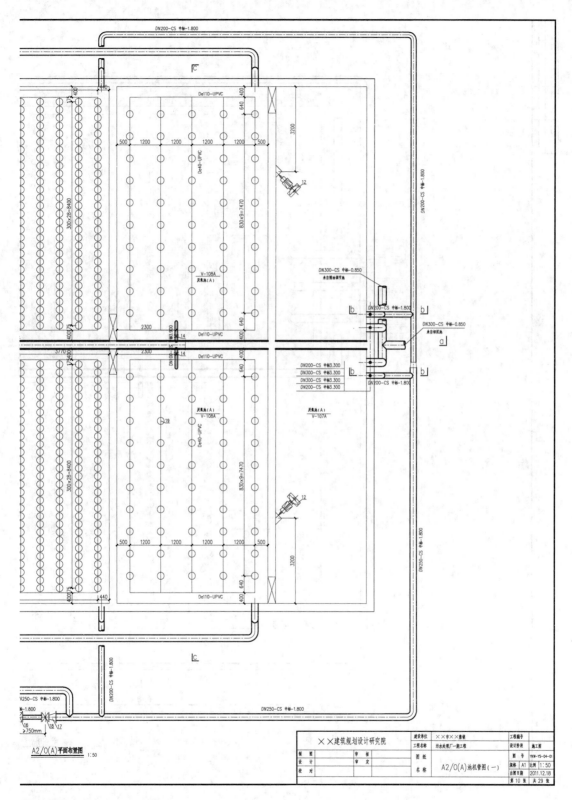

A2/O(A)平面布置图   1:50

池机管图 1

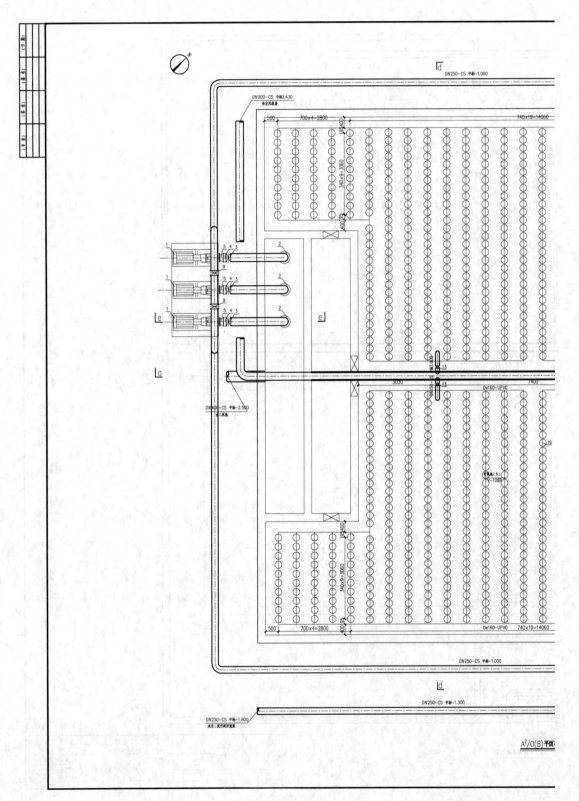

图 13-29　A²/O(B)

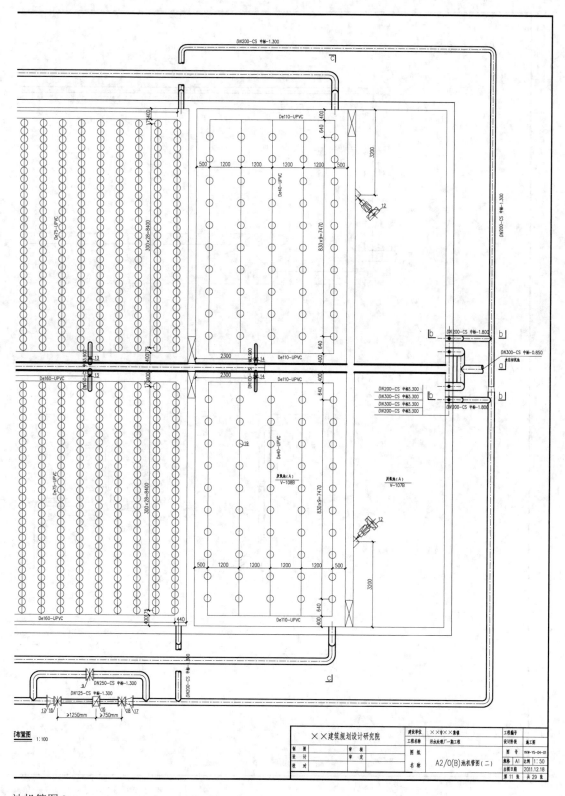

池机管图 2

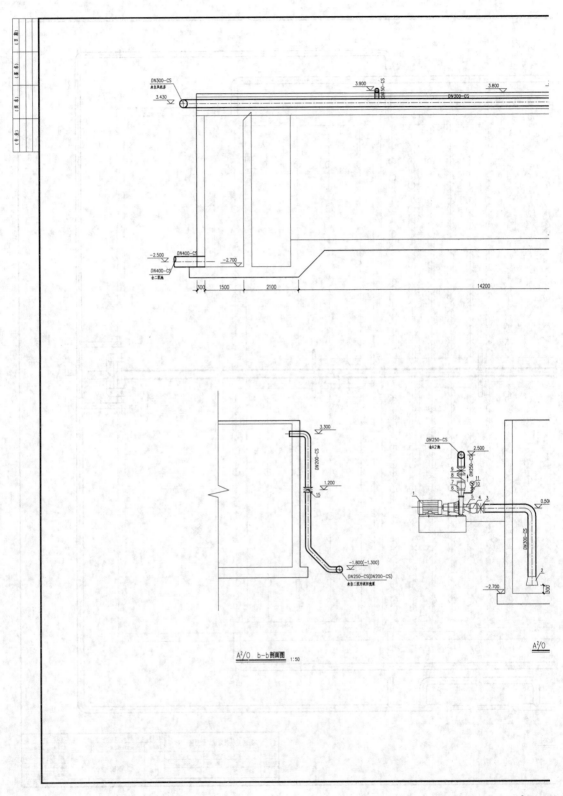

图 13-30　A²/O(A)

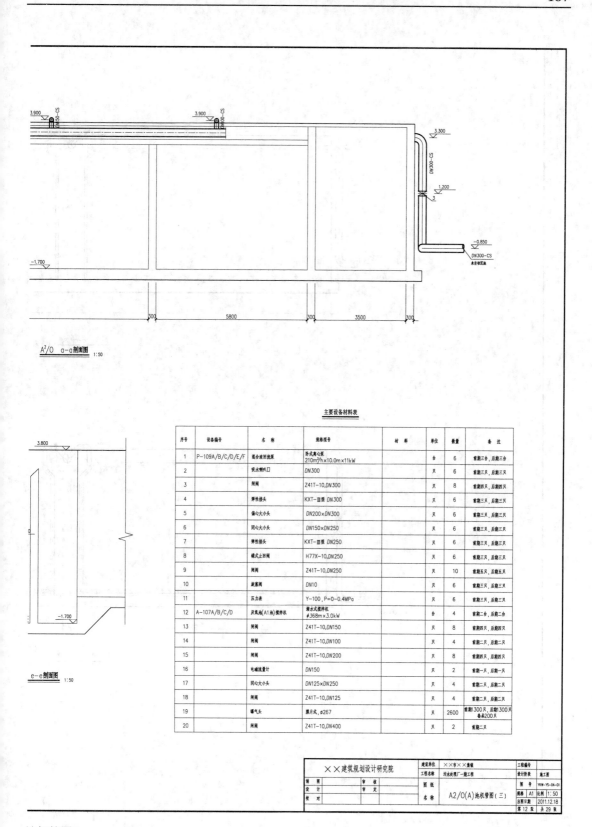

A^2/O a-a剖面图 1:50

e-e剖面图 1:50

主要设备材料表

序号	设备编号	名 称	规格型号	材 料	单位	数量	备 注
1	P-109A/B/C/D/E/F	混合液回流泵	卧式离心泵 210m³/h×10.0m×11kW		台	6	首期三台，后期三台
2		吸水喇叭口	DN300		只	6	首期三只，后期三只
3		闸阀	Z41T-10,DN300		只	8	首期四只，后期四只
4		弹性接头	KXT-Ⅲ型 DN300		只	6	首期三只，后期三只
5		偏心大小头	DN200×DN300		只	6	首期三只，后期三只
6		同心大小头	DN150×DN250		只	6	首期三只，后期三只
7		弹性接头	KXT-Ⅲ型 DN250		只	6	首期三只，后期三只
8		橡胶止回阀	H77X-10,DN250		只	6	首期三只，后期三只
9		闸阀	Z41T-10,DN250		只	10	首期五只，后期五只
10		截止阀	DN10		只	6	首期三只，后期三只
11		压力表	Y-100,P=0-0.4MPa		只	6	首期三只，后期三只
12	A-107A/B/C/D	厌氧池(A1池)搅拌机	潜水式搅拌机 φ368m×3.0kW		台	4	首期二台，后期二台
13		闸阀	Z41T-10,DN150		只	8	首期四只，后期四只
14		闸阀	Z41T-10,DN100		只	4	首期二只，后期二只
15		闸阀	Z41T-10,DN200		只	8	首期四只，后期四只
16		电磁流量计	DN150		只	2	首期一只，后期一只
17		同心大小头	DN125×DN250		只	2	首期一只，后期一只
18		闸阀	Z41T-10,DN125		只	4	首期二只，后期二只
19		曝气头	膜片式,φ267		只	2600	首期300只,后期300只 备200只
20		闸阀	Z41T-10,DN400		只	2	首期二只

池机管图3

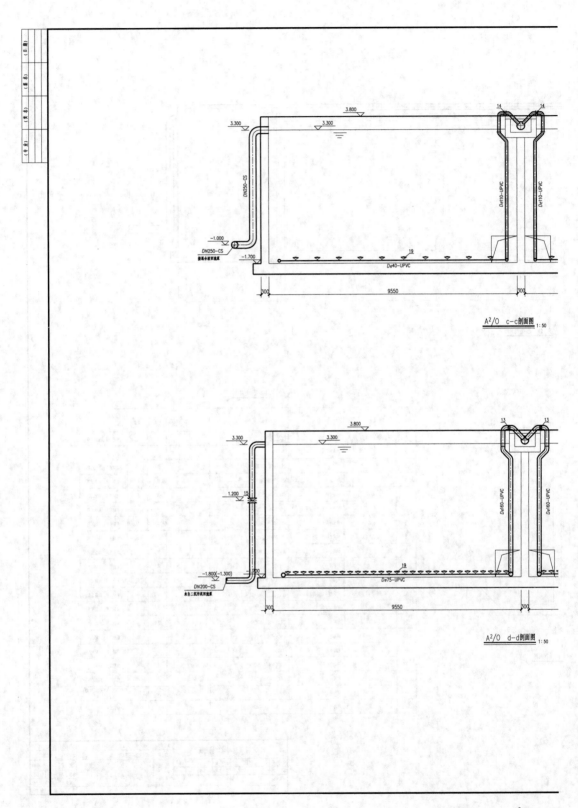

A²/O c-c剖面图 1:50

A²/O d-d剖面图 1:50

图 13-31　A²/O(A)池

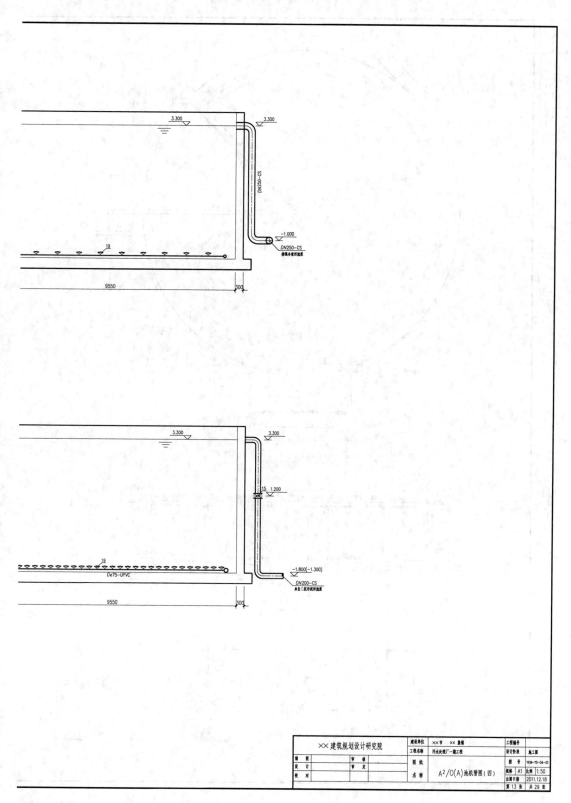

机管图 4

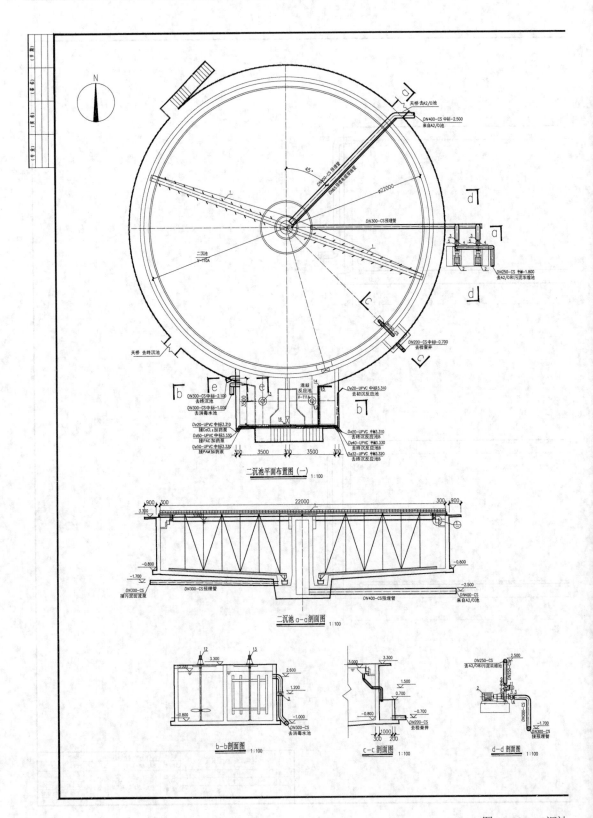

二沉池平面布置图(一) 1:100

二沉池 a-a 剖面图 1:100

b-b 剖面图 1:100

c-c 剖面图 1:100

d-d 剖面图 1:100

图 13-32 二沉池

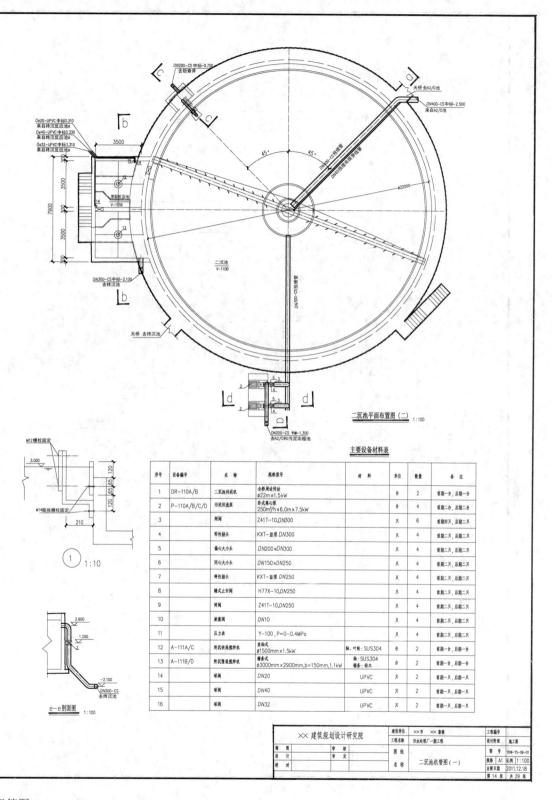

二沉池平面布置图（二） 1:100

① 1:10

e-e 剖面图 1:100

主要设备材料表

序号	设备编号	名 称	规格型号	材 料	单位	数量	备 注
1	DR-110A/B	二沉池刮泥机	全桥周边传动 ∅22m×1.5kW		台	2	首期一台,后期一台
2	P-110A/B/C/D	污泥回流泵	卧式离心泵 250m³/h×6.0m×7.5kW		台	4	首期二台,后期二台
3		闸阀	Z41T-10,DN300		只	6	首期四只,后期二只
4		弹性接头	KXT-Ⅲ型 DN300		只	4	首期二只,后期二只
5		偏心大小头	DN200×DN300		只	4	首期二只,后期二只
6		同心大小头	DN150×DN250		只	4	首期二只,后期二只
7		弹性接头	KXT-Ⅲ型 DN250		只	4	首期二只,后期二只
8		楔式止回阀	H77X-10,DN250		只	4	首期二只,后期二只
9		闸阀	Z41T-10,DN250		只	4	首期二只,后期二只
10		旋塞阀	DN10		只	4	首期二只,后期二只
11		压力表	Y-100,P=0~0.4MPa		只	4	首期二只,后期二只
12	A-111A/C	缺沉快速搅拌机	立轴式 ∅1500mm×1.5kW	轴,叶轮:SUS304	台	2	首期一台,后期一台
13	A-111B/D	缺沉慢速搅拌机	桨叶式 ∅3000mm×2900mm,b=150mm,1.1kW	轴:SUS304 桨叶:橡木	台	2	首期一台,后期一台
14		球阀	DN20	UPVC	只	2	首期一只,后期一只
15		球阀	DN40	UPVC	只	2	首期一只,后期一只
16		球阀	DN32	UPVC	只	2	首期一只,后期一只

××建筑规划设计研究院		建设单位	××市 ××集镇		工程编号	
		工程名称	污水处理厂一期工程		设计阶段	施工图
制 图	审 核	图 纸 名 称		二沉池机管图（一）	图 号	YKW-YS-09-01
设 计	审 定				版次 A1 比例 1:100	
校 对					出图日期 2011.12.18	
					第 14 张 共 29 张	

机管图1

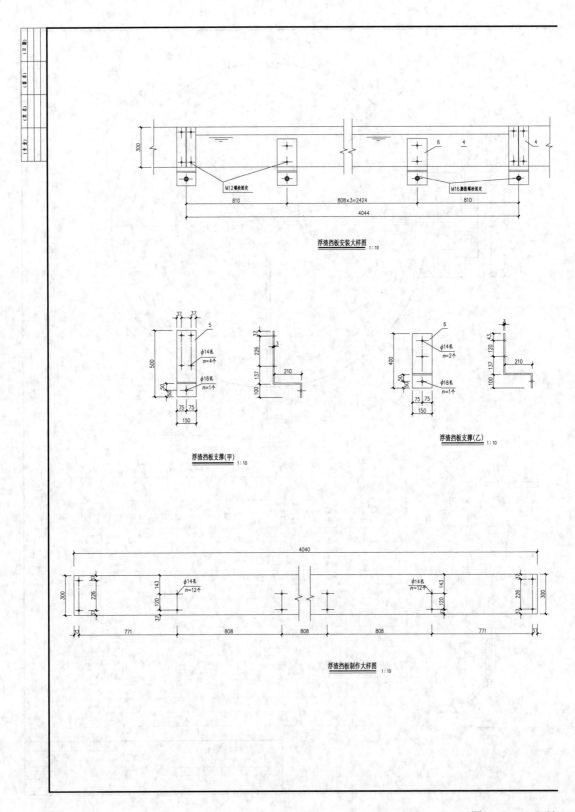

浮渣挡板安装大样图 1:10

浮渣挡板支撑(甲) 1:10

浮渣挡板支撑(乙) 1:10

浮渣挡板制作大样图 1:10

图 13-33 二沉池

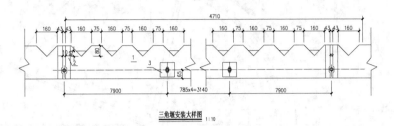

三角堰安装大样图 1:10

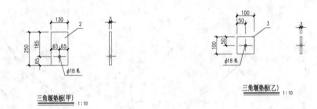

三角堰垫板(甲) 1:10　　　　　三角堰垫板(乙) 1:10

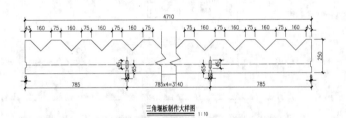

三角堰板制作大样图 1:10

主要设备材料表

序号	设备编号	名　称	规格型号	材料	单位	数量	备注
1		三角堰板	4710×250　b=3	SUS304	块	14	
2		三角堰垫板(甲)	130×250　b=3	SUS304	块	14	
3		三角堰垫板(乙)	100×100　b=3	SUS304	块	70	
4		浮渣挡板	3950×300　b=3	SUS304	块	16	
5		浮渣挡板支撑(甲)	扁钢150×500　b=3	SUS304	块	16	
6		浮渣挡板支撑(乙)	扁钢150×400　b=3	SUS304	块	64	

注：此表数量为单个知沉池所需数量

××建筑规划设计研究院		建设单位	××市　××乡镇		工程编号	
		工程名称	污水处理厂一期工程		设计阶段	施工图
制　图		甲　核		图　纸	图　号	YKW-YS-09-02
设　计		审　定			规格 A1 比例 1:100	
校　对				名　称	二沉池机管图(二)	出图日期 2011.12.18
					第 15 张 共 29 张	

机管图2

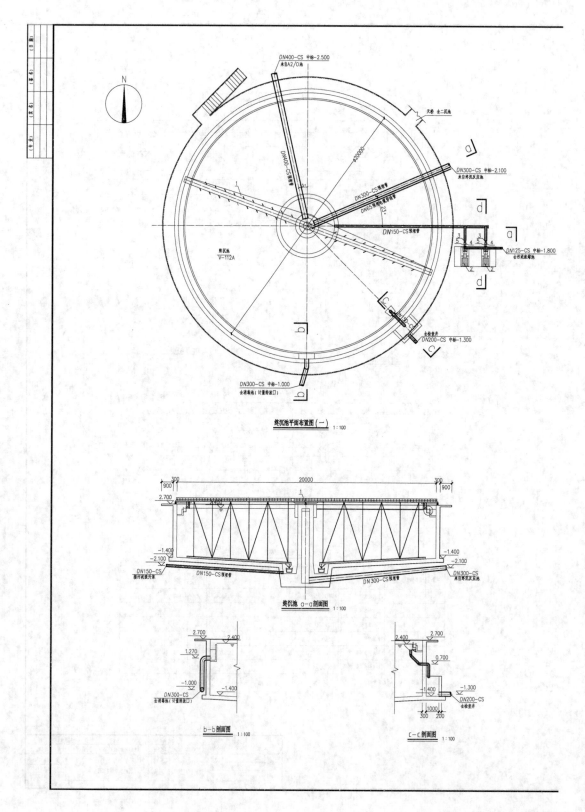

图 13-34　终沉池

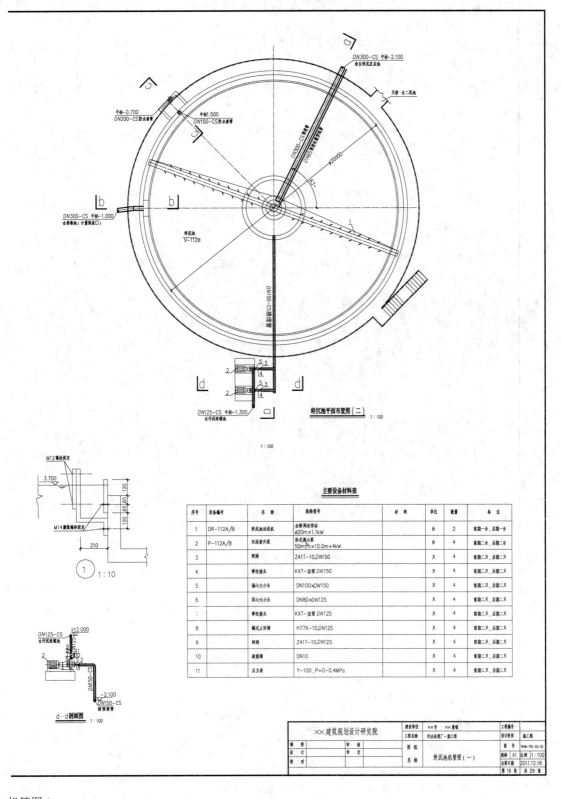

终沉池平面布置图（二）　1:100

1:100

1:10

d—d剖面图　1:100

主要设备材料表

序号	设备编号	名　称	规格型号	材　料	单位	数量	备　注
1	DR-112A/B	终沉池刮泥机	全桥周边传动 φ20m×1.1kW		台	2	前期一台，后期一台
2	P-112A/B	污泥提升泵	卧式离心泵 50m³/h×10.0m×4kW		台	4	前期二台，后期二台
3		闸阀	Z41T-10,DN150		只	4	前期二只，后期二只
4		弹性接头	KXT-Ⅲ型 DN150		只	4	前期二只，后期二只
5		偏心大小头	DN100×DN150		只	4	前期二只，后期二只
6		同心大小头	DN80×DN125		只	4	前期二只，后期二只
7		弹性接头	KXT-Ⅲ型 DN125		只	4	前期二只，后期二只
8		旋启止回阀	H77X-10,DN125		只	4	前期二只，后期二只
9		闸阀	Z41T-10,DN125		只	4	前期二只，后期二只
10		疏水阀	DN10		只	4	前期二只，后期二只
11		压力表	Y-100，P=0~0.4MPa		只	4	前期二只，后期二只

××建筑规划设计研究院	建设单位	××市　××县镇	工程编号	
	工程名称	污水处理厂一期工程	设计阶段	施工图
制　图　　审　核	图　纸		图　号	YKW-YS-10-01
设　计　　审　定	名　称	终沉池机管图（一）	规格 A1　比例 1:100	
校　对			出图日期	2011.12.18
			第 16 张　共 29 张	

机管图1

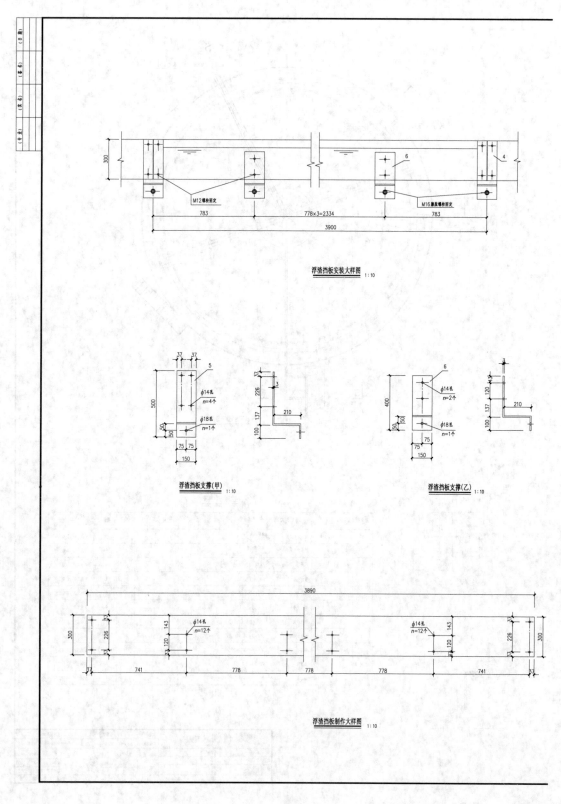

浮渣挡板安装大样图 1:10

浮渣挡板支撑(甲) 1:10

浮渣挡板支撑(乙) 1:10

浮渣挡板制作大样图 1:10

图 13-35 终沉池

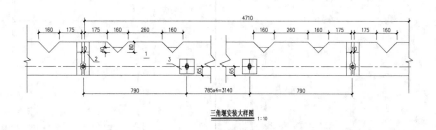

三角堰安装大样图　1:10

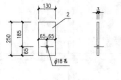

三角堰垫板(甲)　1:10

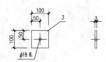

三角堰垫板(乙)　1:10

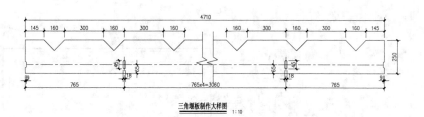

三角堰板制作大样图　1:10

主要设备材料表

序号	设备编号	名称	规格型号	材料	单位	数量	备注
1		三角堰板	4590×250 b=3	SUS304	块	13	
2		三角堰垫板(甲)	130×250 b=3	SUS304	块	13	
3		三角堰垫板(乙)	100×100 b=3	SUS304	块	65	
4		浮渣挡板	3890×300 b=3	SUS304	块	15	
5		浮渣挡板支架(甲)	扁钢150×500 b=3	SUS304	块	15	
6		浮渣挡板支架(乙)	扁钢150×400 b=3	SUS304	块	60	

注：此表数量为单个初沉池所需数量

××建筑规划设计研究院		建设单位	××市　××集锦		工程编号	
		工程名称	污水处理厂一施工程		设计阶段	施工图
制 图	审 核	图 纸 名 称	终沉池机管图(二)		图 号	YKW-YS-10-02
设 计	审 定				规格 A1 比例 1:10	
校 对					出图日期 2011.12.18	
					第 17 张 共 29 张	

机管图2

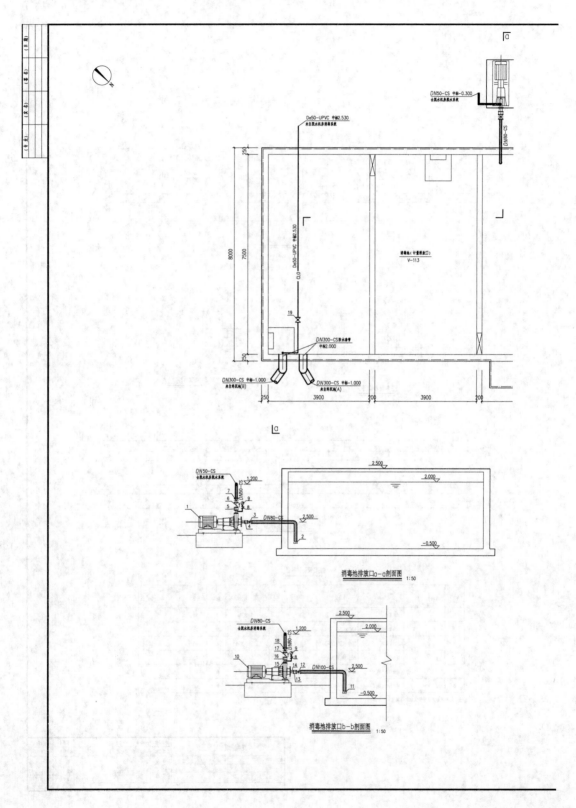

图 13-36 消毒池与排放口

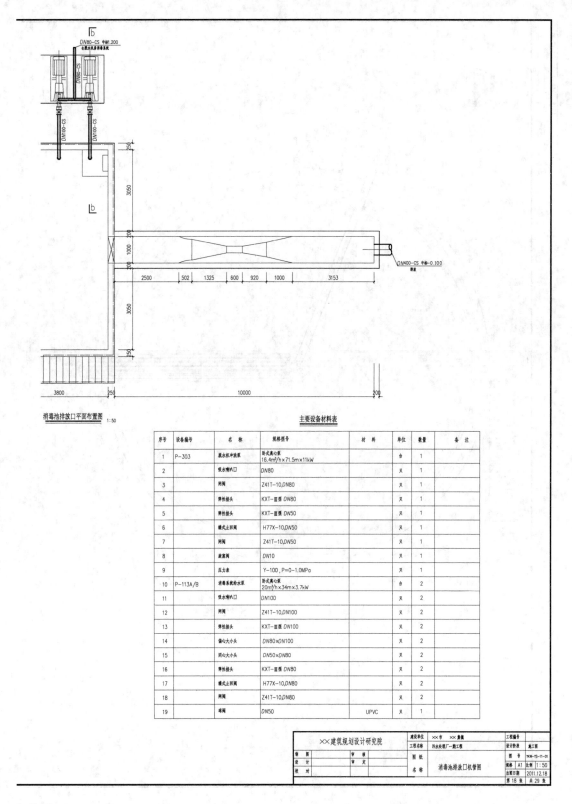

消毒池排放口平面布置图 1:50

主要设备材料表

序号	设备编号	名称	规格型号	材料	单位	数量	备注
1	P-303	泥水机冲洗泵	卧式离心泵 16.4m³/h×71.5m×11kW		台	1	
2		吸水喇叭口	DN80		只	1	
3		闸阀	Z41T-10,DN80		只	1	
4		弹性接头	KXT-Ⅲ型 DN80		只	1	
5		弹性接头	KXT-Ⅲ型 DN50		只	1	
6		橡式止回阀	H77X-10,DN50		只	1	
7		闸阀	Z41T-10,DN50		只	1	
8		旋塞阀	DN10		只	1	
9		压力表	Y-100，P=0-1.0MPa		只	1	
10	P-113A/B	消毒系统给水泵	卧式离心泵 20m³/h×34m×3.7kW		台	2	
11		吸水喇叭口	DN100		只	2	
12		闸阀	Z41T-10,DN100		只	2	
13		弹性接头	KXT-Ⅲ型 DN100		只	2	
14		偏心大小头	DN80×DN100		只	2	
15		同心大小头	DN50×DN80		只	2	
16		弹性接头	KXT-Ⅲ型 DN80		只	2	
17		橡式止回阀	H77X-10,DN80		只	2	
18		闸阀	Z41T-10,DN80		只	2	
19		球阀	DN50	UPVC	只	1	

机管图

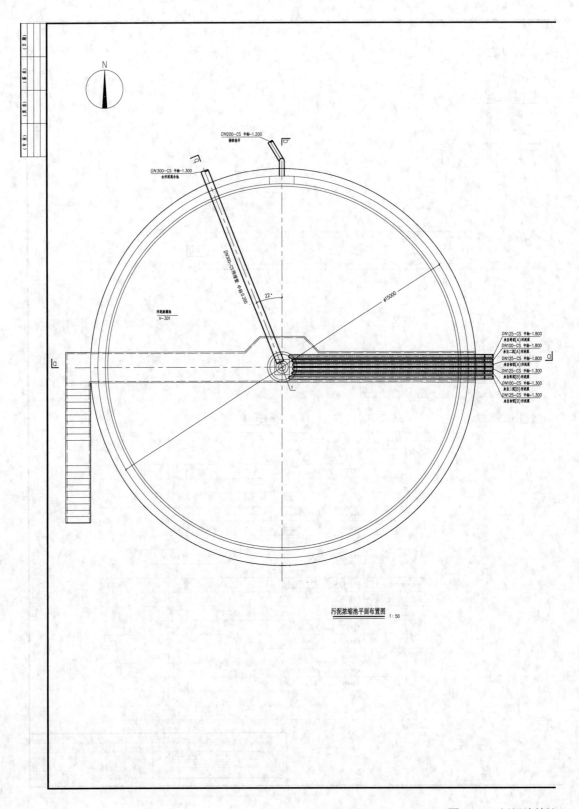

污泥浓缩池平面布置图 1:50

图 13-37 污泥浓缩池

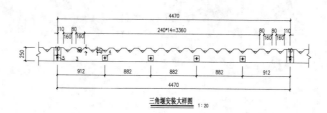

三角堰安装大样图　1:20

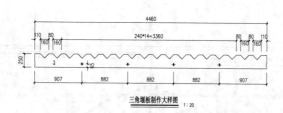

三角堰板制作大样图　1:20

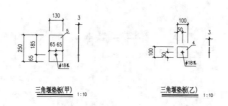

三角堰垫板(甲)　1:10　　　　三角堰垫板(乙)　1:10

主要设备材料表

序号	设备编号	名　称	规格型号	材料	单位	数量	备　注
1	DR-301	浓缩池刮泥机	中心传动 ø15m×3.0kW		台	1	
2		刀闸阀	DN100		只	2	
3		三角堰板	4460×250　b=3	SUS304	米	10	
4		三角堰垫板(乙)	100×100　b=3	SUS304	米	40	
5		三角堰垫板(甲)	130×250　b=3	SUS304	米	10	

××建筑规划设计研究院		建设单位	××市　××集镇	工程编号	
		工程名称	污水处理厂一期工程	设计阶段	施工图
制　图	甲　核	图纸		图　号	YKW-YS-12-01
设　计	审　定			规格 A1	比例 1:50
校　对		名称	污泥浓缩池机管图(一)	出图日期	2011.12.18
				第 19 张	共 29 张

机管图1

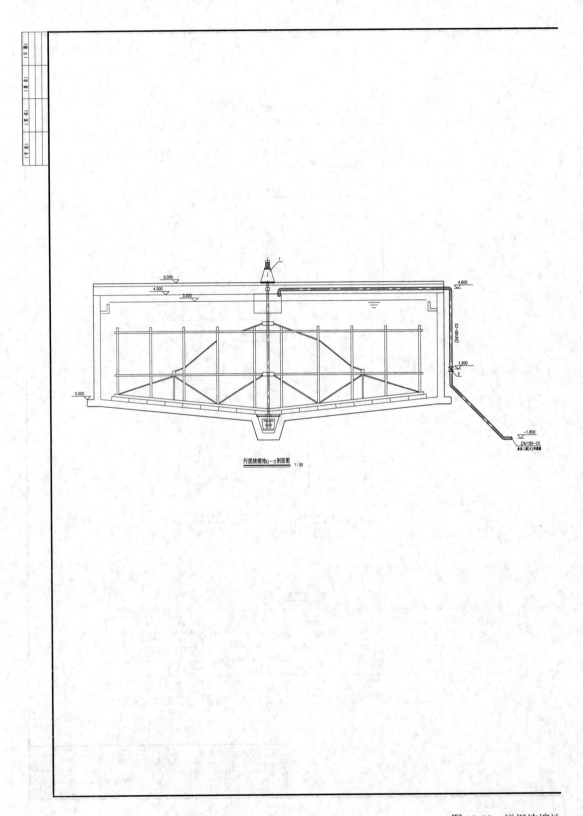

図 13-38　污泥浓缩池

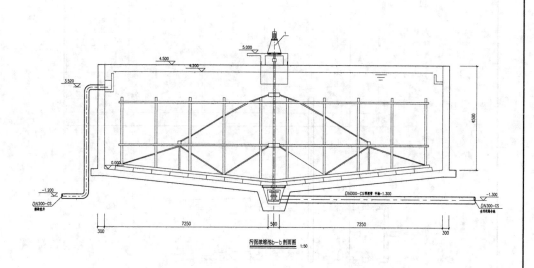

污泥浓缩池b—b剖面图   1:50

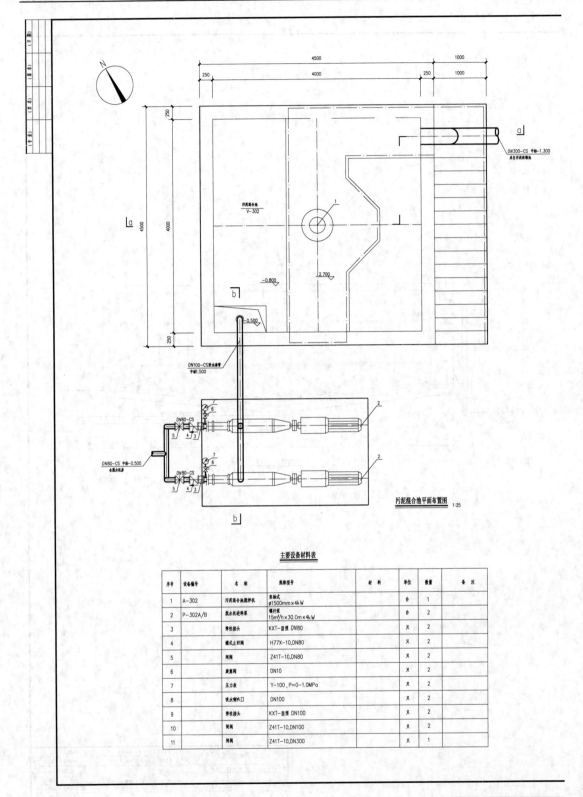

污泥混合池平面布置图 1:25

主要设备材料表

序号	设备编号	名 称	规格型号	材 料	单位	数量	备 注
1	A-302	污泥混合池搅拌机	立轴式 φ1500mm×4kW		台	1	
2	P-302A/B	脱水机进料泵	螺杆泵 15m³/h×30.0m×4kW		台	2	
3		弹性接头	KXT-Ⅲ型 DN80		只	2	
4		旋启式止回阀	H77X-10,DN80		只	2	
5		闸阀	Z41T-10,DN80		只	2	
6		截止阀	DN10		只	2	
7		压力表	Y-100,P=0-1.0MPa		只	2	
8		防水套管	DN100		只	2	
9		弹性接头	KXT-Ⅲ型 DN100		只	2	
10		闸阀	Z41T-10,DN100		只	2	
11		闸阀	Z41T-10,DN300		只	1	

图 13-39　污泥混合

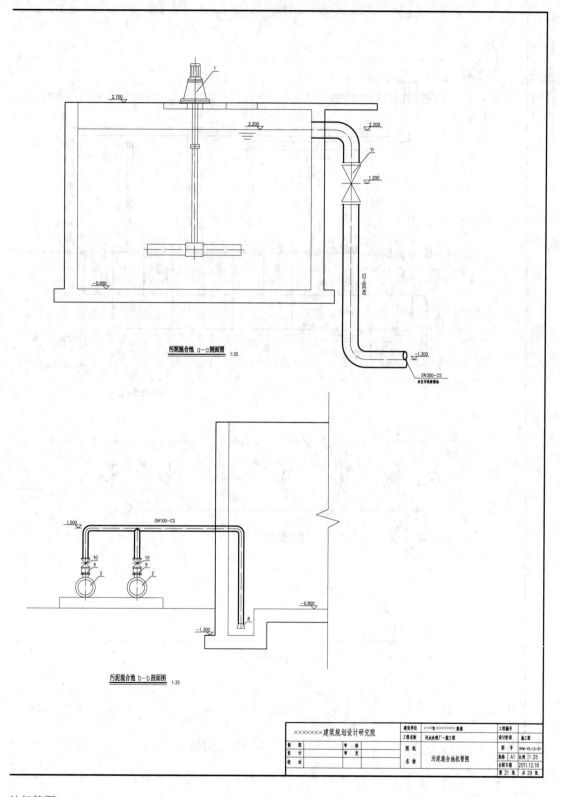

污泥混合池 a-a剖面图　1:25

污泥混合池 b-b剖面图　1:25

×××××××建筑规划设计研究院		建设单位	×××市×××××××集镇	工程编号	
		工程名称	污水处理厂一期工程	设计阶段	施工图
制　图	审　核	图　纸		图　号	YKW-YS-13-01
设　计	审　定			规格 A1 比例 1:25	
校　对		名　称	污泥混合池机管图	出图日期	2011.12.18
				第 21 张 共 29 张	

池机管图

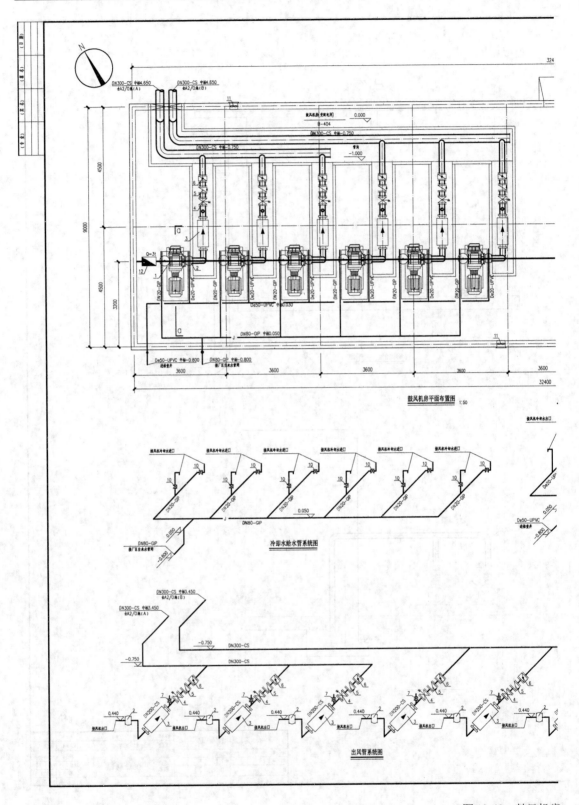

图 13-40　鼓风机房

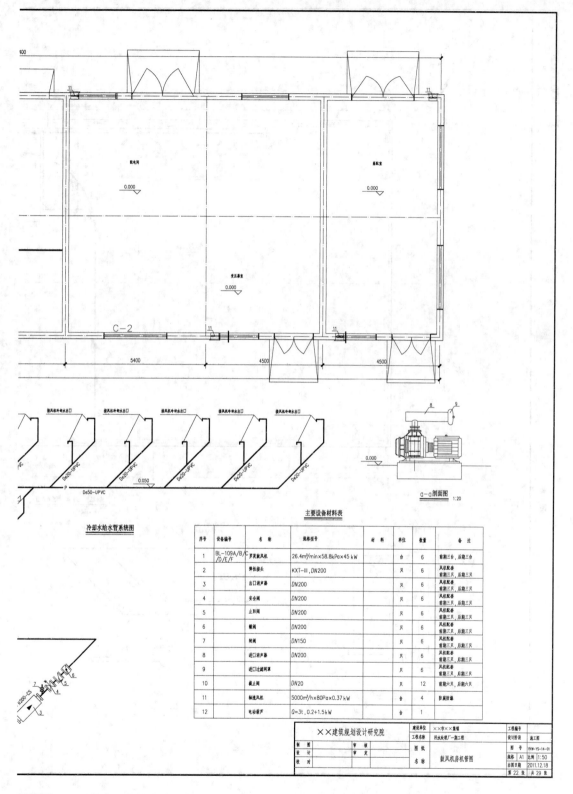

冷却水给水管系统图

主要设备材料表

序号	设备编号	名　称	规格型号	材料	单位	数量	备　注
1	BL-109A/B/C /D/E/F	罗茨鼓风机	26.4m³/min×58.8kPa×45kW		台	6	前期三台,后期三台
2		弹性接头	KXT-Ⅲ,DN200		只	6	风机配套 前期三只,后期三只
3		出口消声器	DN200		只	6	风机配套 前期三只,后期三只
4		安全阀	DN200		只	6	风机配套 前期三只,后期三只
5		止回阀	DN200		只	6	风机配套 前期三只,后期三只
6		蝶阀	DN200		只	6	风机配套 前期三只,后期三只
7		闸阀	DN150		只	6	风机配套 前期三只,后期三只
8		进口消声器	DN200		只	6	风机配套 前期三只,后期三只
9		进口过滤网罩	DN200		只	6	风机配套 前期三只,后期三只
10		截止阀	DN20		只	12	前期六只,后期六只
11		轴流风机	5000m³/h×80Pa×0.37kW		台	4	防雨防爆
12		电动葫芦	Q=3t,0.2+1.5kW		台	1	

a-a剖面图 1:20

机管图

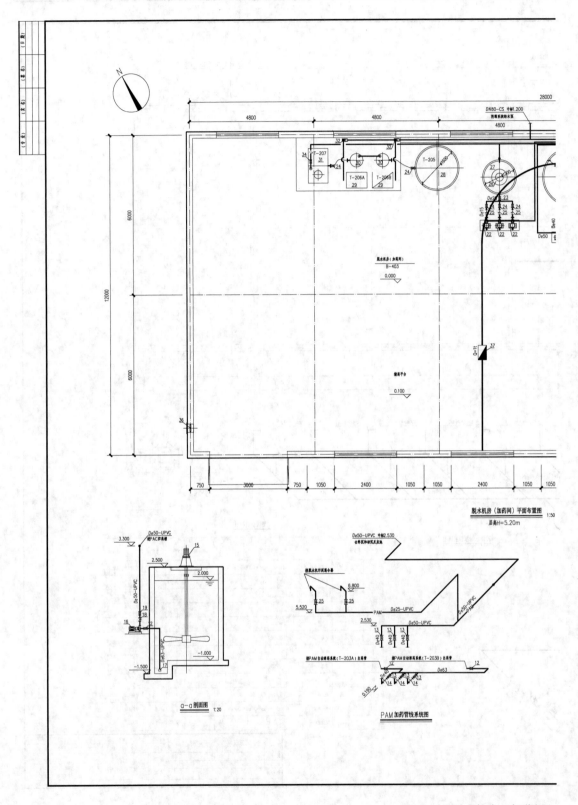

图 13-41　脱水机房（加药间）

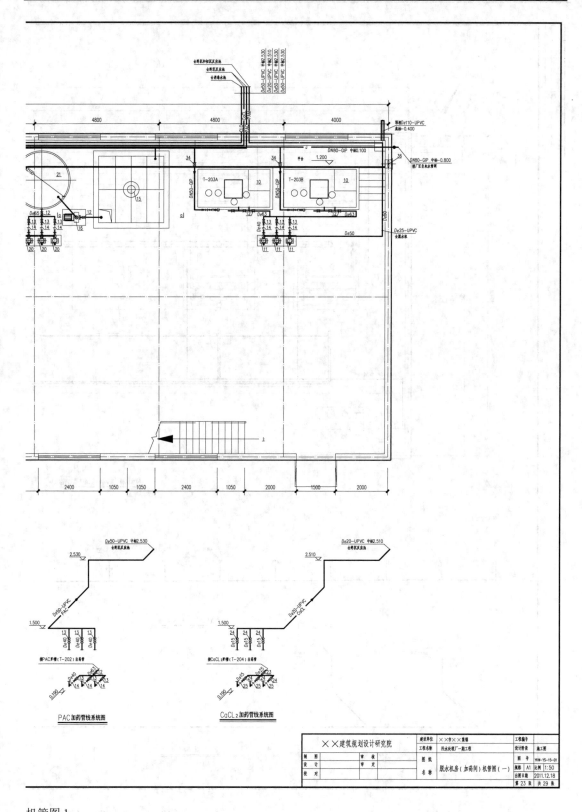

PAC加药管线系统图

CaCL₂加药管线系统图

机管图 1

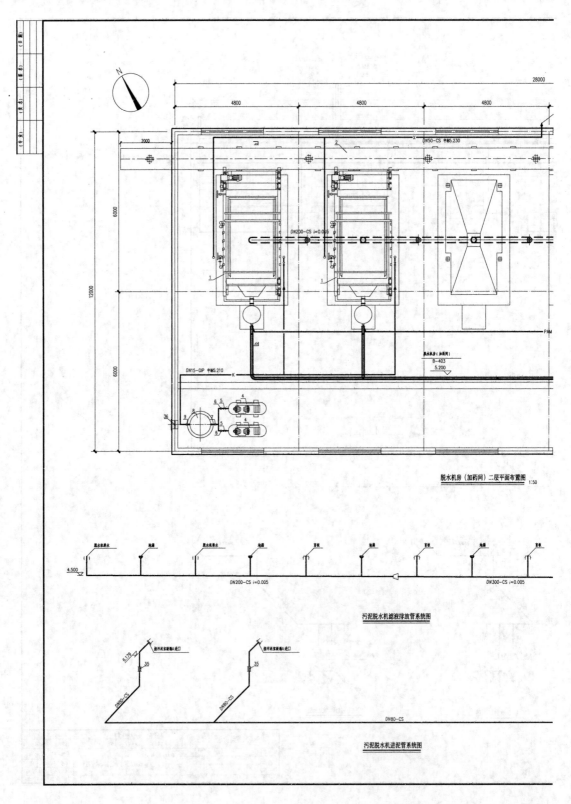

脱水机房（加药间）二层平面布置图　　1:50

污泥脱水机滤液排放管系统图

污泥脱水机进泥管系统图

图 13-42　脱水机房（加药间）

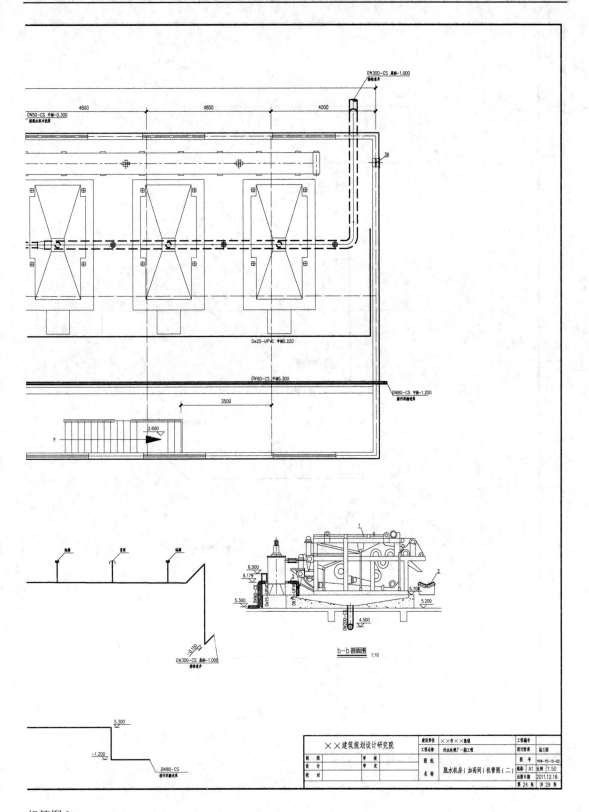

b-b 剖面图　1:10

××建筑规划设计研究院		建设单位	××市××集镇		工程编号	
		工程名称	污水处理厂一期工程		设计阶段	施工图
制　图	审　核	图　纸			图　号	YKW-YS-15-02
设　计	审　定				规格	A1	比例	1:50
校　对		名　称	脱水机房(加药间)机管图(二)		出图日期	2011.12.18
					第 24 张	共 29 张

机管图 2

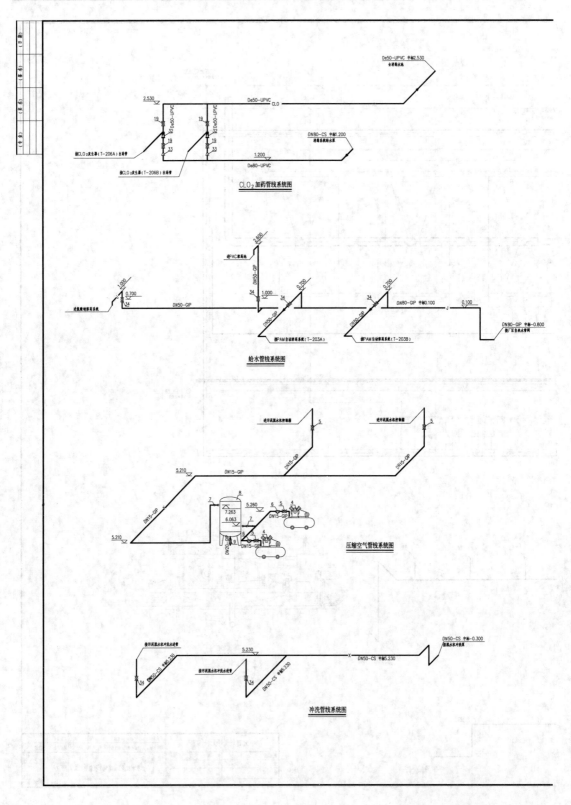

图 13-43 脱水机房（加药间）

主要设备材料表

序号	设备编号	名 称	规格型号	材料	单位	数量	备 注
1	DE-303A/B	污泥脱水机	DYQ1500-XB,1.5m,3.0+1.1kW		台	2	
2	CV-303	皮带输送机	28m×0.8m×2.2kW		台	1	
3		球阀	DN80	UPVC	只	2	
4	C-303A/B	空压机	0.45m³/min×0.7MPa×3.7kW		台	2	
5		球阀	DN15		只	4	
6		油水分离器	DN15		只	2	
7		同心大小头	DN50×15		只	2	
8		空气贮罐	φ800×2500mm,1m³	CS+EPOXY	只	1	
9		球阀	DN20		只	1	
10	T-203A/B	PAM自动溶药系统	4000E Q=4000L/h 5.2kW		台	2	前期一台,后期一台
11	P-203A/B/C	PAM加药泵	柱塞计量泵 350l/h×6kg/cm²×0.75kW		台	3	前期二台,后期一台
12		球阀	DN65	UPVC	只	4	
13		球阀	DN40	UPVC	只	12	后期四只
14		Y型过滤器	DN40	UPVC	只	6	后期二只
15	A-201	PAC溶药搅拌机	垂轴式 φ800 mm×2.2kW	柏.浆叶:SUS304	台	1	
16	P-201	PAC药液输送泵	化工泵 10m³/h×10m×1.5kW		台	1	
17		大小头	DN65×80	UPVC	只	1	
18		截止阀	DN50	UPVC	只	1	
19		球阀	DN50	UPVC	只	5	
20	P-202A/B/C	PAC加药泵	隔膜计量泵 450l/h×5kg/cm²×1.1kW		台	3	前期二台,后期一台
21	T-202	PAC贮药槽	φ2100×3000mm	FRP	只	1	
22	P-204A/B/C	CaCl₂加药泵	隔膜计量泵 20l/h×8kg/cm²×0.18kW		台	3	前期二台,后期一台
23		球阀	DN25	UPVC	只	1	
24		球阀	DN15	UPVC	只	8	后期二只
25		Y型过滤器	DN15	UPVC	只	3	后期一只
26	A-204	CaCl₂溶药搅拌机	垂轴式 φ500 mm×1.1kW	柏.浆叶:SUS304	台	1	
27	T-204	CaCl₂贮药槽	φ1200×1200mm	FRP	只	1	
28	T-205	HCL贮药槽	φ1600×2580mm	FRP	只	1	
29	T-206A/B	ClO₂发生器	H2000~4000型 3kW		套	2	前期一台,后期一台
30		原料贮罐	1m³ 容积		只	2	
31	T-207	化料器	1300×750×1200 1.5kW	CS+EPOXY	台	1	
32		水射器	DN50	UPVC	只	2	
33		大小头	DN50×80	UPVC	只	2	前期一只,后期一只
34		球阀	DN50		只	6	后期一只
35		球阀	DN80		只	2	
36		轴流风机	5000m³/h×80Pa×0.37kW		台	4	防爆防腐
37		电动葫芦	Q=1t, 0.2+1.5kW		台	1	

××建筑规划设计研究院		建设单位	××市××盘镇		工程编号	
		工程名称	污水处理厂一期工程		设计阶段	施工图
制 图	审 核	图 纸			图 号	A1 比例 1:100
设 计	审 定	名 称	脱水机房(加药间)机管图(三)		出图日期	2011.12.18
校 对					第 25 张 共 29 张	

机管图 3

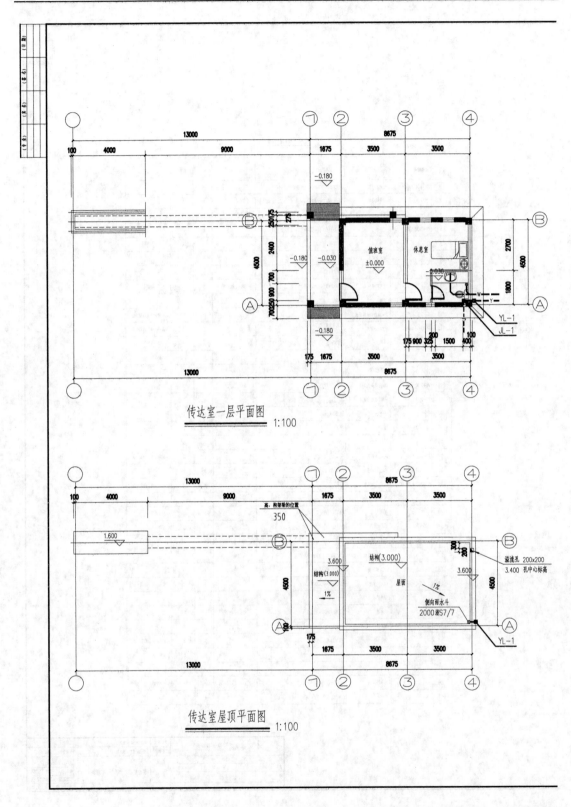

传达室一层平面图　1:100

传达室屋顶平面图　1:100

图 13-44　传达室平面

设 计 总 说 明

工程概况：本项目为一幢单层传达室。本专业设计内容包括给水系统、排水系统、雨水系统。

1. 本工程采用相对标高，标高单位以米计，其余尺寸以毫米计；给水管标高以管中心线计，排水管标高以管内底计；图中标注管径DN为公称直径，De为管道公称外径。
2. 设计依据
　(1) 有关国家规范：《建筑给水排水设计规范》GB50015—2003、《室外给水设计规范》GB50013—2006、《室外排水设计规范》GB50014—2006。
　(2) 建设单位、建筑等专业提供的有关资料。
3. 生活给水系统
　(1) 系统简介：由市政给水管网直接供水，市政给水管网按0.15MPa设计（需市政主管部门确认后方可施工）。
　(2) 管材及阀门：室内生活给水管采用内衬不锈钢复合钢管，丝接；采用铜截止阀。
4. 生活排水系统
　(1) 系统简介：室内外雨污分流，采用UPVC塑料管，粘接。
　(2) 坡度：塑料排水管横支管坡度为0.026，出户管坡度为0.01。
5. 雨水系统：室外明装雨水管采用抗紫外线UPVC排水管，粘接。
6. 管道安装
　(1) 楼层上空排水横管在符合设计要求的条件下应尽量指高敷设，以增加下方空间高度。
　(2) 检修口：吊顶内有阀门时，此处吊项应便于开启检修，并设标志。
　(3) 支吊架：管道支吊架按03S402施工，有关施工规范由安装单位确定。
　(4) 管道防腐：室外埋地金属管做沥青玻璃布防腐三道。
7. 节能专篇：生活给水由市政给水管直供，坐便器冲洗水箱不大于6升，分大小水量按钮。
8. 施工验收：室内给水做"压力试验"，并进行管道冲洗和消毒处理；隐藏或埋地的排水管道在隐蔽前做"灌水试验"，排水主立管及水平干管做"通球试验"。其余依据《建筑给水排水及采暖工程施工质量验收规范》GB50242-2002对室内给排水工程进行验收。
9. 以上说明未及者按有关施工安装及验收规范办理

参 考 图 集：
《卫生器具安装》99S304
《UPVC管安装》96S406
《排水设备附件构造及安装》92S220

图 例

	生活给水管		截止阀
	污水管		地漏
	雨水管		检查口
JL-	给水立管	YD	雨水斗
YL-	雨水立管		

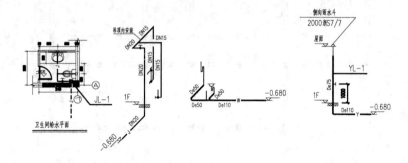

公建部分卫生器具安装参见国标99S304，以下页码并根据建设方所购产品型号作相应调整。

台式洗脸盆：99S304 /38 P型存水弯
坐便器：99S304 /62

××建筑规划设计研究院		建设单位	××乡××集镇		工程编号	
		工程名称	污水处理厂一期工程		设计阶段	施工图
图纸	制 图	审 核		图 号		
	设 计	审 定		图幅 A1 比例 1:100		
名称	校 对		传达室平面图及系统图	出图日期	2011.12.18	
				第 28 张 共 29 张		

图及系统图

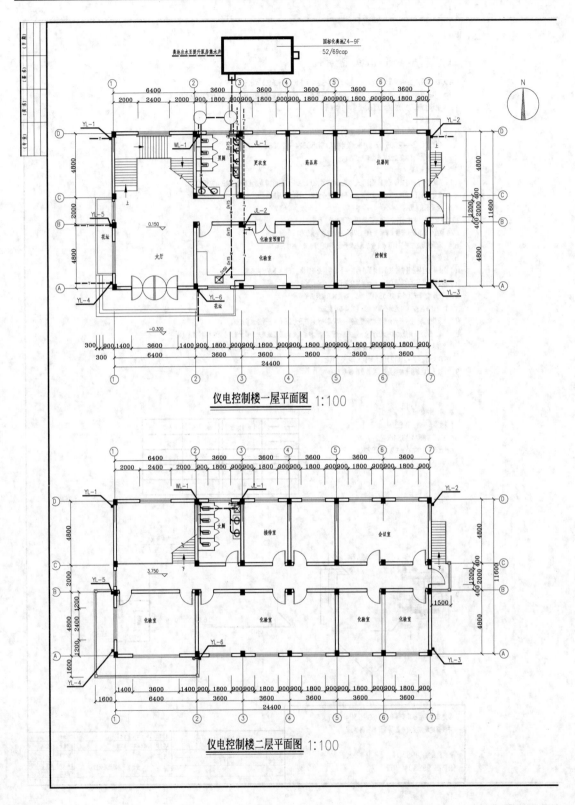

仪电控制楼一屋平面图 1:100

仪电控制楼二层平面图 1:100

图 13-45 仪电控制楼平面图

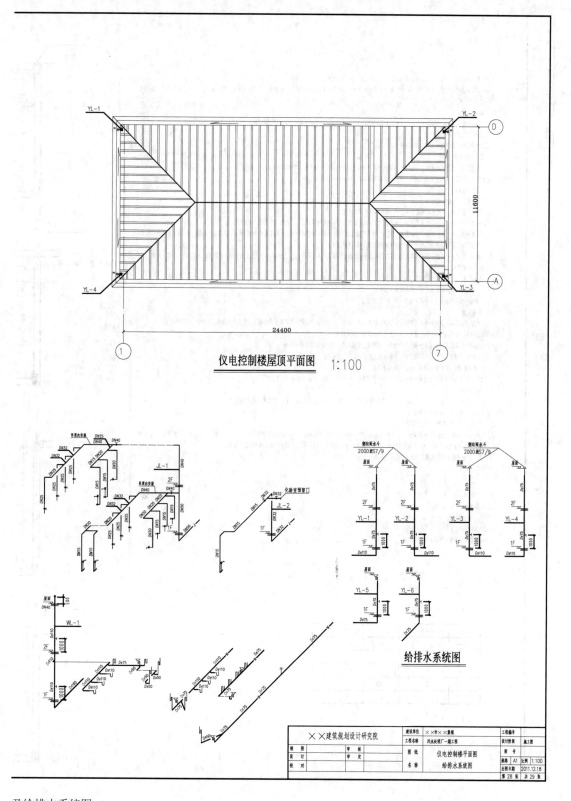

仪电控制楼屋顶平面图 1:100

给排水系统图

及给排水系统图

（专业）（实名）（签名）（日期）

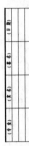

设 计 总 说 明

工程概况：本项目为一幢二层办公楼。本专业设计内容包括给水系统、排水系统、雨水系统。

1. 本工程采用相对标高，标高单位以米计，其余尺寸以毫米计；给水管标高以管中心线计，排水管标高以管内底计；图中标注管径DN为公称直径，De为管道公称外径。

2. 设计依据

（1）有关国家规范：《建筑给水排水设计规范》GB50015−2003、《室外给水设计规范》GB50013−2006、《室外排水设计规范》GB50014−2006

（2）建设单位、建筑等专业提供的有关资料。

3. 生活给水系统

（1）系统简介：由市政给水管网直接供水，市政给水管网按0.20MPa设计（需市政主管部门确认后方可施工）。

（2）管材及阀门：室内生活给水管采用内衬不锈钢复合钢管，丝接；采用铜截止阀。

4. 生活排水系统

（1）系统简介：室内外雨污分流。

（2）管材：室内排水采用聚丙烯静音排水管，橡胶圈柔性承插连接。

（3）检查口的设置：排水立管底层和顶层设检查口。排水管转弯、乙字弯等处设检查口。检查口开向便于检修的方向。

（4）管道安装：塑料排水管横支管坡度为0.026，横干管坡度为0.01。排水立管转为横管一般采用两个45°弯头，并做加强支架。排水管连接采用Y型或TY型三通（不得采用正三通），与立管连接的四通必须采用斜四通。

（5）清扫口及堵头的设置：排水横管起点的清扫口与其端部相垂直的墙面距离不得小于0.15m，排水管起点设置堵头代替清扫口时，堵头与墙面应有不小于0.4m的距离。

5. 雨水系统

（1）系统简介：室内外雨水汇总后排入市政雨水管。

（2）管材：室外明装雨水立管采用抗紫外线UPVC排水管，粘接。

6. 管道安装

（1）管道避让原则：小管道避让大管道；压力管避让重力管。楼层上空排水横管在符合设计要求的条件下应尽量抬高敷设，以增加下方空间高度。

（2）检修口：吊顶内有阀门时，此处吊顶应便于开启检修，并设标志。

（3）套管：管道穿屋面、卫生间楼板预埋刚性防水套管，管道穿梁、墙体、楼板预埋钢套管。

（4）支吊架：管道支吊架按03S402施工，有关施工规范由安装单位确定。

（5）管道防腐：室外埋地金属管做沥青玻璃布防腐三道。

（6）平面图中未标注给排水进出户管标高：给水进户管标高−0.800，排水排出管标高−0.800。

7. 节能专篇：

（1）卫生器具采用节水型产品：A、蹲便器采用自闭式冲洗阀；B、洗手盆采用感应式龙头；C、小便器采用感应式冲洗。

（2）生活给水系统：市政给水管直接供水。

8. 平面图与大样图有冲突时，按大样图施工。

9. 施工验收：室内给水做"水压试验"，并进行管道冲洗和消毒处理；隐蔽或埋地的排水管道在隐蔽前做"灌水试验"，排水主立管及水平干管管道做"通球试验"。其余依据《建筑给水排水及采暖工程施工质量验收规范》GB50242−2002对室内给排水工程进行验收。

10. 以上说明未及者按有关施工安装及验收规范办理。

参 考 图 集：

《卫生器具安装》99S304

《UPVC管安装》96S406

《埋地塑料管安装》04S520

《排水设备附件构造及安装》92S220

图　例

—J—	生活给水管	⊥● ⋈	截止阀
—W—	污水管	⊘ Y	地漏
—Y—	雨水管	◎ ⊤	清扫口
JL-	给水立管	⊣	检查口
WL-	污水立管	●	通气帽
YL-	雨水立管	YD ⊕ ↑	雨水斗

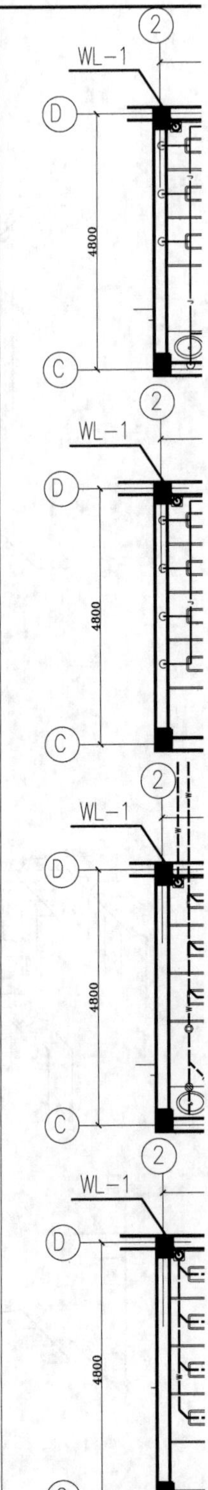

图 13-46　仪电控制楼

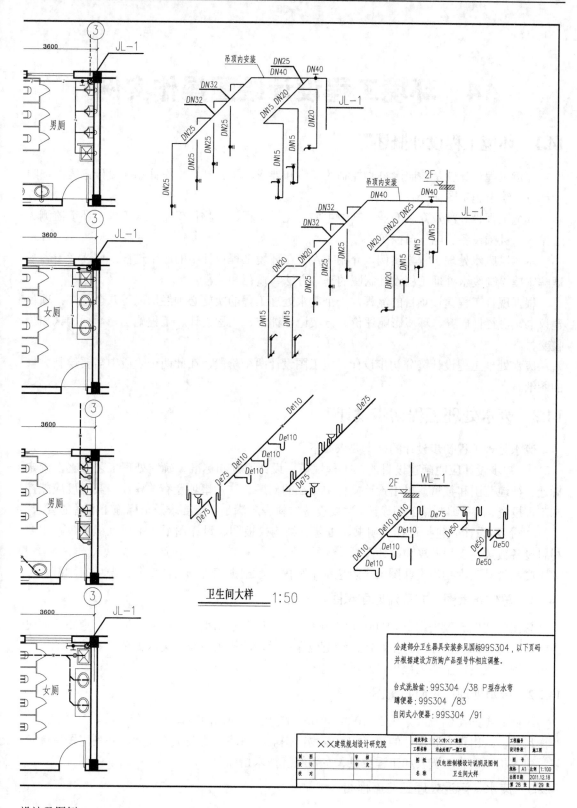

卫生间大样 1:50

公建部分卫生器具安装参见国标99S304，以下页码并根据建设方所购产品型号作相应调整。

台式洗脸盆：99S304 /38 P型存水弯
蹲便器：99S304 /83
自闭式小便器：99S304 /91

××建筑规划设计研究院		建设单位	××市××集镇		工程编号	
		工程名称	污水处理厂一期工程		设计阶段	施工图
制 图	审 核	图纸名称	仪电控制楼设计说明及图例 卫生间大样		规格 A1 比例 1:100	
设 计	审 定				出图日期 2011.12.18	
校 对					第 28 张 共 29 张	

设计及图例

14 环境工程设计绘图操作实例

14.1 环境工程设计概述**

环境工程设计就是按照污染物控制的任务和要求，预先制订工作计划和设计方案，按照设计方案绘出施工图样。

环境工程设计涉及众多专业，其中主要有化学工程、生物化工、土木工程、环境监测、给排水、机械设备、电气自控等。

本章以废水处理工程为实例，介绍 CAD 在环境工程设计中的应用过程，使读者更容易理解掌握绘制废水处理工程设计制图的基本方法、规范和流程。

根据现行工程建设项目的流程，一个废水处理工程的实施必须经历以下八个程序：项目建议书、可行性研究、环境影响评价、方案论证评审、工程设计、工程施工、运行调试和验收交付。

废水处理工程设计又分初步设计、施工图设计两个阶段，在此两个阶段中需要绘制大量的图纸。

14.2 废水处理工程初步设计**

废水处理工程初步设计的基本要求如下。

① 初步设计应明确建设目的、工程规模、设计原则和标准、确定处理工艺方案，确定拆迁、征地范围和数量，提出设计文件中存在的问题、注意事项及有关建议。其深度应能控制工程投资、满足编制施工图设计。主要设备材料表应满足订货要求及招标施工准备的要求。

② 初步设计应包括设计说明书、工艺、结构模板图、设计图纸、主要工程数量、主要材料设备数量、工程概算和设计图纸。

废水处理工程初步设计图纸一般包括下列内容，根据工程项目的实际情况或有增减。

14.2.1 总体布置图（亦称流域面积图）

总图的比例一般采用 1:1000~1:10000，图上应表示出地形、地貌、河湖、道路、居民点、工厂等，标出坐标网与指北针，绘出现有和设计的排水系统、废水处理厂的流域范围，列出图例一览表、主要工程项目及风玫瑰图。

14.2.2 废水处理厂平面布置图

平面布置图比例一般采用 1:100~1:500，图上应表示出坐标轴线、等高线、风玫瑰图、平面尺寸，绘出现有和设计的建（构）筑物，围墙、道路及相关位置尺寸，并列出图例一览表、建（构）筑物一览表和工程数量、主要经济技术指标。

14.2.3 废水、污泥处理工艺流程图

工艺流程图比例一般采用 1:100~1:200，图上应表示出处理流程中各构筑物及其水位标高、构筑物之间联系管路、废水流向、主要设备及编号，主要规模指标等。

14.2.4　主要构筑物工艺、结构模板图

模板图采用比例一般为 1∶50~1∶200，图上表示出工艺布置、设备、仪表及配管等安装尺寸及结构厚度，标高。列出主要设备一览表，并注明主要设计参数。

14.2.5　主要建筑物及辅助建筑的建筑图

建筑图采用比例一般为 1∶100~1∶200，图上表示出建筑形式，平、立、剖面及基础图，建筑内外装修标准等建筑外轮廓尺寸及标高，并附技术经济指标。

14.2.6　供电系统和主要变配电设备布置图

图上表示出变电、配电、用电起动保护等设备位置、名称、符号及型号规格，附主要设备材料表。

14.2.7　自动控制仪表系统布置图

绘制系统控制流程图，采用微机控制时，应绘制微机控制系统框图。

14.2.8　采暖、通风、空调设计图

图中表示出采暖、通风、空调设置的位置，说明型号规格等。

14.2.9　机械设计图

专用机械和非标机械设备设计图，表明设备的规格、外形尺寸、质量、功率等。

14.2.10　给水排水和消防给排设计图

表明给排水进出方向、位置，消防栓平面布置等。

废水处理工程施工图设计文件的组成与初步设计文件基本相同，只是在初步设计文件审批的基础上，作进一步的深化和补充。

14.3　废水处理工程施工图设计**

14.3.1　废水处理工程施工图设计的基本要求

（1）编制详细的设计说明书，内容包括：

a. 设计依据　摘要说明初步设计批准的机关、文号、日期及主要审批内容；施工图设计资料依据。

b. 设计变更部分　初步设计批准后，设计内容不能随便变更。但若确实有需要变更者，则需经原审批单位或部门批准。设计说明书需对照初步设计阐明变更部分的内容、原因、依据等。

c. 施工安装　施工安装注意事项及质量验收要求，根据具体废水特性，特别是所存在的易燃、易爆、有毒、腐蚀性强等特性提出对构筑物、设备、管道施工安装中的要求和质量验收标准，有必要时另编主要工程施工方法设计。

d. 运行管理注意事项　根据本项目具体废水特性，特别是所存在的易燃、易爆、有毒、腐蚀性强等特性提出对运行管理的注意事项。

（2）修正概算或工程预算。

（3）核定主要设备及材料表。

（4）有关专业计算书（计算书不属于必须交付的设计文件，但应按有关规定的要求编制，供审图部门查阅）。

（5）施工图设计。

废水处理工程施工图设计主要由三部分组成：建（构）筑物施工图、设备管道工艺施工图和电气自控施工图。每一部分施工图又包括：封面目录、设计说明、设计图纸、设计计算书等。

14.3.2　废水处理工程设备管道工艺设计施工图

（1）封面　写明项目名称、编制单位、项目设计阶段、项目设计编号、设计日期。

（2）图纸目录　注明图纸的编号、图名、页码、图幅。

（3）设计总说明内容

a．标明设计依据，摘要说明初步设计批准的机关、文号、日期及主要审批内容。

b．施工图设计资料依据，采用的规范、标准和标准设计；市政条件。

c．项目概况，内容一般应包括项目名称、建设地点、建设单位、占地面积、废水类别、进水水量水质设计规模等级、排放标准等。

d．设计范围，根据设计任务书和有关设计资料，说明用地红线（或建筑红线）内本专业设计的内容和由本专业技术审定的分包专业公司的专项设计内容；当有其他单位共同设计时，还应说明与本专业有关联的设计内容。

e．处理工艺流程概况，控制方法，运转和操作说明。

f．说明采用的尺寸单位。

g．设计标高，工程的相对标高与总图绝对标高的关系。

h．说明主要设备、器材、阀门等的选型。

i．说明管道敷设、设备、管道基础，管道支吊架及支座（滑动、固定），管道支墩、管道伸缩器，管道、设备的防腐蚀、防冻和防结露、保温，系统工作压力，管道、设备的试压和冲洗等。

j．说明节水、节能、减排等技术要求。

k．凡不能用图示表达的施工要求，均应以设计说明表述。

l．有特殊需要说明（采用的新技术、新材料的说明）的可分列在有关图纸上。

m．运行管理注意事项，根据本项目具体废水特性,特别是所存在的易燃、易爆、有毒、腐蚀性强等特性提出对运行管理中的注意事项。

n．施工安装注意事项及质量验收要求。

o．图例。

（4）总图的内容

a．废水处理厂区域位置图，比例一般为 1:1000～1:10000，表示出废水处理厂的位置与生产厂或废水排放区的关系，处理后废水排放点或回用的用水点之间的关系。

b．废水处理厂总平面布置图，比例一般为1:100～1:500，标绘出各建筑物、构筑物的平面位置、围墙、绿地、道路等的平面位置，包含风玫瑰图、等高线、坐标轴线；注明厂界四角坐标及构筑物四角坐标或相对位置，构筑物的主要尺寸、各种管渠及室外地沟尺寸、长度、地质钻孔位置等，并附构筑物一览表、工程量表、图例及有关说明（废水处理站工程根据实际没有的内容可不表示）。

c．废水、污泥处理工艺流程图，比例一般采用 1:100~1:200，图上应表示出处理流程中各构筑物及其水位标高、构筑物之间联系管路、废水流向、主要设备及编号，主要规模指标。

　　d. 厂区管道综合布置图，比例一般为 1∶200～1∶500，综合各种管线平面布置，注明管线与构筑物、建筑物的距离尺寸和管线间距尺寸，窨井、阀门井、放空井等位置；管线交叉密集部分的位置要适当增加断面大样图，表明各管线间的交叉标高，并注明管线及地沟等设计标高、坡度。

　　（5）废水处理工艺设计图　比例一般采用 1∶50～1∶100，分别绘制各处理构（建）筑物平面、剖面及详图，表示工艺布置设备、管道、阀门、管件等的位置、尺寸、标高、说明安装方法，引用的详图、标准图，附管道一览表和主要设备型号、性能、数量等技术数据。

　　（6）污泥处理工艺设备管道平面图、剖面图　比例一般采用 1∶50～1∶100，表示污泥处理工艺布置设备、管道、阀门、管件等的位置，尺寸、标高说明安装方法，引用的详图、标准图、附件一览表和主要设备型号、性能、数量等数据。

　　（7）非标准配件加工详图。

　　（8）非标准机械设备制造图　a. 总装图：表明机械整体构造、部件组装位置、技术要求、设备性能、使用需知及其注意事项，附主要部件一览表。b. 部件图：表明部件组装样式及精度，必要的技术措施（如防潮、防腐蚀及润滑措施等）。c. 零件图：标注工件加工详细尺寸、精度等级、技术指标和措施。

　　（9）有关专业计算书（计算书不属于必须交付的设计文件，但应按有关规定的要求编制）。

14.3.3　废水处理工程建（构）筑物土建施工图

　　（1）封面　写明项目名称、编制单位、项目设计阶段、项目设计编号、设计日期。

　　（2）图纸目录　注明图纸的编号，图名，页码，图幅。

　　（3）设计总说明　另见土建施工图相关设计规范要求。

　　（4）建筑设计图

　　a. 各处理建（构）筑物建筑平面、立面剖面图，一般采用比例 1∶50～1∶100，分别各单体绘制平面、立面、剖面及各部构造详图，节点大样图；标注轴线编号后各部分尺寸、总尺寸及标高，设备或基座等位置、尺寸与标高，预留孔及套管位置、尺寸与标高；表明室外用料做法，室内装修做法及有特殊要求的做法；标注引用的详图、标准图并附门窗表及必要的说明。

　　b. 辅助车间、综合楼建筑平面图、立面图，一般采用比例 1∶50～1∶100，绘制平面、立面、剖面及各部构造详图，节点大样图；标注轴线编号后各部分尺寸、总尺寸及标高，设备或基座等位置、尺寸与标高，预留孔位置、尺寸与标高；表明室外用料做法，室内装修做法及有特殊要求的做法；标注引用的详图、标准图并附门窗表及必要的说明。

　　（5）结构设计图

　　a. 各处理建（构）筑物结构平面图、剖面图，一般采用比例 1∶50～1∶100，绘出结构整体平剖面及构件详图，配筋情况，构（建）筑物尺寸、标高、预埋件、预留孔等位置。基础平面、剖面结构形式，尺寸、标高，墙、柱、梁位置尺寸，层面结构布置及详图。

　　b. 辅助车间、综合楼结构平面图、剖面图，比例一般采用 1∶50～1∶100，绘出结构整体平面图、剖面图及构件详图，配筋情况，建筑物尺寸、标高、预埋件、预留孔、地沟等位置，尺寸、标高、基础平面、基础剖面结构形式，尺寸、标高，屋面结构形式、坡度、坡向、坡向起终点处板面标高、预留孔、女儿墙构造尺寸及详图。

（6）采暖通风与空气调节设计图

采暖通风与空气调节设计应包括图纸目录，设计与施工说明、设备表、设计图纸，对小型简单工程要绘制平剖面图表示，散热器、风机、空调机的安装位置、型号、性能、数量和材料表设计与施工说明，设备表可直接在平面图中表示。特大型工程要绘制系统通风与空气调节平面图、剖面图、系统图、主管图及详图，具体设计内容详见相关设计规范要求。

（7）室内给水排水安装图

室内给水排水安装图一般采用比例 $1:50\sim1:100$，绘出建（构）筑物各用水排水点的用水设备平面布置、管道位置，标出室内外接管位置和管径；绘制给水排水、消防、热水系统图；加压泵房，水池、水箱平面、剖面图（如工程项目存在加压泵房时）。

（8）有关专业计算书（计算书不属于必须交付的设计文件，但应按有关规定的要求编制）。

14.3.4　废水处理工程电气自控施工图

（1）封面　写明项目名称、编制单位、项目设计阶段、项目设计编号、设计日期。

（2）图纸目录　注明图纸的编号，图名，页码，图幅。

（3）设计总说明　另见电气自控施工图相关设计规范要求。

（4）厂（站）高、低压供配电系统图和一、二次回路接线原理图：包括变电、配电、用电起动和保护等设备型号、规格和编号；附设备材料表，说明工作原理，主要技术数据和要求。

（5）各构筑物平面、剖面图：包括变电所、配电间、操作控制间电气设备位置，供电控制线路敷设，接地装置，设备材料明细表和施工说明及注意事项。

（6）各种保护和控制原理图、接线图：包括系统控制原理图，引出或引入的接线端子板编号、符号和设备一览表以及动作原理说明。

（7）电气设备安装图：包括材料明细表，制作或安装说明。

（8）厂（站）区室外配电线路总平面图：包括各构筑物的布置，架空和电缆配电线路、控制线路及照明布置。

（9）自动控制设计图　需要表示出工艺流程的检测、控制点与自控原理图，仪表及自控设备的接线图和安装图，接地系统图，仪表及自控设备的供电、供气系统图和管线图，控制柜、仪表屏、操作台及有关自控辅助设备的结构布置图和安装图，仪表间、控制室的平面布置图，控制电缆一览表，仪表自控部分的主要设备材料表。

（10）有关专业计算书（计算书不属于必须交付的设计文件，但应按有关规定的要求编制，供审图部门查阅）。

废气处理工程设计、固废处理工程设计以及物理性污染（含噪声、电磁波、光、放射性等）处理工程设计与废水处理工程设计的程序、阶段、内容基本类同，具体根据工程项目类别、工程内容况酌情增减。

14.4　环境工程 CAD 制图规范**

国家标准是设计制图的基础性依据，因此，在 CAD 绘制图样的过程中，必须严格遵守相关国家标准。工程设计人员在绘制和识别图纸之前必须熟悉掌握 CAD 及制图相关国家标准，常用 CAD 制图相关国家标准如下：

《CAD 工程制图规则》（GB/T 18229—2000）

《机械工程 CAD 制图规则》（GB/T 14665—1998）

《电气工程 CAD 制图规则》（GB/T 18135—2008）

《技术制图 CAD 系统用图线的表示》（GB/T 18686—2002）

《技术产品文件 CAD 图层的组织和命名》（GB/T 18617—2002）

《CAD 电子文件光盘存储、归档与档案管理要求》（GB／T 17678.1—1999）

《技术制图图样画法》（GB/T 17451—1998）

《房屋建筑制图统一标准》（GB/T 50001—2010）

《总图制图标准》（GB/T 50103—2010）

《建筑制图标准》（GB/T 50104—2010）

《建筑结构制图标准》（GB/T 50105—2010）

《给水排水制图标准》（GB/T 50106—2010）

14.5 CAD 绘图基本程序**

CAD 绘图之前需要进行一些基本的设置，便于 CAD 文档的保存、修改和管理，以达到出图的规范化，标准化。

14.5.1 设定出图比例

选择合适的出图比例，按预定的目的和要求，把个人设想在图纸上绘制出来。比例是 CAD 绘图中极其重要的概念，选择何种出图比例，将对我们在制图时字体高度、线宽、尺寸的比例设置有决定性的影响。在 CAD 绘图中关系到两个比例概念：原值比例和出图比例。原值比例就是 CAD 制图对象尺寸与实物相对应的线性尺寸之比。通常 CAD 原值比例是采用 1∶1（单位毫米）绘制的，也可以根据需要进行调整。出图比例是实际尺寸与打印图纸的比例。

应根据图样的用途与被绘对象的复杂程度，从表 14-1、表 14-2 中选用，并优先使用常用比例。

表 14-1 国家规范绘图所用的比例

常用比例	1∶1，1∶2，1∶5，1∶10，1∶20，1∶50，1∶100，1∶150，1∶200，1∶500，1∶1000，1∶2000，1∶5000，1∶10000，1∶20000，1∶50000，1∶100000，1∶200000
可用比例	1∶3，1∶4，1∶6，1∶15，1∶25，1∶30，1∶40，1∶60，1∶80，1∶250，1∶300，1∶400，1∶600

表 14-2 环境工程专业绘图所用的比例

名　称	比　例	备　注
区域规划图 区域位置图	1∶1000、1∶2000、1∶5000、1∶10000	宜与总图专业一致
总平面图	1∶100、1∶150、1∶200、1∶500（常用）	宜与总图专业一致
	1∶250、1∶300、1∶400（可用）	
处理工艺流程图	1∶100、1∶150、1∶200	纵向高程
主要构筑物工艺、结构模板图	1∶20、1∶50、1∶100、1∶150、1∶200（常用）	
	1∶25、1∶30、1∶40、1∶60、1∶80（可用）	
各管道轴测图	1∶50、1∶100、1∶150	宜与相应图纸一致
详图	1∶1、1∶2、1∶5、1∶10、1∶20、1∶50（常用）	
	1∶3、1∶4、1∶6、1∶30、1∶40（可用）	

注：同一张图纸中，不宜出现三种以上的比例。如特殊需要在同一张图纸绘制不同比例的图样时，应根据主体图样的出图比例进行原值比例换算后制图。

14.5.2　创建图框

　　用计算机绘制工程图时,其图纸幅面和格式需按照 GB/T 14689 的有关规定绘制。在 CAD 工程制图中所用到的图纸幅面形式分有装订边或无装订边两种,见图 14-1。基本尺寸见表 14-3。

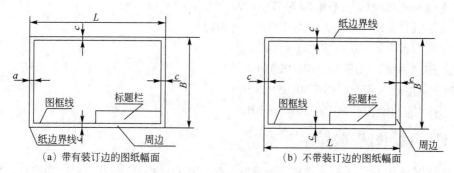

（a）带有装订边的图纸幅面　　　　　　　　（b）不带装订边的图纸幅面

图 14-1　图框格式

表 14-3　幅面代号 　　　　　　　　　　　　　　　　　　　　　　　　mm

幅面代号	A0	A1	A2	A3	A4
$B×L$	841×1189	594×841	420×594	297×420	210×297
e	20			10	
c	10			5	
a	25				

注：在 CAD 绘图中对图纸有加长加宽的要求时,应按基本幅面的短边（B）成整数倍增加。

　　在 CAD 绘图中,制图人员都会将图纸幅面和格式按 1∶1 绘制成图框块或文件,具有自己的图层和属性,单独保存。需要时把图框插入或拷贝至图样中,便可打印出图。

　　当开始绘图时需根据出图比例预定图幅,计算 CAD 绘图的范围,而后按 Limits 的命令设定合适图形界限,根据 Grid 命令设定格栅合理间距,此后可以插入或拷贝图框,在图框中绘制图样,也可以先绘制图样,需要打印出图时再插入或拷贝图框,插入的图框大小需根据出图比例的进行缩放。

14.5.3　创建图层

　　图层是 CAD 特有的概念,图层具有颜色、线形、线宽等状态属性。CAD 制图所采用的电子图纸,可假设由无数个透明的图纸叠合而成,工程图样上的各种信息分门别类地存放在所定义的图层中（各图层均设定了独立的线型和颜色等）。采用图层的目的是便于组织、管理和交换 CAD 图形的线型以及屏幕显示和打印输出。绘图时正确使用图层对提高绘图质量和效率很重要。

　　AutoCAD 系统提供的初始设定图层为"0"层,其线型为"实线",颜色为"白色"。绘制工程图样以前,必须首先定义好各图层。"0"层是不可以用来画图的,是用来定义块的。定义块时,先将所有图元均设置为"0"层（有特殊时除外）,然后再定义块,这样,在插入块时,插入时是哪个层,块就是那个层了;不得对"0"层重命名或删除。不能在 DEFPOINTS 层绘制图样,该层打印时容易出现图样消失。

　　图层的设置可根据不同的用途、阶段、实体属性和使用对象采取不同的方法,但应具有一定的逻辑性。各类实体应放置在不同的图层上，如平面图中，轴线标注和第三道尺寸应分层标注，标注门、窗洞口的细部尺寸应分层表示；管道、设备文字、标高、尺寸标注等均需单独设置图层。也应独立分层表示。

图层名不能重复，且中、英文命名格式不能混用。

14.5.4 设定线型及颜色

线型是构成工程图样中图形的基本要素，国家标准 GB/T 17450 对图形的名称、型式、法等均作了统一规定。CAD 工程制图中所用的基本线型有实线、虚线、间隔画线、点长画线等 15 种类型，详见表 14-4；基本线型的变形大致有 4 种（详见表 14-5）；而各种线型又有粗、中、细之分，各种线型及粗细在各个专业设计图样中均具有不同的意义。环境工程专业制图，常用的各种线型应符合表 14-6 的规定。

粗线、中粗线、细线宽度的比率为 4:2:1，在同一图样中，同类线型的宽度应一致。CAD 绘图时线宽的设置一般不会直接定义线宽，而是先通过出图比例计算线宽 b，然后采用 Pline 线或出图时在"打印"→"打印样式表"→"编辑"→"格式视图"，利用"颜色"来定义线宽。计算线宽方式：如打印出图比例 1:50，出图线宽 0.35mm，则 Pline 线绘图的宽度为 $b=50×0.35=17.5$mm。

表 14-4 CAD 工程图中的基本线型

代码	基 本 线 型	名 称	应 用
01		实线	实体的轮廓线、尺寸线
02		虚线	
03		间隔画线	
04		单点长画线	中心线
05		双点长画线	
06		三点长画线	
07		点线	
08		长画短画线	
09		长画双点画线	
10		点画线	
11		单点双画线	
12		双点画线	
13		双点双画线	
14		三点画线	
15		三点双画线	

表 14-5 基本线型的变形

基本线型的变形	名 称	应用
	规则波浪连续线	
	规则螺旋连续线	
	规则锯齿连续线	
	波浪线	

注：本表仅包括表 14-4 中 No.01 基本线型的类型，No.02~15 可用同样方法的变形表示。

表 14-6　环境工程常用的各种线型

名　　称	线型	线宽	用　　途
粗实线	▬▬▬▬▬	b	新设计的各种排水和其他重力流管线
粗虚线	▬ ▬ ▬	b	新设计的各种排水和其他重力流管线的不可见轮廓线
中粗实线	▬▬▬▬	$0.75b$	新设计的各种给水和其他压力流管线；原有的各种排水和其他重力流管线
中粗虚线	▬ ▬ ▬	$0.75b$	新设计的各种给水和其他压力流管线及原有的各种排水和其他重力流管线的不可见轮廓线
中实线	▬▬▬▬	$0.50b$	给水排水设备，零（附）件的可见轮廓线；总图中新建的建筑物和构筑物的可见轮廓线；原有的各种给水和其他压力流管线
中虚线	▬ ▬ ▬	$0.50b$	给水排水设备，零（附）件的可见轮廓线；总图中新建的建筑物和构筑物的可见轮廓线；原有的各种给水和其他压力流管线的不可见轮廓线
细实线	▬▬▬▬	$0.25b$	建筑的可见轮廓线；总图中原有的建筑物和构筑物的可见轮廓线；制图中的各种标注线
细虚线	▬ ▬ ▬	$0.25b$	建筑的不可见轮廓线；总图中原有的建筑物和构筑物的不可见轮廓线
单点长画线	▬ · ▬ · ▬	$0.25b$	中心线、定位轴线
折断线	∿	$0.25b$	断开界线
波浪线	∿∿∿∿	$0.25b$	平面图中水面线；局部构造层次范围线；保温范围示意线等

表 14-6 图线的宽度 b，应根据图纸的类别、比例和复杂程度，按《CAD 工程制图规则》（GB/T18229—2000）中第 4.4 条的规定选用。环境工程专业线宽 b 宜为 0.7 或 1.0mm。

对象颜色的设置是为了便于图样实体对象的分类管理以及打印出图线宽的设定，AutoCAD 系统提供 1~255 种颜色及代号，还有真彩色与配色系统提供用户自定义。不同的对象赋予不同的颜色，不仅可以快速查找对象所在的层，利于对象分类管理；还可以通过"打印"文本框中的"打印样式表"→"编辑"→"格式视图"利用"颜色"来定义线宽。

14.5.5　设定文字样式

文字在图形中极为重要，常用于表达一些与图形相关的重要信息。文字常用于标题、标记图形、提供说明或进行注释等。

CAD 工程图中所用的字体应按 GB/T 13362.4～13362.5 和 GB/T 14691 要求，并应做到笔画清晰、字体端正、排列整齐；标点符号应清楚正确。CAD 工程制图中的常用字体选用范围详见表 14-7。

表 14-7　CAD 工程制图中的常用字体

汉字字型	国家标准号	字体文件名	应 用 范 围
长仿宋体	GB/T 13362.4～13362.5—1992	HZCF.shx	图中标注及说明的汉字、标题栏、明细栏等
单线宋体	GB/T 13844—1992	HZDX.shx	大标题、小标题、图册封面、目录清单、标题栏中设计单位名称、图样名称、工程名称、地形图等
宋　体	GB/T 13845—1992	HZST.shx	
仿宋体	GB/T 13846—1992	HZFS.shx	
楷　体	GB/T 13847—1992	HZKT.shx	
黑　体	GB/T 13848—1992	HZHT.shx	

文字的字高，应从如下系列中选用：3.5、5、7、10、14、20mm。如需书写更大的字，其高度应按 $\sqrt{2}$ 的比值递增。字体大小与图纸幅面之间的关系按表 14-8 选用。仿宋体字高宽关系参见表 14-9。

表 14-8　字体大小与图纸幅面之间的选用关系

图幅 字体	A0	A1	A2	A3	A4
字母数字			3.5		
汉　字			5		

表 14-9　仿宋体字高宽关系　　　　　　　　　　　　　　mm

字　高	20	14	10	7	5	3.5
字　宽	14	10	7	5	3.5	2.5

注：表中未说明体字高宽关系，均可按宽高比 0.7 设定。

CAD 工程图中字体的最小字（词）距、行距以及间隔线或基准线与书写字体之间的最小距离见表 14-10。

表 14-10　字体的最小字（词）距、行距　　　　　　　　mm

字　　体	最 小 距 离	
汉字	字距	1.5
	行距	2
	间隔线或基准线与汉字的间距	1
拉丁字母、阿拉伯数字、希腊字母、罗马数字	字符	0.5
	词距	1.5
	行距	1
	间隔线或基准线与字母、数字的间距	1

注：当汉字与字母、数字混合使用时，字体的最小字距、行距等应根据汉字的规定使用。

拉丁字母、阿拉伯数字与罗马数字，如需写成斜体字，其斜度应是从字的底线逆时针向上倾斜 75°。斜体字的高度与宽度应与相应的直体字相等。汉字的字高应不小于 2.5mm，拉丁字母、阿拉伯数字与罗马数字的字高应不小于 1.8mm。

CAD 绘图时字高是必须通过计算来确定的，计算字高方式：如打印出图比例 1∶50，出图字体字高 3.5mm，则字体高度为 $h=50\times3.5=175$mm。如打印出图比例 1∶100，出图字体字高 3.5mm，则字体高度为 $h=100\times3.5=350$mm。

其他如索引符号与详图符号，零件、杆件、设备等的编号以及指北针等均需根据比例换算后进行缩放。

AutoCAD 系统文字输入主要有两种方式：单行文字与多行文字输入。实际工作中字数少时一般会采用单行文字输入，而后通过拷贝复制，利用 ddedit 命令进行编辑，这是一种比较快捷的方式。字数多时一般采用多行文字输入比较容易控制行间距。

14.5.6　设定尺寸标注

尺寸标注是工程制图的基本元素之一，图样除了画出构筑物及其各部分的形状外，还必须准确、详尽和清晰地标注尺寸，以确定其大小，作为施工时的依据。尺寸标注可分为三种。

① 定形尺寸：是确定组成建筑形体的各基本形体大小的尺寸。

② 定位尺寸：是确定各基本形体在建筑形体中的相对位置的尺寸。

③ 总尺寸：是确定形体外形总长、总宽、总高的尺寸。

　　不同行业的图样，标注尺寸时对这些内容的要求是不同的。而同一工程的图样，要求尺寸标注的形式相同、风格一致。

　　图样上的尺寸由尺寸界线、尺寸线、尺寸起止符号（箭头）和尺寸数字组成（图 14-2）。尺寸界线应用细实线绘画，一般应与被注长度垂直，其一端应离开图样的轮廓线不小于 2mm，另一端宜超出尺寸线 2～3mm。必要时可利用轮廓线作为尺寸界线。尺寸线也应用细实线绘画，并应与被注长度平行，但不宜超出尺寸界线之外（特殊情况下可以超出尺寸界线之外）。图样上任何图线都不得用作尺寸线。尺寸起止符一般应用中粗短斜线绘画，其倾斜方向应与尺寸界线成顺时针 45° 角，长度宜为 2～3mm（图 14-3）。半径、直径、角度与弧长的尺寸起止符号，宜用箭头表示。

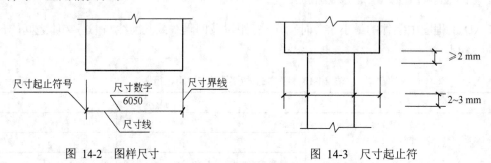

图 14-2　图样尺寸　　　　　　　　　图 14-3　尺寸起止符

　　互相平行的尺寸线，应从被注写的图样轮廓线由近向远整齐排列，较小尺寸应离轮廓线较近，较大尺寸应离轮廓线较远。图样轮廓线以外的尺寸界线，距图样最外轮廓之间的距离，不宜小于 10mm。平行排列的尺寸线的间距，宜为 7～10mm，并应保持一致。总尺寸的尺寸界线应靠近所指部位，中间的分尺寸的尺寸界线可稍短，但其长度应相等（图 14-4）。

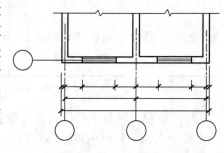

图 14-4　总尺寸的尺寸界线

　　根据国家相关制图规范规定，图样上标注的尺寸，除标高及总平面图以米（m）为单位外，其余一律以毫米（mm）为单位，图上尺寸数字都不再标注单位。如没有特别注明单位的，也一律以毫米为单位。图样上的尺寸，应以所注尺寸数字为准，不得从图上直接量取。具体 CAD 标注设置见表 14-11。

表 14-11　CAD 尺寸标注系统变量设置（推荐）

序号	选项	子 项 名 称	系 统 变 量
1	线	尺寸线颜色	DIMCLRD＝0
		尺寸线线型	DIMLTYPE＝BYLAYER
		尺寸线线宽	DIMLWD＝BYLAYER
		尺寸线超出标记	DIMDLE＝0.0000
		尺寸线基线间距	DIMDLI＝7
		隐藏 尺寸线 1（M）	DIMSD1＝OFF
		隐藏 尺寸线 2（D）	DIMSD1＝OFF
		延伸线颜色	DIMCLRE＝0

续表

序号	选项	子 项 名 称	系 统 变 量
1	线	延伸线1线型	DIMLTEX1= BYLAYER
		延伸线2线型	DIMLTEX2= BYLAYER
		延伸线线宽	DIMLWE= BYLAYER
		隐藏 延伸线1（I）	DIMSD1= OFF
		隐藏 延伸线2（T）	DIMSD2= OFF
		延伸线超出尺寸线	DIMEXE= 3
		延伸线起点偏移量	DIMEXO≥2
		固定长度的延伸线	DIMFXLON= OFF
2	符号和箭头	第一个箭头	DIMBLK1=建筑标记
		第二个箭头	DIMBLK2=建筑标记
		引线	DIMLDRBLK=实心闭合
		箭头大小	DIMASZ= 1.8
		圆心标记	DIMCEN= 1.0（标记）
		折断标注	DIMBREAK= 3.75
		弧长符号	DIMARCSYM= 0
		半径折弯标注	DIMJOGANG= 45
		线性折弯标注	DIMJOGLINE= 2.0
3	文字	文字样式	DIMTXSTY= STANDARD
		文字颜色	DIMCLRT= BYBLOCK
		填充颜色	DIMTFILLCLR= 无
		文字高度	DIMTXT= 3.5
		分数高度比例	DIMTFAC= 1.0
		文字垂直	DIMTAD= 0
		文字水平	DIMJUST= 1
		观察方向	DIMTXTDIRECTION= 0
		从尺寸线偏移	DIMTVP= 0.8
		文字对齐（文字与尺寸对齐）	DIMTIH= ON
4	调整	调整选项（文字始终在延伸线之间）	DIMTIX= ON
		若箭头不能放在延伸线内，则消除	DIMSOXD= OFF
		文字位置	DIMTMOVE= 2
		标注特征比例	DIMSCALE= 100*
		优化（在延伸线之间绘制尺寸线）	DIMTOFL= ON
5	主单位	单位格式	DIMLUNIT= 2
		精度	DIMDEC= 0
		小数分隔符	DIMDSEP= "."
		舍入	DIMRND= 0.00
		前缀	DIMPOST= ?
		后缀	DIMPOST= ?
6	换算单位	显示换算单位	DIMALT= OFF
7	公差	方式	DIMTOL= OFF
		垂直位置	DIMTOLJ= 1

注：1. 延伸线即尺寸界线。

2. 考虑个人绘图习惯以及审美观点不同，箭头也可以通过块的方式来自定义（必须符合国家制图规则）。

3. *标注特征比例与出图比例保持一致，随着出图比例调整而变动，修改比较方便。

CAD 尺寸标注系统变量设置路径：键盘输入方式：DIMSTYLE（快捷键 D）或采用菜单方式、图标方式，"标注样式管理器" → "新建（N）" → "创建新标注样式"

CAD 尺寸标注系统变量设置图释：

（1）尺寸标注样式选项设置：线（图 14-5）

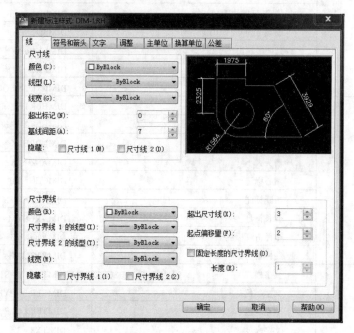

图 14-5　线

（2）尺寸标注样式选项设置：符号和箭头（图 14-6）

图 14-6　符号和箭头

（3）尺寸标注样式选项设置：文字（图14-7）

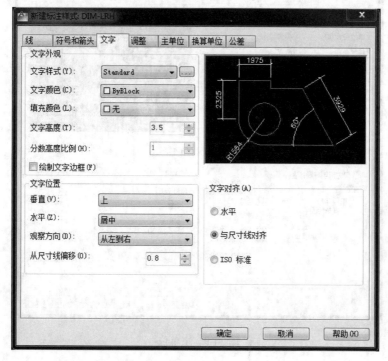

图 14-7 文字

（4）尺寸标注样式选项设置：调整（图14-8）

图 14-8 调整

（5）尺寸标注样式选项设置：主单位（图14-9）

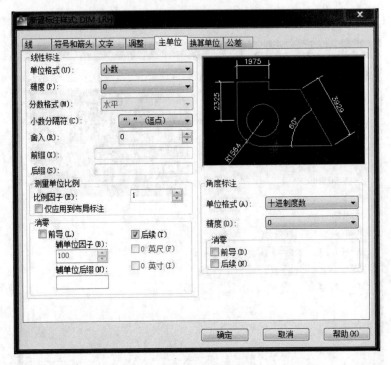

图 14-9　主单位

（6）尺寸标注样式选项设置：换算单位（图 14-10）

图 14-10　换算单位

（7）尺寸标注样式选项设置：公差（图 14-11）

图 14-11 公差

14.5.7 图形输出与打印

图形的输出与打印是 CAD 制图的最后一个环节，设计人员通过图形来表达自己的设想，最终需要通过图形的输出成为各种格式的文件与其他人员进行交流，打印出图才能进行产品加工或工程施工。

CAD 制图在模型空间设计绘图，通过"布局"切换到图纸空间进行出图预览。"布局"就相当于是一个图纸空间，一个布局就是一张图纸，通常可以在布局中生成设计单位的图框、标题等，并且可以在"布局"中进行简单的图名及编号等文字修改，简化在模型空间绘制图框、标题等工作。在模型空间预先插入图框，还是在布局中生成图框，可以根据个人习惯、爱好来设置。

打印图纸之前需通过"页面设置管理器"进行打印机、打印比例、打印样式等各项设置，并将该设置应用于布局打印。"文件"→"页面设置管理器"出现对话框，如图 14-12 所示。

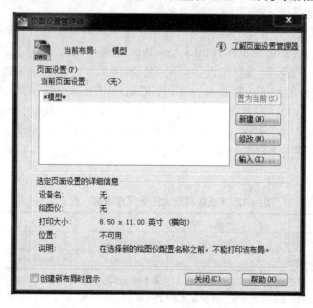

图 14-12 "页面设置管理器"对话框

其中有"新建"、"修改"、"输入"三个选项，可以新建一个打印页面，并对该命名页面做出调整、修改，将其输入到其他图中。

单击"文件"→"页面设置管理器"→"新建"，出现如图 14-13 所示页面。

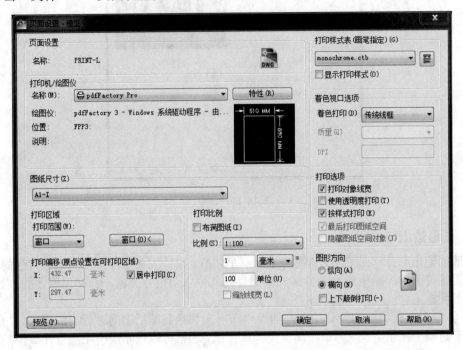

图 14-13　页面设置

"页面设置"包含"名称"、"打印机/绘图仪"、"图纸尺寸"、"打印区域"、"打印偏移"、"打印比例"、"打印样式表"、"着色视口选项"、"打印选项"、"图形方向" 10 个选项，其中"打印机/绘图仪"又包含"特性"子项、"打印样式表"包含"打印样式编辑器"子项。

a. "名称"—指自定义当前页面设置的名称。

b. "打印机/绘图仪"—指定打印布局时使用已配置的打印设备（打印机、绘图仪等，也可以是虚拟的打印机如：Adobe PDF、PdfFactory Pro，通过打印方式将图纸转换成 PDF 文件）。

c. "图纸尺寸"—显示所选打印设备可用的标准图纸尺寸。如果未选择绘图仪，软件将显示全部标准图纸尺寸的列表以供选择。不过，CAD 出图的时候一般将图纸尺寸稍作调整，图纸尺寸比图幅尺寸稍大—即"自定义图纸尺寸"，以确保图框线能打印出来。自定义图纸尺寸途径："控制面板"→"硬件和声音"→"设备和打印机"，选定绘图仪或打印机而后单击鼠标右键出现文本框选"打印首选"→"设置"→"纸张大小"→"自定义"。具体设置见表 14-12。

表 14-12　CAD 自定义图纸尺寸设置（推荐）

幅面代号	A0	A1	A2	A3	A4
$B \times L$	841×1189	594×841	420×594	297×420	210×297
$B_1 \times L_1$	880×1270	610×880	440×610	305×440	220×305

注：1. 若 CAD 出图中对图纸有加长加宽的要求时，应按基本幅面的短边（B）成整数倍增加。

2. 表中图纸尺寸 $B_1 \times L_1$ 是根据现在市场流行硫酸纸幅宽 1270mm、914mm、900mm、880mm、620mm、610mm 修改确定。

d. "打印区域"—打印图形时，必须指定图形的打印区域。设计人员为了绘图快捷、准确、方便，一般会以某个单元或项目为主体，将多张图纸同时绘制在一个文件中，打印范围的设定一般以"窗口"居多。

窗口。 打印指定的图形的任何部分。单击"窗口"按钮，使用鼠标指定打印区域的对角线框或输入坐标值。

范围。 打印当前空间内的所有几何图形。打印之前，可能会重新生成图形以重新计算范围。

图形界限。 打印布局时，将打印指定图纸尺寸的可打印区域内的所有内容，其原点从布局中的 0,0 点计算得出。打印"模型"选项卡时，将打印图形界限所定义的整个绘图区域。如果当前视口不显示平面视图，该选项与"范围"选项效果相同。

显示。 打印"模型"选项卡中当前视口中的视图或布局选项卡中的当前图纸空间视图。

e."打印偏移"—相对于可打印区域的左下角（原点）或图纸边界的打印区域偏移。根据打印需要设置，没有特殊需要一般设置为"居中打印"。

f."打印比例"—当指定输出图形的比例时，可以从实际比例列表中选择比例、输入所需比例或者选择"布满图纸"，以缩放图形将其调整到所选的图纸尺寸。设计人员按 1:1 的比例绘制图，这里输入的比例就是预先设定的比例值。

g."打印样式表"—可以使用打印样式管理器添加、删除、重命名、复制和编辑打印样式表。一般的绘图打印样式选"monochrome.ctb"，此样式可将所有彩色线条按黑色打印。而后打开"打印样式编辑器"对话框，如图 14-14 所示。

图 14-14 "打印样式编辑器"对话框

"打印样式编辑器"有三个选项："常规"、"表视图"、"表格视图"。"常规"选项里列出打印样式表文件名、说明、版本号、位置（路径名）和表类型。"表视图"和"表格视图"选项的内容基本相同，列出打印样式表中的所有打印样式及其设置。

普通打印绘图特性推荐设置：颜色（C）—"黑"，抖动（D）—"开"，灰度（G）—"关"，笔号（#）—"自动"，虚拟笔号（U）—"自动"，淡显（I）—"100"，线型（T）—"使用对象线型"，自适应（V）—"开"，线宽（W）—"根据工程图样需要设置线型宽度 0.05、0.09、0.10、0.13…..2.0、2.11"，端点（E）—"使用对象端点样式"，连接（J）—"使用对象连接样式"，填充（F）—"使用对象填充样式"。

线宽编辑（L）—可以根据自身需要修改 CAD 软件默认现有线宽的宽度值。

另存为（S）—可以将修改后的打印样式编辑器另存为一个文件，便于添加删除。

h. "着色视口选项"—指定着色和渲染视口的打印方式，并确定它们的分辨率大小和每英寸点数 （DPI）。指定着色打印选项："按显示"、"传统线框"或"传统消隐"。该设置的效果反映在打印预览中，而不会从布局中反映。推荐设置："传统线框"。

i. "打印选项"—指定线宽、透明度、打印样式、着色打印和对象的打印次序等选项。推荐设置：打印对象线宽—"开"，使用透明度打印—"关"，按样式打印—"开"。

j. "图像方向"—指支持纵向或横向的绘图仪指定图形在图纸上的打印方向。图纸图标代表所选图纸的介质方向。字母图标代表图形在图纸上的方向。

通过"页面设置管理器"设置后，进入"打印"空间，如图 14-15 所示。

图 14-15　打印页面

"打印"包含"页面设置"、"打印机/绘图仪"、"图纸尺寸"、"打印区域"、"打印偏移"、"打印比例"、"打印份数" 7 个选项，其中"页面设置"包含"添加"，"打印机/绘图仪"又包含"特性"子项。"打印"对话框与"页面设置"有许多相同的地方，如果"页面设置"是属于前期设计阶段，那么"打印"就是属于后期实施阶段。

a. "页面设置"—列出图形中已命名或已保存的页面设置。可以将图形中保存的命名页面设置作为当前页面设置，也可以在"打印"对话框中单击"添加"，基于当前设置创建一个新的命名页面设置。"名称"指显示当前页面设置的名称。可以是上一次打印的，也可以是输入之前打印的格式。

b. "打印机/绘图仪"—与页面设置管理器中的"打印机/绘图仪"意义相同。不过，可以将图纸打印到文件—*.PLT 文件而后再输入绘图仪出图。

c. "图纸尺寸"—与页面设置管理器中的"图纸尺寸"意义相同。

d. "打印区域"—与页面设置管理器中的"打印区域"意义相同。

e. "打印偏移"—与页面设置管理器中的"打印偏移"意义相同。

f. "打印比例"—与页面设置管理器中的"打印比例"意义相同。

g. "打印份数"—指定要打印的份数。当使用打印到文件时，此选项无需修改。

至此，经过设计绘图与打印设置后即可正式打印。正式打印前应先预览，完全符合要求后确定打印。打印份数少时，可用打印机或绘图仪直接打印在白纸上，需要图纸的份数较多时，应先打印在硫酸纸上，再去晒图复制。

CAD 图形可以另输出成"DWF"、"DWFx"、"三维 DWF"、"PDF"、"DGN"、"BMP"、"EPS"、"SPL"等各式文件，其中"PDF"较为常用。"PDF"是最通用的电子格式文件，它可在未安装 AutoCAD 软件的电脑中打开，便于浏览也可以随意打印。

CAD 输出成 PDF 文档有多种方式，AutoCAD 系统自带输出方式即"输出"→"PDF 输出"如图 14-16 所示。

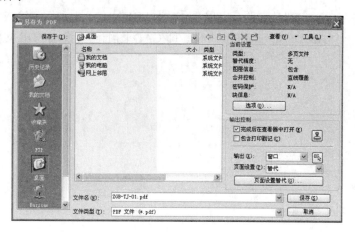

图 14-16 "另存为"对话框

其中包含"当前设置"、"输出控制"两个选项，"当前设置"→"选项（O）"又分 6 子项：

a. "位置"—指定输出图形时，PDF 文件的保存路径、位置。

b. "类型"—指定从图形输出单页图纸还是多页图纸。

c. "替代精度"—为字段选择能够提供最佳文件分辨率的精度预设，也可以通过选择"管理精度预设"来创建新的精度预设。

d. "命名"—转换成 PDF 文档以后的文件名。

e. "图层信息"—指输出成 PDF 文档后是否需要包含 CAD 图层设置信息。

f. "合并控制"—指定重叠的直线是执行合并（直线的颜色混合在一起成为第三种颜色）操作还是覆盖（最后打印的直线遮挡住它下面的直线）操作。

"输出控制"分 5 子项：

a. "完成后在查看器中打开"—若选中此选项，则输出完成后将在默认查看器中打开 PDF 文件。

b. "包含打印戳记"—若选中该选项可在 PDF 文件中包含用户定义的信息，例如图形名称、日期和时间或打印比例。要编辑打印戳记，请单击"打印戳记"按钮以打开"打印戳记"对话框。

c. "输出"—选择要输出的图形部分。如果用户在图纸空间中工作，则可以选择当前布局或所有布局。如果用户在模型空间中工作，则可以选择当前显示的对象、图形范围或选定区域。

d. "页面设置"—"当前"即使用现有"页面设置管理器"中的设置输出 PDF 文件，也可以选择替代这些设置。

e. "页面设置代替"—对页面设置的内容"图纸尺寸"、"打印样式表"、"图形方向"、"打印比例"重新调整。"打印样式表"若是普通黑白打印一般选用"monochrome.ctb"，线型、线宽根据各种专业需要另行设置。

CAD 输出成 PDF 文档的其他方式都是通过打印方式进行转换：

a. "页面设置"→"打印"→"打印/绘图仪"→选用"Adobe PDF"（Adobe Acrobat Pro 软件自带打印程序）→…→"确定"→出现"另存为 PDF 文件"文本框→输入文件名"保存"，最后会弹跳出来一个 Adobe Acrobat Pro 文件，即 CAD 转换成 PDF 文档。

b. "页面设置"→"打印"→"打印/绘图仪"→选用"PdfFactory Pro"（Adobe Acrobat Pro 软件自带打印程序）→…→"确定"→出现"另存为 PDF 文件"文本框→输入文件名"保存"，最后会弹跳出来一个 Adobe Acrobat Pro 文件，即 CAD 图纸已转换成 PDF 文档。

附　　录

附录1　AutoCAD2012下拉式菜单命令全表

主菜单：文件

一级命令	二级命令	功能说明
新建		创建新的图形文件
新建图纸集		创建新图纸集
打开		打开已有的图形文件
打开图纸集		打开指定的图纸集
加载标记集		加载包含标记的DWF文件
关闭		关闭图形文件
输入		输入已有的图形数据至当前图形
附着		命名、定位并定义附着的DWF或DWFx参考底图的插入点、比例和旋转角度
保存		快速保存当前图形
另存为		保存未命名的图形或重命名当前图形
输出		输出当前的图形数据至选定文件夹
DWG转换		将当前文件进行不同版本的格式转换
AotoCAD WS	上载	将当前图形上传至AotoCAD WS服务器
	上载多个文件	将多个图形文件上传至AotoCAD WS服务器
	管理上载	管理上传至AotoCAD WS服务器的图形文件
	联机打开	联机打开当前图形
	联机图形	联机查找其他图形
	时间线	浏览历史版本，跟踪图纸所有修改
	共享图形	将当前图形上传至AotoCAD WS服务器进行共享
	获得链接	与AotoCAD WS服务器进行网络链接
	消息	来自AotoCAD WS服务器的新消息
电子传递		创建图形及相关文件的传递集
网上发布		创建包括选定图形的图像的网页
发送		将当前图形发送至制定电子邮箱
页面设置管理器		指定每个新布局的布局页面、打印设施、图纸尺寸和设置
绘图仪管理器		显示绘图仪管理器，可从其中启动"添加绘图仪"向导和绘图仪配置编辑器
打印样式管理器		提供对"添加打印样式表"向导和打印样式表编辑器的访问
打印预览		模拟图形的打印效果
打印		将图形打印到打印设备或文件
发布		将图形发布到DWF文件或绘图仪
查看打印和发布详细信息		显示关于完成的打印和发布作业的信息
图形实用工具	核查	检查图形的完整性
	修复	修复毁坏的图形
	更新块图标	为AutoCAD设计中心中显示的块生成预览图像

一级命令	二级命令	功 能 说 明
	清理	从图形中删除未使用的块定义、图层等项目
图形特性		设置和显示当前图形的特性
绘图历史		列出最近打开的图形文件；选择一个图形可快速打开
退出		退出应用程序；提示保存文档

主菜单：编辑

一级命令	二级命令	功 能 说 明
放弃		恢复上一次操作
重做		恢复上一个用 UNDO 或 U 命令放弃的效果
剪切		将对象复制到剪贴板并从图形删除
复制		复制对象到剪贴板
带基点复制		带基点将对象复制到剪贴板
复制链接		复制当前视图到剪贴板以便链接到其他 OLE 应用程序
粘贴		插入剪贴板数据
粘贴为块		从剪贴板将对象粘贴为块
粘贴为超级链接		向选定的对象粘贴超级链接
粘贴到原坐标		粘贴到原图形相同的坐标
选择性粘贴		插入剪贴板数据并控制数据格式
清除		从图形删除对象
全部选择		选择解冻图层中的所有对象
OLE 链接		更新、修改和取消现有 OLE 链接
查找		查找、替换、选择或缩放到指定的文字

主菜单：视图

一级命令	二级命令	三级命令	功 能 说 明
重画			刷新显示所有视口
重生成			重生成图形并刷新显示当前视口
全部重生成			重生成图形并刷新显示所有视口
缩放	实时		实时缩放
	上一个		显示上一个缩放视图
	窗口		按指定矩形窗口区域缩放
	动态		缩放显示图形的生成部分
	比例		按指定比例缩放显示
	中心点		缩放显示指定中心点及高度的窗口内图形
	对象		缩放为显示对象的范围
	放大		放大显示当前视口对象的外观尺寸
	缩小		缩小显示当前视口对象的外观尺寸
	全部		缩放显示当前视口中的整个图形
	范围		缩放显示图形界限
平移	实时		移动显示在当前视口的图形
	定点		按指定距离移动图形视图
	左		向左移动图形
	右		向右移动图形

一级命令	二级命令	三级命令	功　能　说　明
平移	上		向上移动图形
	下		向下移动图形
鸟瞰视图			打开"鸟瞰视图"窗口
视口	命名视口		显示命名视口的布局选项
	新建视口		用指定的名称打开新视口
	一个视口		用活动视口中的视图把图形恢复为单视口视图
视口	两个视口		将当前视口等分成两个视口
	三个视口		将当前视口分成三个视口
	四个视口		将当前视口等分成四个视口
	多边形视口		用指定的点创建不规则形状的视口
	对象		指定闭合的多段线、椭圆、样条曲线、面域或圆，以转换为视口
	合并		将两个相邻视口合并成一个较大视口
命名视图			创建和恢复视图
三维视图	视点预置		设置三维观察方向
	视点		显示定义视图方向的坐标球和三轴架
	平面视图	前 UCS	显示用户坐标系平面视图
		界 UCS	显示世界坐标系平面视图
		名 UCS	显示以前保存的用户坐标系平面视图
	俯视		将视点设置在上面
	仰视		将视点设置在下面
	左视		将视点设置在左面
	右视		将视点设置在右面
	主视		将视点设置在前面
	后视		将视点设置在后面
	西南等轴测		将视点设置为西南等轴测
	东南等轴测		将视点设置为东南等轴测
	东北等轴测		将视点设置为东北等轴测
	西北等轴测		将视点设置为西北等轴测
三维动态观察器			控制在三维中交互式查看对象
消隐			重生成三维模型时不显示隐藏
着色	二维线框		将视口设置为二维线框
	三维线框		将视口设置为三维线框
	消隐		将视口设置为不显示隐藏线
	平面着色		将视口设置为平面着色
	体着色		将视口设置为体着色
	带边框平面着色		将视口设置为带边框平面着色
	带边框体着色		将视口设置为带边框体着色
渲染	渲染		创建三维线框或实体模型的照片级真实着色图像
	场景		管理模型空间场景
	光源		管理光源和光照效果
	材质		管理渲染材质
	材质库		从材质库输入输出材质
	贴图		将材质贴图到对象上

续表

一级命令	二级命令	三级命令	功 能 说 明
渲染	背景		设置场景的背景
	雾化		设置场景的背景
	新建配景		向图形中添加真实的配景，例如树木和灌木
	编辑配景		编辑配景对象
	配景库		管理配景对象库
	渲染配置		设置渲染系统配置
	统计信息		显示渲染统计信息
显示	UCS 图标	开	控制 UCS 图标的可见性和位置
		原点	强制使坐标系图标显示在当前坐标系统原点
		特性	控制 UCS 图标的大小、样式和颜色
	属性显示	普通	保持每个属性的当前可见性设置
		开	显示所有属性
		关	隐藏所有属性
	文本窗口		打开 AutoCAD 文本窗口
工具栏			显示、隐藏和自定义工具栏

主菜单：插入

一级命令	二级命令	功 能 说 明
块		插入块或另一图形
外部参照		附着外部参照到当前图形
光栅图像		附着新图像到当前图形
手段		插入当字段值变化时可以自动更新的文字字符串
布局	新建布局	以页面设置和打印设备信息创建新布局以页面设置和打印设备信息创建新布局
	来自样板的布局	插入基于现有布局样板的新布局
	创建布局向导	创建新的布局选项卡并指定页面和打印设置
3D Studio		输入 3D Studio 文件
ACIS 文件		输入 ACIS 文件
二进制图形交换		输入特殊编码二进制文件
Windows 图元文件		输入 Windows 图元文件
封装 PostScript		在当前图形中插入封装 PostScript 文件
OLE 对象		插入链接或嵌入对象
外部参照管理器		控制图形文件的外部参照
图像管理器		将多种格式的图像插入到 AutoCAD 图形文件中
超级链接		向图形对象附着超级链接或修改现有的超级链接

主菜单：格式

一级命令	二级命令	功 能 说 明
图层		管理图层和图层特性
颜色		设置新对象的颜色
线型		创建、加载和设置线型
线宽		设置当前线宽、线宽显示选项和线宽单位
文字样式		创建或修改命名样式并设置图形中文字的当前样式
标注样式		创建并修改标注样式

续表

一级命令	二级命令	功　能　说　明
表格样式		定义新的表格样式
打印样式		设置新图形的当前打印样式，或为选定对象指定打印样式
点样式		指定点对象的显示模式及大小
多线样式		管理多线样式
单位		控制坐标和角度显示格式和精度
厚度		设置当前三维厚度
图形界限		设置和控制图形边界
重命名		修改命名对象的名称

主菜单：工具

一级命令	二级命令	三级命令	功　能　说　明
Autodesk 网站			在默认浏览器中显示 Autodesk 网站
CAD 标准	配置		为当前图形配置 CAD 标准
	检查		检查当前图形是否符合其 CAD 标准
	图层转换器		转换图层的名称和特性
拼写检查			检查图形中文字的拼写
快速选择			按过滤条件快速创建选择集
显示顺序	前置		强制选定的对象显示在所有对象之前
	后置		强制选定的对象显示在所有对象之后
	置于对象之上		强制选定的对象显示在参照对象之上
	置于对象之下		强制选定的对象显示在参照对象之下
查询	距离		测量两个点之间的距离和角度
	面积		计算对象或定义区域的面积和周长
	面域/质量特性		计算并显示面域或实体的质量特性
	列表显示		显示选定的对象的数据库信息
	点坐标		显示点的坐标值
	时间		显示图形的日期及时间统计信息
	状态		显示图形统计信息、模式及范围
	设置变量		列出系统变量并修改变量值
更新字段			手动更新图形中选定对象的字段
属性提取			从块上将属性提取到单独的文件中
对象特性管理器			控制现有对象的特性
设计中心			管理和插入块、外部参照和填充图案等内容
工具选项板窗口			显示或隐藏工具选项板窗口
图纸集管理器			显示或隐藏图纸集管理器窗口
信息选项板			打开信息选项板，以便显示上下文相关信息
数据库连接			提供到外部数据库表的 AutoCAD 接口
标记集管理器			显示标记的详细信息，并允许用户改变其状态
加载应用程序			加载和卸载应用程序
运行脚本			从脚本执行一系列命令
宏	宏		运行 VBA 宏
	加载工程		在当前 AutoCAD 任务中加载全局 VBA 工程
	VBA 管理器		加载、卸载、保存、创建、嵌入和提取 VBA 工程

续表

一级命令	二级命令	三级命令	功 能 说 明
宏	Visual Basic 编辑器		显示 Visual Basic 编辑器
AutoLISP	加载		加载 AutoLISP 应用程序
	Visual LISP 编辑器		启动 Visual LISP 开发环境
显示图像	查看		显示 BMP、TGA 或 TIFF 图像
	保存		将渲染图像保存到文件
命名 UCS			管理已定义的用户坐标系
正交 UCS			指定 UCS 方向
移动 UCS			移动已定义的 UCS
新建 UCS			把 UCS 定义、移动旋转为新的坐标系
向导	网上发布		创建包括选定图形的图像的网页
	添加绘图仪		添加并配置绘图仪
	添加打印样式表		创建打印样式表
	添加颜色相关打印样式表		创建颜色相关打印样式表
	创建布局		用向导中提供的设置创建布局
	新建图纸集		创建新图纸集
	输入打印设置		显示向导设置，以便将 PCP 和 PC2 配置文件打印设置输入到模型选项卡或当前布局
草图设置			指定捕捉模式、栅格、极轴和对象捕捉追踪等设置
数字化仪			数字化仪模式
自定义	菜单		加载部分菜单文件
	工具栏		显示、创建、重命名和删除工具栏，控制工具栏提示和按钮尺寸
	键盘		向命令指定键盘快捷键
	工具选项板		显示、创建、重命名和删除工具选项板
	编辑自定义文件	当前菜单	打开当前菜单（MNS）文件进行编辑
		程序参数	打开 acad.pgp 文件进行编辑
选项			自定义 AutoCAD 设置

主菜单：绘图

一级命令	二级命令	三级命令	功 能 说 明
直线			创建直线段
射线			创建单向无限长线
构造线			创建无限长的线
多线			创建多重平行线
多段线			创建二维多段线
三维多段线			在三维空间创建由连续线型的直线段组成的多段线
正多边形			创建等边闭合多段线
矩形			绘制矩形多段线
圆弧	三点		用三点创建圆弧
	起点、圆心、端点		用起点、圆心和端点创建圆弧
	起点、圆心、角度		用起点、圆心和包含角创建圆弧
	起点、圆心、长度		用起点、圆心和长度创建圆弧

续表

一级命令	二级命令	三级命令	功　能　说　明
圆弧	起点、端点、角度		用起点、端点和包含角创建圆弧
	起点、端点、方向		用起点、端点和起点方向创建圆弧
	起点、端点、半径		用起点、端点和半径创建圆弧
	圆心、起点、端点		用圆心、起点和端点创建圆弧
	圆心、起点、角度		用圆心、起点和包含角创建圆弧
	圆心、起点、长度		用圆心、起点和弦长创建圆弧
	继续		创建圆弧使其相切于上一次绘制的直线或圆弧
圆	圆心、半径		用指定半径创建圆
	圆心、直径		用指定直径创建圆
	两点		用直径的两个端点创建圆
	三点		用圆周上的三个点创建圆
	相切、相切、半径		用指定半径创建圆使其相切于两个对象
	相切、相切、相切		创建相切于三个对象的圆
圆环			绘制填充的圆和环
样条曲线			创建二次或三次样条曲线（NURBS）
椭圆	中心点		用指定的中心点创建椭圆
	轴、端点		创建椭圆或椭圆弧
	圆弧		创建椭圆弧
块	创建		从选定对象创建块定义
	基点		设置当前图形的插入基点
	定义属性		创建属性定义
点	单点		创建单个点
	多点		创建多个点
	定数等分		将点对象或块沿对象长度或周长等间隔排列
	定距等分		将点对象或块按指定间距排列
图案填充			用图案填充封闭区域或选定对象
边界			用封闭区域创建面域或多段线
面域			从现有对象的选择集中创建面域对象
擦除			创建擦除对象
修订云线			创建连续圆弧的多段线构成云线形
文字	多行文字		创建多行文字
	单行文字		输入文字的同时在屏幕上显示
曲面	二维填充		创建实心多边形
	三维面		创建三维面
	三维曲面		使用对话框创建三维曲面对象
	边		修改三维面的边的可见性
	三维网格		创建自由形式多边形网格
	旋转曲面		旋转曲面绕选定的轴创建旋转曲面
	平移曲面		沿方向矢量和轮廓曲线创建平移曲面
	直纹曲面		在两个曲线间创建直纹曲面
	边界曲面		创建三维多边形网格
实体	长方体		创建三维实体长方体
	球体		创建三维实体球体
	圆柱体		创建三维实体圆柱体
	圆锥体		创建三维实体圆锥体
	楔体		创建三维实体使其倾斜面尖端沿 X 轴正向

一级命令	二级命令	三级命令	功 能 说 明
实体	圆环体		创建圆环形实体
	拉伸		通过拉伸现有二维对象来创建三维实体
	旋转		绕轴旋转二维对象以创建实体
	剖切		用平面剖切一组实体
	截面		用平面和实体的截面创建面域
	干涉		用两个或多个实体的公共部分创建三维组合实体
	设置	图形	在用 SOLVIEW 命令创建的视口中生成轮廓图和剖视图
		视图	创建浮动视口来使用正投影法生成三维实体及体对象的多面视图与剖视图
		轮廓	创建三维实体的轮廓图像

主菜单：标注

一级命令	二级命令	功 能 说 明
快速标注		快速创建标注参数
线性		创建线性标注
对齐		创建对齐的线性标注
坐标		创建坐标标注
半径		创建圆和圆弧的半径标注
直径		创建圆和圆弧的直径标注
角度		创建角度标准
基线		从上一个或所选标注的基线作连续的线性、角度或坐标标注
连续		从上一个或所选标注的第二条尺寸界线作连续的线性、角度或坐标标注
引线		快速创建引线和引线注释
公差		创建形位公差
圆心标记		创建圆和圆弧的圆心标记
倾斜		使线性标注的尺寸界线倾斜
对齐文字	默认	把标注文字移回缺省默认位置
	角度	将标注文字旋转一定角度
	左	左对齐标注文字
	中	标注文字置中
	右	右对齐标注文字

主菜单：修改

一级命令	二级命令	三级命令	功 能 说 明
特性			控制现有对象的特性
特性匹配			把某一对象的特性复制到其他若干对象
对象	外部参照	绑定	将单个外部参照依赖符号绑定到图形
		边框	控制外部参照剪裁边界的可见性
	图像	调整	控制图像的亮度、对比度和褪色度
		质量	控制图像显示质量
		透明	控制图像的背景像素是否透明
		边框	控制是否在视图中显示图像边框
	图案填充		修改现有的图案填充对象
	多段线		编辑多段线和三位多边形网格
	样条曲线		编辑样条曲线或样条曲线拟和多段线

续表

一级命令	二级命令	三级命令	功　能　说　明
对象	多线		编辑多条平行线
	属性	单个	编辑块插入上的属性
	属性	全局	编辑块的可变属性
		块属性管理器	管理块定义上的属性
	块说明		修改与块定义关联的文字说明
	文字	编辑	编辑文字、标准文字和属性定义
	文字	比例	缩放选定的文字对象
		对正	设置选定文字的对正方式
剪裁	图像		为图像对象创建新剪裁边界
	外部参照		定义外部参照或块剪裁边界并设置前后剪裁平面
	视口		剪裁视口对象
外部参照和块编辑	打开参照		在新图形窗口中打开外部参照
	在位编辑参照		选择要进行在位编辑和外部参照
	添加到工作集		从宿主图形向参照编辑工作集传输对象
	从工作集删除		从参照编辑工作集向宿主图形传输对象
	保存参照编辑		保存对参照编辑工作集的修改
	放弃参照编辑		放弃对参照编辑工作集的修改
删除			从图形删除对象
复制			复制选定的对象
镜像			创建对象的镜像图像副本
偏移			创建同心圆、平行线和等距曲线
阵列			创建按指定方式排列的多重对象副本
移动			将对象在指定的方向上移动一段距离
旋转			绕基点移动对象
缩放			在 X、Y 和 Z 方向同比放大或缩小对象：SCALE
拉伸			移动或拉伸对象
拉长			拉长对象
修剪			用其他对象定义的剪切边上修剪对象
延伸			延伸对象到另一对象
打断			部分删除对象或把对象分解为两部分
倒角			给对象加倒角
三维操作	三维阵列		创建三维阵列
	三维镜像		创建相对于某一平面的镜像对象
	三维旋转		绕三维轴转动对象
	对齐		在二维或三维中使对象与其他对象对齐
实体编辑	并集		用并集创建组合面域或实体
	差集		用差集创建组合面域或实体
	交集		用交集创建组合面域或实体
	拉伸面		按指定高度或沿路径拉伸实体对象的选定面
	移动面		按指定高度或沿路径移动实体对象的选定面
	偏移面		按指定的距离或点等距偏移实体对象
	删除面		包括实体对象上的圆角或倒角
	旋转面		绕指定轴旋转实体对象上的一个或多个面
	倾斜面		用指定的角度来斜切实体对象的面
	着色面		修改实体对象上单个面的颜色
	复制面		将实体对象的面复制为面域或体

续表

一级命令	二级命令	三级命令	功 能 说 明
	着色边		修改实体对象上单个边的颜色
	复制边		将实体对象上的三维边复制为圆弧、圆、椭圆、直线或样条曲线
	压印		将几何图形压印到对象的面上
	清除		删除实体对象上的所有冗余边和顶点
	分割		将不连续的三维实体对象分割为独立的三维实体对象
	抽壳		以指定的厚度在实体对象上创建中空的薄壁
	检查		检验三维实体对象是否是有效的 ACIS 实体
分解			将组合对象分解为对象组件

主菜单：窗口

一级命令	二级命令	功 能 说 明
关闭		关闭当前图形
全部关闭		关闭当前所有打开的图形
层叠		层叠排列窗口
水平平铺		不层叠地平铺排列窗口
垂直平铺		不层叠地平铺排列窗口
排列图标		在窗口底部排列图标

主菜单：帮助

一级命令	二级命令	功 能 说 明
帮助		显示联机帮助
信息选项板		打开信息选项板，以便显示上下文相关的信息
开发人员帮助		显示联机开发人员帮助
新功能专题研习		描述本产品中的新特性
联机资源	产品支持	启动 Web 浏览器并显示产品支持信息
	培训	启动 Web 浏览器并显示此产品培训的相关链接
	自定义	启动 Web 浏览器并显示特点产品自定义信息的链接
	Autodesk 国际用户组	启动 Web 浏览器并显示国际用户组信息
关于		显示关于本产品的信息

附录 2　　AutoCAD2012 快捷键对照表

快 捷 键	命 令	命 令 说 明
3A	3DARRAY	三维阵列
3DO	3DORBIT	三维动态观察器
3DP	3DPRINT	三维打印输出
3DPLOT	3DPRINT	三维打印输出
3DW	3DWALK	三维漫游模式
3F	3DFACE	三维表面
3M	3DMOVE	三维移动小控件
3P	3DPOLY	三维多义线
3R	3DROTATE	三维旋转小控件

快　捷　键	命　令	命 令 说 明
3S	3DSCALE	三维比例缩放
A	ARC	绘制圆弧
AC	BACTION	向动态块定义中添加动作
ADC	ADCENTER	AutoCAD 设计中心
AA	AREA	丈量面积、周长
AL	ALIGN	对齐
3AL	3DALIGN	三维对齐
AP	APPLOAD	加载、卸载应用程序
AR	ARRAY	阵列
-AR	-ARRAY	命令式阵列
ARR	ACTRECORD	动作录制器
ARM	ACTUSERMESSAGE	动作录制器插入消息
-ARM	-ACTUSERMESSAGE	命令式动作录制器插入消息
ARU	ACTUSERINPUT	暂停动作录制器
ARS	ACTSTOP	停止动作录制器
-ARS	-ACTSTOP	命令式停止动作录制器
ATI	ATTIPEDIT	更改块中属性文本内容
ATT	ATTDEF	定义块的属性
-ATT	-ATTDEF	命令式定义块的属性
ATE	ATTEDIT	编辑属性
-ATE	-ATTEDIT	命令式编辑属性
ATTE	-ATTEDIT	命令式编辑属性
B	BLOCK	对话框式图块建立
-B	-BLOCK	命令式图块建立
BC	BCLOSE	关闭图块编辑对话框
BE	BEDIT	在块编辑器中打开块定义
BH	HATCH	对话框式绘制图案填充
BO	BOUNDARY	对话框式封闭边界建立
-BO	-BOUNDARY	命令式封闭边界建立
BR	BREAK	打断线条或实体对象
BS	BSAVE	保存定义图块
BVS	BVSTATE	创建、设置或删除动态块中的可见状态
C	CIRCLE	画圆
CAM	CAMERA	创建三维透视视图
CBAR	CONSTRAINTBAR	显示或隐藏对象几何约束
CH	PROPERTIES	对话框式对象特性修改
-CH	CHANGE	命令式特性修改
CHA	CHAMFER	斜线倒角
CHK	CHECKSTANDARDS	图形标准检查
CLI	COMMANDLINE	显示命令行窗口
COL	COLOR	对话框式颜色设定
COLOUR	COLOR	对话框式颜色设定
CO	COPY	拷贝复制
CP	COPY	拷贝复制

快 捷 键	命 令	命 令 说 明
CPARAM	BCPARAMETER	约束参数应用于选定的对象
CERASE	MESHCREASE	锐化选定网格子对象的边
CT	CTABLESTYLE	设置表格样式名称
CUBE	NAVVCUBE	模型查看窗口
CYL	CTABLESTYLE	设置表格样式名称
D	DIMSTYLE	尺寸样式设定
DAL	DIMALIGNED	对齐式线性标注
DAN	DIMANGULAR	角度标注
DAR	DIMARC	圆弧长度标注
JOG	DIMJOGGED	圆和圆弧创建折弯标注
DBA	DIMBASELINE	基线式标注
DBC	DBCONNECT	提供到外部数据库表的接口
DC	ADCENTER	管理和插入块、外部参照和填充图案等内容
DCE	DIMCENTER	圆心标记
DCO	DIMCONTINUE	连续式标注
DCON	DIMCONSTRAINT	标注约束
DDA	DIMDISASSOCIATE	删除选定标注关联性
DDI	DIMDIAMETER	直径标注
DED	DIMEDIT	编辑修改标注文字和尺寸界线
DELCON	DIMCONSTRAINT	标注约束
DI	DIST	测量两点间距离
DIV	DIVIDE	定数等分
DJL	DIMJOGLINE	添加或删除折弯线
DJO	DIMJOGGED	圆和圆弧创建折弯标注
DL	DATALINK	Excel 数据链接
DLI	DIMLINEAR	线性标注
DLU	DATALINKUPDATE	数据链接更新数据
DO	DONUT	绘制环圆
DOR	DIMORDIMATE	坐标式标注
DOV	DIMOVERRIDE	标注替换：更新标注变量
DR	DRAWORDER	更改绘图次序
DRA	DIMRADIUS	半径标注
DRE	DIMREASSOCIATE	重新关联标注
DRM	DRAWINGRECOVERY	图形修复管理器
DS	DSETTINGS	设置栅格和捕捉
DST	DIMSTYLE	设置、修改尺寸样式
DT	DTEXT	单行文字输入
DV	DVIEW	定义平行投影或透视投影视图
DX	DATAEXTRACTION	数据提取：从外部源提取图形数据
E	ERASE	删除对象
ED	DDEDIT	单行文字修改
EL	ELLIPSE	绘椭圆或椭圆弧线
ER	EXTERNALREFERENCES	插入外部参照
ESHOT	EDITSHOT	编辑命名视图

快　捷　键	命　　令	命　令　说　明
EX	EXTEND	延伸
EXIT	QUIT	退出
EXP	EXPORT	输出文件：以其他文件格式保存图形
EXT	EXTRUDE	建模拉伸：将二维对象拉伸为三维维实体
F	FILLET	圆弧倒角
FI	FILTER	对象选择过滤器
FSHOT	FLATSHOT	三维平面摄影
G	GROUP	编组：创建和管理已保存的对象集
-G	-GROUP	命令式编组
GCON	GEOMCONSTRAINT	输入约束类型
GD	GRADIENT	图案渐变色
GEO	GEOGRAPHICLOCATION	定义地理位置
GR	DDGRIPS	选择框、夹点设定
H	HATCH	对话框式绘制图案填充
-H	-HATCH	命令式绘制图案填充
HE	HATCHEDIT	编辑图案填充
HB	HATCHTOBACK	将图案填充项后置
HI	HIDE	消隐：消除隐藏线
I	INSERT	对话框式插入图块
-I	-INSERT	命令式插入图块
IAD	IMAGEADJUST	图像调整
IAT	IMAGEATTACH	光栅图像参照
ICL	IMAGECLIP	图像裁剪
IM	IMAGE	对话框式插入外部参照
-IM	-IMAGE	命令式插入外部参照
IMP	IMPORT	输入文件
IN	INTERSECT	将相交实体或面域部分创建
INF	IMTERFERE	由共同部分创建三维实体
IO	INSERTOBJ	插入对象
ISOLATE	ISOLATEOBJECTS	跨图层显示选定对象
J	JOIN	合并线性和弯曲对象端点
JOGSECTION	SECTIONPLANEJOG	将弯折线段添加至截面对象
L	LINE	绘制直线
LA	LAYER	对话框式图层控制
-LA	-LAYER	命令式图层控制
LAS	LAYERSTATE	保持、恢复和管理命名图层
LE	QLEADER	引导线标注
LEN	LENGTHEN	测长度及角度
LESS	MESHSMOOTHLESS	降低网格对象平滑度
LI	LIST	查询对象文件
LMAN	LAYERSTATE	保持、恢复和管理命名图层
LO	-LAYOUT	配置设定
LS	LIST	查询对象文件
LT	LINETYPE	对话框式线型加载

快 捷 键	命 令	命 令 说 明
-LT	-LINETYPE	命令式线型加载
LTYPE	LINETYPE	对话框式线型加载
-LTYPE	-LINETYPE	命令式线型加载
LTS	LTSCALE	设置线型比例因子
LW	LWEIGHT	线宽设定
M	MOVE	搬移对象
MA	MATCHPROP	对象特性复制
MAT	MATBROWSEROPEN	打开材质浏览器
ME	MEASURE	量测等距布点
MEA	MEASUREGEOM	测量对象距离、半径、角度、面积和体积
MI	MIRROR	镜像对象
ML	MLINE	绘制多线
MLA	MLEADERALIGN	多重引线对齐
MLC	MLEADERCOLLECT	多重引线整理排列
MLD	MLEADER	多重引线
MLE	MLEADEREDIT	编辑添加多重引线
MLS	MLEADERSTYLE	多重引线样式管理器
MO	PROPERTIES	对象特性修改
MORE	MESHSMOOTHMORE	提高网格对象平滑度
MOTION	NAVSMOTION	创建和回放电影式相机动画
MOTIONCLS	NAVSMOTIONCLOSE	关闭 ShowMotion 界面
MS	MSPACE	从图纸空间转换支模型空间
MSM	MARKUP	打开标记集管理器
MT	MTEXT	多行文字写入
MV	MVIEW	浮动视口
NORTH	GEOGRAPHICLOCATION	指定图形文件地理位置信息
NORTHDIR	GEOGRAPHICLOCATION	指定图形文件地理位置信息
NSHOT	NEWSHOT	创建包含运动命名视图
NVIEW	NEWVIEW	创建不包含运动命名视图
O	OFFSET	偏移复制
OFFSETSRF	SURFOFFSET	曲面偏移复制
OP	POPTIONS	选项自定义设置
ORBIT	3DORBIT	三维动态观察器
OS	OSNAP	对话框式对象捕捉设定
-OS	-OSNAP	命令式对象捕捉设定
P	PAN	即时平移
-P	-PAN	两点式平移控制
PA	PASTESPEC	选择性粘贴
PAR	PARAMETERS	打开或关闭"参数管理器"
-PAR	-PARAMETERS	命令式打开或关闭"参数管理器"
PARAM	BPARAMETER	向动态块定义中添加带有夹点参数
PARTIALOPEN	-PARTIALOPEN	将几何图形和命名对象加载到图形中
PATCH	SURFPATCH	拟合封口创建新曲面
PC	POINTCLOUD	创建并附着带索引点云文件选项

快 捷 键	命　令	命 令 说 明
PCATTACH	POINTCLOUDATTACH	将带索引点云文件插入当前图形
PCINDEX	POINTCLOUDINDEX	根据扫描文件创建带索引点云文件
PE	PEDIT	编辑多义线
PL	PLINE	绘制多义线
PO	POINT	绘制点
POFF	HIDEPALETTES	隐藏当前显示的所有选项板
POINTON	CVSHOW	显示指定 NURBS 曲面或曲线控制点
POINTOFF	CVHIDE	关闭所有 NURBS 曲面和曲线控制点显示
POL	POLYGON	绘制正多边型
PON	SHOWPALETTES	恢复选项板显示
PR	OPTIONS	打开特性对话框
PRCLOSE	PROPERTIESCLOSE	关闭对象特性修改对话框
PROPS	PROPERTIES	对象特性修改
PRE	PREVIEW	输出预览
PRINT	PLOT	打印输出
PS	PSPACE	图线空间
PSOLID	POLYSOLID	创建多段体
PTW	PUBLISHTIWEB	发送支网页
PU	PURGE	清理无用对象
-PU	-PURGE	命令式清理无用对象
PYR	PYRAMID	创建三维实体棱锥体
QC	QUICKCALC	打开"快速计算器"计算器
QCUI	QUICKCUI	以收拢状态显示自定义用户界面编辑器
QP	QUICKPROPERTIES	为选定对象显示快捷特性数据
R	REDRAW	刷新视窗显示
RA	REDRAWALL	所有视口重绘
RC	RENDERCROP	修剪窗口
RE	REGEN	重新生成
REA	REGENALL	所有视口重新生成
REBUILD	CVREBUILD	重新生成曲面
REC	RECTANGLE	绘制矩形
REFINE	MESHREFINE	成倍增加选定网格对象面数
REG	REGION	三维面域
REN	REBAME	对话框式重命名
-REN	-REBAME	命令式重命名
REV	REVOLVE	利用绕轴旋转二维对象创建三维体
RM	DDRMODES	打印辅助设定
RO	ROTATE	旋转
RP	RENDERPRESETS	渲染预设管理器
RPR	RPREF	设置渲染参考
RR	RENDER	渲染
S	STRETCH	拉伸
SC	SCALE	比例缩放
SCR	SCRIPT	调入剧本文件

div align="right">续表

快 捷 键	命　　令	命 令 说 明
SE	DSETTINGS	捕捉设定
SEC	DECTION	通过使平面与实体相交创建面域
SET	SETVAR	设定变量值
SHA	SHADE	着色
SL	SLICE	用平面剖切实体
SMOOTH	MESHSMOOTH	将三维对象转换为网格对象
SN	SNAP	捕捉控制
SO	SOLID	填实的三边形或四边形
SP	SEELL	拼写检查
SPL	SPLINE	绘制样条曲线
SPLANE	SECTIONPLANE	截面平面
SPLAY	SEQUENCEPLAY	视图播放
SPLIT	MESHSPLIT	将一个网格拆分为两个面
SPE	SPLINEDIT	编辑样条曲线
SSM	SHEETSET	打开图纸集管理器
ST	STYLE	文字样式设置
STA	STANDARDS	配置标准
SU	SUBTRACT	差集运算
T	MTEXT	对话框式多行文字写入
-T	-MTEXT	命令式多行文字写入
TA	TABLET	数字化仪规划
TB	TABLE	插入表格
TEDIT	TEXTEDIT	编辑文字
TH	THICKNESS	设置三维厚度
TI	TILEMODE	图线空间和模型空间设定切换
TO	TOOLBAR	工具栏设定
TOL	TOLERANCE	公差符号标注
TOR	TORUS	绘制圆环
TP	TOOLPALETTES	工具选项板
TR	TRIM	修剪
TS	TABLESTYLE	指定表格样式
UC	DDUCS	用户坐标系设置
UCP	DDUCSP	设置正交窗口
UN	UNITS	对话框式单位设定
-UN	-UNITS	命令式单位设定
UNCREASE	MESHUNCREASE	删除选定网格面、边或顶点的锐化
UNHIDE	UNISOLATEOBJECTS	显示先前隐藏的对象
UNI	UNION	并集运算
UNISOLATE	UNISOLATEOBJECTS	显示先前隐藏对象
V	VIEW	对话框式视图控制
VGO	VIEWGO	恢复命名视图
VPLAY	VIEWPLAY	播放与命名视图动画
-V	-VIEW	视图控制
VP	DDVPOPINT	视点预设

续表

快 捷 键	命 令	命 令 说 明
-VP	WPOINT	命令式视点
VS	VSCURRENT	设置当前视口视觉样式
VSM	VISUALSTYLES	视觉样式管理器
-VSM	-VISUALSTYLES	通过命令行创建和修改视觉样式
W	WBLOCK	对话框式图块写出
-W	-WBLOCK	命令式图块写出
WE	WEDGE	三维楔体
WHEEL	NAVSWHEEL	增强导航工具访问
X	EXPLODE	分解
XA	XATTACH	贴附外部参考
XB	XBIND	并入外部参考
-XB	-XBIND	命令式并入外部参考
XC	XCLIP	截取外部参考
XL	XLINE	绘制构造线
XR	XREF	对话框式外部参考控制
-XR	-XREF	命令式外部参考控制
Z	ZOOM	视口缩入控制
ZEBRA	ANALYSISZEBRA	将条纹投影到三维模型上
F1	/	获取帮助
F2	/	作图窗和文本窗口切换
F3	/	控制是否实现对象自动捕捉
F4	/	数字化仪控制
F5	/	等轴测平面切换
F6	/	控制状态行上坐标的显示方式
F7	/	栅格显示模式控制
F8	/	正交模式控制
F9	/	栅格捕捉模式控制
F10	/	极轴模式控制
F11	/	对象追踪式控制
CTRL+A	_AI_SELALL	另存为或全部选择
CTRL+B	/	栅格捕捉模式控制（F9）
CTRL+C	COPYCLIP	将选择的对象复制到剪切板上
CTRL+D	/	打开或关闭用户坐标系
CTRL+E	/	等轴测平面
CTRL+F	/	控制是否实现对象自动捕捉（F3）
CTRL+G	/	栅格显示模式控制（F7）
CTRL+J	/	重复执行上一步命令
CTRL+K	HYPERLINK	超级链接
CTRL+L	/	打开或关闭正交
CTRL+M	/	打开选项对话框
CTRL+N	NEW	新建图形文件
CTRL+O	OPEN	打开图象文件
CTRL+P	PLOT	打开打印对说框
CTRL+Q	QUIT	退出

续表

快　捷　键	命　　令	命 令 说 明
CTRL+S	SAVE	保存文件
CTRL+T	/	数字化仪
CTRL+U	/	极轴模式控制（F10）
CTRL+V	/	粘贴剪贴板上的内容
CTRL+W	/	对象追踪式控制（F11）
CTRL+X	CUTCLIP	剪切所选择内容
CTRL+Y	MREDO	恢复命令
CTRL+Z	_U( )	取消前一步操作
CTRL+1	PROPERTIES	打开特性对话框
CTRL+2	ADCENTER	打开图像资源管理器
CTRL+6	DBCONNECT	打开图像数据源
CTRL+F6	/	切换当前窗口
CTRL+F8	/	运行部件
CTRL+SHIFT+C	COPYBASE	带基点复制

附录 3　AutoCAD 系统变量表

1	ACADLSPASDOC	0	控制 AutoCAD 是否 ACAD.LSP 加载文件到每一个图形文件中去，还是加载到使用 AutoCAD 编辑的第一个图形文件
2	ACADPREFIX	read only	保存 AutoCAD 路径
3	ACADVER	"15.0"(read only)	保存 AutoCAD 版本号
4	ACISOUTVER	40	控制使用 ACISOUT 生成的 SAT 文件的版本号
5	ADCSTATE		保存 AutoCAD 设计中心的显示状态
6	AFLAGS	0	设置属性定义码
7	ANGBASE	45	设置零角度方向
8	ANGDIR	0	设置正角度方向 0=逆时针方向 1=顺时针方向
9	APBOX	0	控制打开或关闭目标自动捕捉框 0=关闭 1=打开
10	APERTURE	10	设置捕捉框的大小
11	AREA	0.0000(read only)	保存由 AREA，LIST 或 DBLIST 命令计算得到的面积
12	ATTDIA	0	当使用 INSERT 命令插入带有属性的图块时，控制是否用对话框输入属性值 0=以命令提示方式输入属性值 1=有对话框输入属性值
13	ATTMODE	1	控制属性显示方式 0=不显示 1=一般显示 2=全部显示
14	ATTREQ	1	当使用 INSERT 命令手稿图块时，控制是否使用属性缺省值 0=使用缺省值 1=重新提示属性
15	AUDITCTL	0	控制 AUDIT 命令是否创建一个 ADT 文件 0=禁止创建 1=创建
16	AUNITS	0	设置角度单位 0=十进制 1=度/分/秒制 2=梯度制 3=弧度制 4=勘测制
17	AUPREC	0	设置属性时，角度小数点的精度等级
18	AUTOSNAP	63	控制自动功能标记的显示状态
19	BACKZ	0.0000(read only)	以图形单位保存后裁剪面距当前视窗的偏移距离
20	BINDTYPE	0	当绑定外部引用或编辑外部引用时，控制外部引用的名字如何操作

续表

21	BLIPMODE	0	控制是否显示点记标 0=不显示 1=显示
22	CDATE	20030411.14513103(read only)	设置时间和日期
23	CECOLOR	"BYLAYER"	设置颜色
24	CELTSCALE	1.0000	设置当前线型比例
25	CELTYPE	"BYLAYER"	设置新对象的线型
26	CELWEIGHT	−1	设置新对象的线宽
27	CHAMFERA	10.0000	设置倒角的第一边的距离
28	CHAMFERB	10.0000	设置倒角的第二边的距离
29	CHAMFERC	20.0000	设置倒角长度
30	CHAMFERD	315	设置倒角倾斜角度
31	CHAMMODE	0	设置 AutoCAD 创建倒角的参数输入方式 0=输入两个倒角边的距离 1=输入一个倒角边距离和一角度
32	CIRCLERAD	0.0000	设置圆半径的缺省值
33	CLAYER	"0"	设置当前图层
34	CMDACTIVE	1(read only)	控制 AutoCAD 普通命令、透明命令、自动执行命令或对话框是否有效 CMDDIA1
35	CMDECHO	1	控制 AutoCAD 在运行 AUTOLISP 命令时，是否禁止执行提取和输入
36	CMDNAMES	"SETVAR"(read only)	显示当前运行的普通命令和透明命令的名称
37	CMLJUST	0	确定复合线的排列方式 0=顶部 1=中部 2=底部
38	CMLSCALE	20.0000	设置复合线的全局宽度
39	CMLSTYLE	"STANDARD"	设置复合线样名
40	COMPASS	0	控制 3D 经纬线的与否 0=不显示 1=显示
41	COORDS	2	控制状态栏上坐标显示情况
42	CPLOTSTYLE	"ByColor"	控制当前对象的绘图样式
43	CPROFILE	"<<Unnamed Profile>>"(read only)	保存当前轮廓的名称
44	CTAB	"Model"	返回图形文件中的当前标签名。向用户提供当前活动的标签名
45	CURSORSIZE	5	设置十字光标的大小
46	CVPORT	2	设置当前视区的描述代号
47	DATE		保存当前的日期和时间(read only)
48	DBMOD	5	显示图形修改情况(read only)
49	DCTCUST	?	显示当前拼写检查字典的路径与文件名
50	DCTMAIN	"enu"	显示当前拼写检查字典的文件名
51	DEFLPLSTYLE	"ByColor"	指定新图层的缺省图形样式
52	DEFPLSTYLE	"ByColor"	指定新对象的缺省图形样式
53	DELOBJ	1	控制创建对象的对象保留到图形库中去还是从图形库中删除
54	DEMANDLOAD	3	当 AutoCAD 打开含有其他应用程序所定制的对象的图形时，控制是否加载该应用程序
55	DIASTAT	1	保存对话框退出方式 0=通过"CANCEL"退出 1=通过"OK"退出 (read only)
56	DIMADEC	0	控制角度尺寸文本的精度
57	DIMALT	OFF	控制在尺寸标注时是否使用替换单位
58	DIMALTD	3	控制替换单位的小数点精度
59	DIMALTF	0.0394	控制替换单位的比例系数
60	DIMALTRND	0.0000	确定替换单位的舍入部分

61	DIMALTTD	3	控制替换单位的公差精度
62	DIMALTTZ	0	控制替换单位公差尺寸文本的零抑制问题
63	DIMALTU	2	设置所有成员的标注（除了角）的替换单位的单位格式
64	DIMALTZ	0	控制替换单位尺寸文本的零抑制问题
65	DIMAPOST	""	确定替换尺寸文本的前、后缀
66	DIMASO	ON	控制是否创建关联性尺寸标注
67	DIMASZ	2.5000	保存尺寸箭头的大小
68	DIMATFIT	3	控制在标注处长线之间的窘不足的时候，如何安排标注文本和箭头的位置
69	DIMAUNIT	0	控制角度尺寸文本的单位格式 0=十进制 1=度/分/秒制 2=梯度制 3=弧度制 4=勘测制
70	DIMAZIN	0	角度标注的零抑制
71	DIMBLK	""	设置用户自定义尺寸箭头的图块名
72	DIMBLK1	""	确定用户自定义的第一尺寸箭头图形名
73	DIMBLK2	""	确定用户自定义的第二尺寸箭头图形名
74	DIMCEN	2.5000	控制圆心标记大小
75	DIMCLRD	0	尺寸线的颜色
76	DIMCLRE	0	尺寸界线的颜色
77	DIMCLRT	0	尺寸文本的颜色
78	DIMDEC	2	设置基本尺寸的小数点精度
79	DIMDLE	0.0000	设置尺寸线超出尺寸界线的距离
80	DIMDLI	3.7500	基线标注时，控制相相邻尺寸线之间的距离
81	DIMDSEP	","	指定当尺寸标注的单位格式是十进制时，单个字符的要、十进制分隔。
82	DIMEXE	1.2500	设置尺寸界线超出尺寸线的长度
83	DIMEXO	0.6250	设置尺寸界线离开标注点的距离
84	DIMFIT	3	根据两尺寸界线之间的距离，控制尺寸文本、尺寸箭头的放置位置
85	DIMFRAC	0	设置当变量 DIMLUNIT 为 4 或 5 使得分数部分的格式
86	DIMGAP	0.6250	设置尺寸文本和尺寸线之间的距离
87	DIMJUST	0	控制尺寸文本相对于尺寸界线的位置
88	DIMLDRBLK	""	指定引出线的箭头格式
89	DIMLFAC	1.0000	设置线性尺寸的全局比例系数
90	DIMLIM	OFF	控制是否按缺省尺寸文本标注极限尺寸
91	DIMLUNIT	2	设置除了角度的所有标注的单位格式
92	DIMLWD	−2	控制标注线的线宽
93	DIMLWE	−2	控制引出线的线宽
94	DIMPOST	""	设置尺寸文本的前、后缀
95	DIMRND	0.0000	设置尺寸文本的圆整值
96	DIMSAH	OFF	控制是否使用用户自定义箭头
97	DIMSCALE	1.0000	保存尺寸总比例系数
98	DIMSD1	OFF	控制是否隐藏第一尺寸线
99	DIMSD2	OFF	控制中否隐藏第二尺寸线
100	DIMSE1	OFF	控制是否隐藏第一尺寸界线
101	DIMSE2	OFF	控制是否隐藏第二尺寸界线
102	DIMSHO	ON	控制当拖动尺寸时是否动态适时更新尺寸标注文本

续表

103	DIMSOXD	OFF	控制尺寸标注线不超出引出线
104	DIMSTYLE	"ISO-25"	保存当前尺寸标注样式的名称
105	DIMTAD	1	控制尺寸文本相对尺寸线的位置
106	DIMTDEC	2	设置尺寸公差文本的小数点精度
107	DIMTFAC	1.0000	保存尺寸公差文本相对于尺寸文本的字高比例系数
108	DIMTIH	OFF	控制尺寸文本的位置
109	DIMTIX	OFF	控制尺寸文本是否标注在两尺寸界线内
110	DIMTM	0.0000	当 DIMTOL 或 DIMLIM=ON 时，保存尺寸下偏差值
111	DIMTMOVE	0	设置标注文本的移动规则
112	DIMTOFL	ON	当尺寸文本标注在两尺寸线之外时，控制是否在两尺寸界线内画出尺寸线
113	DIMTOH	OFF	当尺寸文本标注在两尺寸界线之外时，控制尺寸文本是否水平标注
114	DIMTOL	OFF	控制是否标注尺寸公差
115	DIMTOLJ	0	设置尺寸公差文本的对齐方式
116	DIMTP	0.0000	当 DIMTOL 或 DIMLIM=0 时，设置尺寸的上偏差值
117	DIMTSZ	0.0000	控制短斜线箭头的大小
118	DIMTVP	0.0000	控制呈垂直位置的尺寸文本是否标注在尺寸线的上方
119	DIMTXSTY	"Standard"	保存尺寸文本样式名称
120	DIMTXT	2.5000	设置尺寸文本的字高
121	DIMTZIN	8	控制尺寸公差文本的零抑制问题
122	DIMUNIT	2	设置尺寸单位
123	DIMUPT	OFF	控制是否由用户自定义尺寸文本的标注位置
124	DIMZIN	8	控制基本尺寸文本的零抑制问题
125	DISPSILH	0	控制是否显示线框模型轮廓线
126	DISTANCE	0.0000	保存最近一次用 DIST 命令测量的两点之间的距离值
127	DONUTID	0.5000	设置圆环内径值
128	DONUTOD	1.0000	设置圆环外径值
129	DRAGMODE	2	控制对象的拖动显示方式 0=不显示 1=只有执行 DRAG 命令时才显示 2=自动显示
130	DRAGP1	10	设置重新生成或拖动时的抽样速度
131	DRAGP2	25	设置快速生成或拖动时的抽样速度
132	DWGCHECK	0	确定图形文件最后是否被不是 AutoCAD 的产品进行了编辑
133	DWGCODEPAGE	"ANSI_936"	与系统变量 SYSCODEPAGE 功能相同
134	DWGNAME	"Drawing1.dwg"	保存用户所确定的图形文件名
135	DWGPREFIX	"E:\AutoCAD2000\"	保存图形文件使用的驱动器/目录
136	DWGTITLED	0	显示当前图形文件是否已经命名
137	EDGEMODE	1	使用 TRIM 和 EXTEND 命令时，设置剪切边或边界边的状态
138	ELEVATION	0.0000	定义基面高度
139	EXPERT	0	设置某些命令发出的提示信息
140	EXPLMODE	1	设置 EXPLODE 命令是否支持非一致比例（NUS）的图块 0=不炸开 NUS 块 1=炸开 NUS 块
141	EXTMAX		保存绘图范围的右上角坐标
142	EXTMIN		保存绘图范围的左下角坐标
143	EXTNAMES	1	设置已经命名的对象的名称的参数（比如线形和图层），并将其保存到样式表中去

续表

144	FACETRATIO	0	控制 ACIS 圆柱和圆锥面的外观比例
145	FACETRES	0.5000	设置渲染、消隐等操作的光滑程度
146	FILEDIA	1	进行文件操作时，控制是否使用对话框
147	FILLETRAD	10.0000	保存圆角倒角半径值
148	FILLMODE	1	控制填充状态
149	FONTALT	"simplex.shx"	设置 AutoCAD 找不到指定字体时的替换字体
150	FONTMAP	"E:\AutoCAD2000\support\acad.fmp"	设置所使用的字体映射文件
151	FRONTZ	0.0000	设置当前视区的前剪裁平面偏移量
152	FULLOPEN	1	指定当前图形文件是否部分打开
153	GRIDMODE	0	控制是否显示当前视窗上的网格
154	GRIDUNIT	10.0000,10.0000	设置当前视窗上的网格在 X，Y 方向上的间距
155	GRIPBLOCK	0	设置图块的夹持点形式 0=只有图形插入点是夹持点 1=图块中所有的对象上都有夹持点
156	GRIPCOLOR	5	设置冷夹持点的颜色有效范围 1~255
157	GRIPHOT	1	设置热夹持点的颜色有效范围 1~255
158	GRIPS	1	控制是否使用夹持点
159	GRIPSIZE	3	设置夹持框的大小
160	HANDLES	1	显示对象的句柄是否被应用所接受
161	HIDEPRECISION	0	控制隐藏和底纹的精确性
162	HIGHLIGHT	1	控制所选对象是否高亮显示
163	HPANG	0	设置缺省的阴影图案角度
164	HPBOUND	1	设置有 BHATCH 和 BOUNDARY 命令所建立的对象类型 0=建立面域 1=建立多义线
165	HPDOUBLE	0	控制是否自定义双向区域填充图样
166	HPNAME	"ANGLE"	指定缺省的区域填充图样名
167	HPSCALE	1.0000	指定缺省的区域填充图样比例
168	HPSPACE	1.0000	确定用户定义的区域填充图样的间隔
169	HYPERLINKBASE	""	指定用于图形文件中的超链接的路径
170	IMAGEHLT	0	控制是否所有的光栅图像或只有光栅图像的帧显示高亮度
171	INDEXCTL	0	控制是否建立图层并存储于图形文件
172	INETLOCATION	"E:\AutoCAD2000\Home.htm"	设置 INTERNET 网络浏览的位置
173	INSBASE	0.0000,0.0000,0.0000	保存用 BASE 命令设置的插入基点坐标
174	INSNAME	""	设置由 INSERT 命令插入的图块的缺省名称
175	INSUNITS	4	指定绘图单位的值
176	INSUNITSDEFS-OURCE	4	设置源文件单位的值
177	INSUNITSDEFT-ARGET	4	设置目标图形单位的值
178	ISAVEBAK	1	控制是否建立备份文件
179	ISAVEPERCENT	50	确定图形文件的废空间量
180	ISOLINES	4	确定对象面上的网格线的密度
181	LASTANGLE	270	保存最近一次所画的弧的终角
182	LASTPOINT	340.9605,258.4791,0.0000	保存最近一次所画的点的三维坐标
183	LASTPROMPT		保存最近一次显示在命令行上的字符串信息 "
184	LENSLENGTH	50.0000	保存当前视窗中透视图所使用的镜头长度

续表

185	LIMCHECK	0	控制是否在图形界线外创建对象 0=可以创建对象 1=不能创建对象
186	LIMMAX	420.0000,297.0000	保存图形界线上的右上角坐标
187	LIMMIN	0.0000,0.0000	保存图形界线上的左下角坐标
188	LISPINIT	1	控制 LISP 函数和变量的有效范围 0=函数和变量会影响到其他文档 1=函数和变量只限于本文档
189	LOCALE	"CHS"	显示当前运行 AutoCAD 版本的 ISO 代码,该代码随用记所在的国家(或地区)不同而变化
190	LOGFILEMODE	0	控制是否将文本窗口中的内容写入 LOG 文件
191	LOGFILENAME		确定 LOG 文件的路径(随安装目录的不同而变化)
192	LOGFILEPATH	"E:\AutoCAD2000\"	确定在一个阶段内对于所有图形文件的 LOG 文件的路径
193	LOGINNAME	"wengkejie"	显示配置或装入 AutoCAD 时用户的登录名字
194	LTSCALE	1.0000	设置全局线型比例系数
195	LUNITS	2	设置长度单位制 1=科学制 2=十进制 3=工程制 4=建筑制 5=分数制
196	LUPREC	4	设置长度单位的小数位数
197	LWDEFAULT	25	设置缺省的线宽值
198	LWDISPLAY	OFF	控制线宽在模型标签或图层中是否显示
199	LWUNITS	1	控制线宽的单位采用英制还是公制
200	MAXACTVP	64	设置一次可同时生成的最大视窗数目
201	MAXSORT	200	设置用列表命令排序的文件 名(或符号名)的最大数目
202	MBUTTONPAN	1	控制点输入仪上的第三个按钮的行为
203	MEASUREINIT	1	设置图形文件的初始单位时英制还是公制
204	MEASUREMENT	1	将图形单位设置成英制或公制
205	MENUCTL	1	控制键入命令时,屏幕菜单上是否显示相应的子命令选项 0=不显示 1=显示
206	MENUECHO	0	设置菜单的回显和提示 1=抑制菜单项的回显 2=抑制系统提示的回显 4=取消菜单项中^p 的切换响应作用 8=打印 DIESEL 宏的输入、输出字符串,以帮助用户进行调节
207	MENUNAME	"E:\AutoCAD2000\support\acad"	保存当前装载的菜单组(即菜单文件)名称
208	MIRRTEXT	1	当使用 MIRROR 命令时,控制文字是否镜像 0=不镜像 1=镜像
209	MODEMACRO	""	设置状态栏上所显示的字符串的内容,如当前图形文件名、时间、日期或其他特殊的代码
210	MTEXTED	"Internal"	设置用来编辑 MTEXT 对象的程序名称
211	NOMUTT	0	禁止信息的显示
212	OFFSETDIST	−1.0000	设置缺省的偏移复制距离<0 定点偏移复制 >0 设置缺省的偏移复制距离
213	OFFSETGAPTYPE	0	控制当一个 GAP 程序作为多义线一部分的偏移的结果生成的时候,此多义线是如何偏移的
214	OLEHIDE	0	控制 OLE 对象在 AutoCAD 中的显示状态
215	OLEQUALITY	1	控制缺省的绑定 OLE 对象的特性
216	OLESTARTUP	0	控制当绘图时是否加载一个绑定的 OLE 对象的源应用程序。
217	ORTHOMODE	0	设置正交方式 0=非正交 1=正交
218	OSMODE	12583	设置对象的捕捉的类型 0=NONE 1=ENDpoint 2=MIDpoint 4=CENter 8=NODe 16=QUAdrant 32=INTersection 64=INSertionl 128=PERpencicualr 256=TANgent 512=NEArest 1024=QUIck 2048=APParent Intersection

219	NAPCOORD	2	控制从命令行上输入的坐标是否覆盖正运行的对象捕捉
220	PAPERUPDATE	0	当打印图层的时候,而打印纸张的尺寸与绘图仪配置文件中设置的不一样,控制在这时显示警告对话框
221	PDMODE	0	控制点的显示类型
222	PDSIZE	0.0000	设置点的显示大小 0=以 5%的图形区域高度建立点>0 确定点的绝对尺寸<0 确定视区尺寸的百分比
223	PELLIPSE	0	
224	PERIMETER	0.0000	保存由 AREA、LIST、DBLIST 命令最后一次所计算的周长值
225	PFACEVMAX	4	设置每个面上的顶点的最大数目
226	PICKADD	0	控制是否以填加选择集的方式来选择实体对象
227	PICKAUTO	1	控制当出现 select objects: 提示时是否自动采用窗口选择方式 0=不自动 1=自动
228	PICKBOX	3	设置目标选择框的高度(注意高度是以像素为单位
229	PICKDRAG	0	设置选择窗口的拖动方式 0=用鼠标选择第一、二个对角点以确定选择窗口 1=确定第一个对角点后,按下鼠标,确定选择窗口
230	PICKFIRST	1	控制是否先选择实体目标,后启动 AutoCAD 命令 0=只能先启动命令,然后选择目标 1=可以先选择实体目标,然后启动命令
231	PICKSTYLE	1	控制中否使用目标组和关联性区域图样填充 0=不使用目标组和关联性区域填充 1=使用目标组选择实体 2=使用关联性区域图样填充 3=使用目标组和关联区域图样填充
232	PLATFORM		显示 AutoCAD 所用的系统平台
233	PLINEGEN	0	设置二维多义线的线型的产生
234	PLINETYPE	2	控制 AutoCAD 是否使用最优化的二维多义线
235	PLINEWID	0.0000	保存多义线的缺省宽度
236	PLOTID	""	根据绘图仪描述字改变缺省的绘图仪
237	PLOTROTMODE	2	控制图形输出的方向 0=旋转 1=不旋转
238	PLOTTER	0	根据绘图仪的序列号改变缺省的绘图仪
239	PLQUIET	0	控制显示处理脚本时的对话框和非致命错误的显示
240	POLARADDANG	""	包含用户定义的极角
241	POLARANG	30	设置极角的增量
242	POLARDIST	0.0000	设置当 SANPSTYL 变量为 1 时的捕捉增量
243	POLARMODE	0	控制集和对象的捕捉轨迹
244	POLYSIDES	4	设置由 POLYGON 绘制的正多边形的缺省边数,有效范围 3~1024
245	POPUPS	1	显示当前所配置的显示驱动程序的状态 0=不支持对话框、菜单栏、下拉菜单和图标菜单 1=支持对话框、菜单栏、下拉菜单和图标菜单
246	PROJECTNAME	""	设置当前实体图体的名称
247	PROJMODE	2	设置与 TRIM 或 EXTEND 命令相对应的当前投影方式 0=真三维方式(不投影)1=投影到当前的 UCS 的 XY 平面上 2=投影到当前的视图平面上
248	PROXYGRAPHICS	1	控制是否将图像存入当前的图形中 0=不保存 1=保存
249	PROXYNOTICE	1	当打开由应用程序所创建的含有定制目标的图形时,如果这个应用程序不存在,该变量将控制 AutoCAD 是否显示相应的警告信息 0=不显示 1=显示

续表

250	PROXYSHOW	1	控制定制目标的显示状态
251	PSLTSCALE	1	控制图纸空间线型比例系数 0=无特殊的线型比例系数 1=在视区内设置线型比例
252	PSPROLOG	""	ACAD.PSG 格式文件的程序赋积名
253	PSQUALITY	75	控制 Post Script 图像的渲染质量以及是否填充该图像
254	PSTYLEMODE	1	是一个只读的变量，用来指定当前图形文件是否有色彩支持或是处于 plot 格式
255	PSTYLEPOLICY	1	控制一个对象的颜色属性是否与它的 plot 样式相联系
256	PSVPSCALE	0.00000000	对所有新创建的视窗设置窗口比例
257	PUCSBASE	""	保存 UCS 的名称
258	QTEXTMODE	0	控制快显示文字方式 0=不生成 1=打开
259	RASTERPREVIEW	1	控制是否生成 BMP 预览图像 0=不生成 1=生成
260	REFEDITNAME	""	指定图形文件是否在参考编辑状态并保存参考文件的名称(read only)
261	REGENMODE	1	控制是否自动生成图形 0=不自动生成 1=自动生成
262	RTDISPLAY	1	缩放或移动中控制光栅图像的显示状态
263	SAVEFILE	""	保存自动存盘的文件名(read only)
264	SAVEFILEPATH		设置自动保存文件的路径
265	SAVENAME	""	用户存储图形的文件名(read only)
266	SAVETIME	120	设置自动存储文件的时间间隔（以分钟为单位）
267	SCREENBOXES	0	保存屏幕菜单区的大小(read only)
268	SCREENMODE	3	当前屏幕显示状态(read only)
269	SCREENSIZE	923.0000,545.0000	以像素为单位的形式（X，Y 坐标）保存当前视区的大小 (read only)
270	SDI	0	控制 AutoCAD 运行在单文档窗口还是多文档窗口
271	SHADEDGE	3	设置 SHADE 命令中的着色显示
272	SHADEDIF	70	散射光背景设置
273	SHORTCUTMENU	11	控制是否快捷菜单在图形区域中有效
274	SHPNAME	""	设置缺省的形文件名
275	SKETCHINC	1.0000	设置徒手作图的记录增量
276	SKPOLY	0	控制徒手作图所生成的直线类型
277	SNAPANG	315	设置当前视区中的相对于当前 UCS 的栅格、捕捉旋转角度
278	SNAPBASE	0.0000,0.0000	设置当前视区中的相对于当前 UCS 的栅格、捕捉基点
279	SNAPISOPAIR	0	控制当前视区中等轴平面状态 0=Left1=Top2=Right
280	SNAPMODE	0	栅格捕捉模式 0=关闭 1=打开
281	SNAPSTYL	0	控制当前视区的栅格捕捉形式
282	SNAPTYPE	0	设置当前视区中的捕捉形式
283	SNAPUNIT	10.0000,10.0000	设置当前视区中栅格捕捉的间距
284	SOLIDCHECK	1	返回在当前 AutoCAD 运行期间的实体确认的状态
285	SORTENTS	96	控制 OPTIONS 命令
286	SPLFRAME	0	样条曲线或拟合曲面的显示设置
287	SPLINESEGS	8	设置生成样条曲线的线段数目
288	SPLINETYPE	6	控制样条曲线的类型
289	SURFTAB1	6	控制曲面在 M 方向的网格密度
290	SURFTAB2	6	控制曲面在 N 方向的网格密度

291	SURFTYPE	6	控制曲面拟合类型
292	SURFU	6	设置拟合曲面在 M 方向的网格密度
293	SURFV	6	设置拟合曲面在 N 方向的网格密度
294	SYSCODEPAGE	"ANSI_936"	显示 ACAD.XMF 文件中指定的代码页(read only)
295	TABMODE	0	控制是否使用数字化仪 0=不使用 1=使用
296	TARGET	0.0000,0.0000,0.0000	保存当前视区中目标点的坐标(read only)
297	TDCREATE	2452741.60850325	保存创建图形文件的时间和日期(read only)
298	TDINDWG	0.01082331	保存编辑某一图形文件所用的时间总和(read only)
299	TDUCREATE	2452741.27516992	保存创建图形文件的格林威治时间和日期(read only)
300	TDUPDATE	2452741.60850325	保存最近一次存储或更新图形文件的时间和日期(read only)
301	TDUSRTIMER	0.01082402	用户累计计时器(read only)
302	TDUUPDATE	2452741.27516992	保存最近一次存储或更新图形文件的格林威治时间和日期(read only)
303	TEMPPREFIX		显示存放临时文件的目录(read only)
304	TEXTEVAL	0	控制文字输入的处理方式
305	TEXTFILL	1	控制是否填充 TrueType 以及 Adobe Typel 字体
306	TEXTQLTY	50	设置字体的分辨率
307	TEXTSIZE	2.5000	设置标注文字的字高
308	TEXTSTYLE	"Standard"	记录当前文本样式的名称
309	THICKNESS	0.0000	设置三维实体的厚度
310	TILEMODE	1	设置是否处在图纸空间
311	TOOLTIPS	1	控制是否显示工具按钮提示 0=关闭提示 1=打开提示
312	TRACEWID	1.0000	设置缺省的等宽线宽度
313	TRACKPATH	0	控制极点和对象的捕捉轨迹调整路径的显示
314	TREEDEPTH	3020	指定属性结构可以分割的最大数目
315	TREEMAX	10000000	在图形文件的创建阶段限制内存的消耗
316	TRIMMODE	1	倒角时,控制是否对所选的边进行剪切 0=不剪切 1=剪切
317	TSPACEFAC	1.0000	控制多行文本之间的间隙
318	TSPACETYPE	1	设置多行文本之间的间隙的类型
319	TSTACKALIGN	1	控制堆栈文本折垂直方向的分布
320	TSTACKSIZE	70	控制堆栈文本在所选文本的高度上所占的百分比
321	UCSAXISANG	45	保存当 UCS 围绕着它的轴旋转时的缺省的角度
322	UCSBASE	""	保存在定义初始的 UCS 时的名称
323	UCSFOLLOW	0	控制 UCS 的变化与新 UCS 平面视图的关系
324	UCSICON	3	控制是否显示用户坐标系图标 0=关闭图标 1=打开图标 2=打开图标且在原点显示
325	UCSNAME	""	保存当前用户坐标系的名称(read only)
326	UCSORG	0.0000,0.0000,0.0000	保存当前用户坐标系原点在当前空间中的位置(read only)
327	UCSORTHO	1	确定当正交视图保存时,正交的 UCS 是否也自动进行保存
328	UCSVIEW	1	确定 UCS 是否保存在一个已经命名的视图中
329	UCSVP	1	确定选中的视图中的 UCS 的残留部分是否恢复到原来的 UCS
330	UCSXDIR	1.0000,0.0000,0.0000	保存当前用户坐标的 X 轴方向(read only)
331	UCSYDIR	0.0000,1.0000,0.0000	保存当前用户坐标系的 Y 轴方向(read only)
332	UNDOCTL	13	显示 UNDO 命令的状态(read only)

续表

333	UNDOMARKS	0	保存 UNDO 命令标记的数量(read only)
334	UNITMODE	0	控制单位的显示格式
335	VIEWCTR	375.9934,221.8443,0.0000	保存当前视区中用 UCS 表示的视图中心位置(read only)
336	VIEWDIR	0.0000,0.0000,1.0000	保存当前视区中用 UCS 表示的视图方向 (read only)
337	VIEWMODE	0	控制当前视图状态(read only)
338	VIEWSIZE	443.6886	以图形为单位保存当前视区的高度(read only)
339	VIEWTWIST	0	保存当前视区的视图旋转角度(read only)
340	VISRETAIN	1	控制外部引用文件中的图层可见性
341	VSMAX	2255.9606,1331.0657,0.0000	保存用 UCS 坐标表示的当前视图右上角坐标(read only)
342	VSMIN	−1503.9738,−887.3771,0.0000	保存用 UCS 坐标表示的当前视窗左下角坐标(read only)
343	WHIPARC	0	控制是否显示光滑的圆或弧
344	WMFBKGND	ON	控制利用 WMFOUT 命令输出的文件的背景和边界
345	WORLDUCS	1	显示当前 UCS 和 WCS 是否相同(read only)0=不相同 1=相同
346	WORLDVIEW	1	控制执行 DVIEW 或 VPOINT 命令时，是否将 UCS 改变成 WCS0=不改变 1=改变
347	WRITESTAT	1	指定图形文件是只读的还是可写的(read only)
348	XCLIPFRAME	0	控制外部引用边界的可见性 0=不可见 1=可见
349	XEDIT	1	控制当前一个图形文件被别的用户引用时是否可以编辑
350	XFADECTL	50	控制外部引用的消弱强度
351	XLOADCTL	1	控制是否打开命令加载，以及是加载原始图形，还是加载其备件
352	XLOADPATH		保存由命令加载的外部引用文件的临时备件路径
353	XREFCTL	0	控制 AutoCAD 是否写外部引用注册文件 0=不写 1=写
354	ZOOMFACTOR	10	控制随着鼠标的移动引起的缩放的变化

附录4　绘图技巧集锦

1. 如何提高 CAD 制图速度？

为了提高制图速度，设计单位以及制图人员有自己的统一绘图格式，以培养良好的制图习惯。

a. 制图步骤：设置图幅→设置单位及比例、精度→创建各种图层→设置线条、颜色等对象样式→开始绘图。

b. 绘图始终使用 1：1 比例。为改变图样的大小，可在打印出图时设置不同的打印比例。

c. 为不同类型的实体对象设置不同的图层、颜色及线宽，实体对象的颜色、线型及线宽都应由图层控制（BYLAYER）。

d. 对于视图、图层、图块、线型、文字样式、打印样式等，命名时不仅要简明，而且一定要规范，以便于查找和使用。

e. 新建图形的一些共性参数可以预先定制成模版图样保存。在绘图前需要对绘图环境进行设置，如绘图范围、单位、文字样式、尺寸标注样式、图层、栅格捕捉、打印样式等作一些设置，但如果每张图都自行设定，必定会花费大量的时间。而样板图是绘制一幅新图形时，用来给这个新图形建立一个作图环境的样本。凡是公用的参数，如前所述的绘图环境内容都可以放在一图样模板文件 ACAD.DWT，以后绘制新图时，可在创建新图形向导中单击"使用模板"来打开，尽可能减少绘图前期设置工作。

　　f. 建立自己的模型图库，多使用图块，把常用实体元素按照 1:1 比例保存为块，使用时调出即可使用，修改亦方便。CAD 制图的最大优势就是在于可以对原有图纸的修改和组装形成另一个新的文件。

　　g. 在 AutoCAD 绘图中尽量多使用命令行直接输入命令或命令快捷键的方式，减少使用下拉菜单和点击命令图标的方式，这样可以有效地提高绘图的速度。

　　2．如何替换找不到的原文字体？

　　复制要替换的字库为将被替换的字库名，如打开一幅图，提示未找到字体 AAA.shx，你想用 hzdx.shx 替换它，那么你可以去找 AutoCAD 字体文件夹(font)把里面的 hzdx.shx 复制一份，重新命名为 aaa.shx，然后再把 aaa.shx 放到 font 里面，再重新打开此图就可以了。以后如果你打开的图包含 aaa 这样你机子里没有的字体，就再也不会不停地要你找字体替换了。

　　3．如何避免使用镜像时文字翻转？

　　在命令行上输入 MIRRTEXT，按照需要输入 0 或 1，输入 0 时在用镜像"Mirror"这个命令时，文字就不会被翻转。

　　4．在 AutoCAD 中插入 EXCEL 表格的方法？

　　复制 EXCEL 中的内容，然后在 CAD 中点编辑（EDIT）→选择性粘贴（PASTE SPECIAL）→AutoCAD 图元→确定→选择插入点→插入后炸开即可。

　　5．在 Word 文档中插入 AutoCAD 图形的方法？

　　可以先将 AutoCAD 图形拷贝到剪贴板，再在 Word 文档中粘贴。须注意的是，由于 AutoCAD 默认背景颜色为黑色，而 Word 背景颜色为白色，首先应将 AutoCAD 图形背景颜色改成白色（工具-选项-显示-颜色）。另外，AutoCAD 图形插入 Word 文档后，往往空边过大，效果不理想，可以利用 Word 图片工具栏上的裁剪功能进行修整，空边过大问题即可解决。

　　6．如何计算二维图形的面积？

　　a. 对于简单图形，如矩形、三角形。只须执行命令 AREA（可以是命令行输入或点击对应命令图标），在命令提示"Specify first corner point or [Object/Add/Subtract]:"后，打开捕捉依次选取矩形或三角形各交点后回车，AutoCAD 将自动计算面积（Area）、周长（Perimeter），并将结果列于命令行。

　　b. 对于简单图形，如圆或其它多段线（Polyline）、样条线（Spline）组成的二维封闭图形。执行命令 AREA，在命令提示"Specify first corner point or [Object/Add/Subtract]:"后，选择 Object 选项，根据提示选择要计算的图形，AutoCAD 将自动计算面积、周长。

　　c. 对于由简单直线、圆弧组成的复杂封闭图形，不能直接执行 AREA 命令计算图形面积。必须先使用 region 命令把要计算面积的图形创建为面域，然后再执行命令 AREA，在命令提示"Specify first corner point or [Object/Add/Subtract]:"后，选择 Object 选项，根据提示选择刚刚建立的面域图形，AutoCAD 将自动计算面积、周长。

　　7．如何减少文件大小？

　　在图形完稿后，执行清理(PURGE)命令，清理掉多余的数据，如无用的块、没有实体的图层，未用的线型、字体、尺寸样式等，可以有效减少文件大小。由于图形对象经常出现嵌套，因此往往需要用户接连使用几次 PURGE 命令才能将无用对象清理干净。

　　8．如何删除顽固图层？

　　方法 a：将无用的图层关闭，全选，COPY 粘贴至一新文件中，那些无用的图层就不会贴过来。如果曾经在这个不要的图层中定义过块，又在另一图层中插入了这个块，那么这个不要的图层是不能用这种方法删除的。

方法 b：选择需要留下的图形，然后选择文件菜单->输出->块文件，这样的块文件就是选中部分的图形了，如果这些图形中没有指定的层，这些层也不会被保存在新的图块图形中。

方法 c：打开一个 CAD 文件，把要删的层先关闭，在图面上只留下你需要的可见图形，点文件-另存为，确定文件名，在文件类型栏选*.DXF 格式，在弹出的对话窗口中点工具-选项-DXF 选项，再在选择对象处打钩，点确定，接着点保存，就可选择保存对象了，把可见或要用的图形选上就可以确定保存了，完成后退出这个刚保存的文件，再打开来看看，你会发现你不想要的图层不见了。

方法 d：用命令 laytrans，可将需删除的图层影射为 0 层即可，这个方法可以删除具有实体对象或被其他块嵌套定义的图层。

9．如何将自动保存的图形复原？

AutoCAD 将自动保存的图形存放到 AUTO.SV$或 AUTO?.SV$文件中，找到该文件将其改名为图形文件即可在 AutoCAD 中打开。一般该文件存放在 WINDOWS 的临时目录，如 C:\WINDOWS\TEMP。

10．怎么修改 CAD 的快捷键？

CAD2012 及以下，直接修改其 SUPPORT 目录下的 ACAD.PGP 文件即可。文件路径：C:\Program Files\Autodesk\AutoCAD 2012-Simplified Chinese\UserDataCache\Support。UserData Cache 是隐藏文件夹，需修改文件显示属性。

11．快速查出系统变量的方法？

输入 setvar 命令将变量列出，然后将所有变量复制—粘贴到一个 Excel 文件并保存，便于以后查找修改。

12．命令前加"–"与不加"–"的区别？

加"–"与不加"–"在 AutoCAD 中的意义是不一样的，加"–"是 AutoCAD2000 以后为了使各种语言版本的指令有统一的写法而制定的相容指令。命令前加"–"是该命令的命令行模式，不加就是对话框模式，具体一点说：前面加"–"后，命令运行时不出现对话框模式，所有的命令都是在命令行中输入的，不加"–"命令运行时会出现对话框，参数的输入在对话框中进行。

附录5 《CAD 工程制图规则》国家标准

（GB/T 18229—2000）

1．范围

本标准规定了用计算机绘制工程图的基本规则。

本标准适用于机械、电气、建筑等领域的工程制图以及相关文件。

2．引用标准

下列标准所包含的条文，通过在本标准中引用而构成为本标准的条文。本标准出版时，所示版本均为有效。所有标准都会被修订，使用本标准的各方应探讨使用下列标准最新版本的可能性。

GB/T　10609.1—1989 技术制图　标题栏（neq ISO 7200:1984）

GB/T　10609.2—1989 技术制图　明细栏（neq ISO 7573:1983）

GB/T　13361—1992 技术制图　通用术语

GB/T　13362.4—1992 机械制图用计算机信息交换　常用长仿宋矢量字体、代（符）号

GB/T　13362.5—1992 机械制图用计算机信息交换　常用长仿宋矢量字体、代（符）号　数据集单线单体字模集及数据集

GB/T　13844—1992 图形信息交换用矢量汉字

GB/T　13845—1992 图形信息交换用矢量汉字　宋体字模集及数据集

GB/T　13846—1992 图形信息交换用矢量汉字　仿宋体字模集及数据集

GB/T　13847—1992 图形信息交换用矢量汉字　楷体字模集及数据集

GB/T　13848—1992 图形信息交换用矢量汉字　黑体字模集及数据集

GB/T　14689—1993 技术制图　图纸幅面和格式（eqv ISO 5457:1980）

GB/T　14690—1993 技术制图　比例（eqv ISO 5455:1979）

GB/T　14691—1993 技术制图　字体（eqv ISO 3098-1:1974）

GB/T　14692—1993 技术制图　投影法（eqv ISO/DIS 5456:1993）

GB/T　15751—1995 技术产品文件　计算机辅助设计与制图　词汇（eqv ISO/TR 10623:1992）

GB/T　16675.1—1996 技术制图　图样画法的简化表示法

GB/T　16900—1997 图形符号表示规则　总则（eqv ISO/IEC 11714-1:1996）

GB/T　16901.1—1997 图形符号表示规则　产品技术文件用图形符号　第 1 部分：基本规则（eqv ISO/IEC 11714-1:1996）

GB/T　16902.1—1997 图形符号表示规则　设备用图形符号　第 1 部分：图形符号的形成（eqv ISO 3461-1:1988）

GB/T　16903.1—1997 图形符号表示规则　标志用图形符号　第 1 部分：图形标志的形成

GB/T　16675.2—1996 技术制图　尺寸注法的简化表示法

GB/T　17450—1998 技术制图　图线（idt ISO 128-20:1996）

GB/T　17451~17453—1998 技术制图　图样画法（eqv ISO/DIS 11947-1~-4:1995）

3．术语

本标准采用 GB/T　13361 和 GB/T 15751 中的有关术语。

4．CAD 工程制图的基本设置要求

4.1　图纸幅面与格式

用计算机绘制工程图时，其图纸幅面和格式按照 GB/T 14689 的有关规定。

4.1.1　在 CAD 工程制图中所用到的有装订边或无装订边的图纸幅面形式见图 1。基本尺寸见表 1。

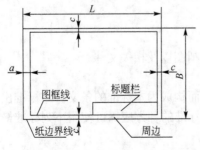
（a）带有装订边的图纸幅面

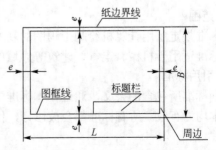
（b）不带装订边的图纸幅面

图 1

表 1

幅面代号	A0	A1	A2	A3	A4
$B \times L$	841×1189	594×841	420×594	297×420	210×297
e	20			10	
c	10			5	
a	25				

注：在 CAD 绘图中对图纸有加长加宽的要求时，应按基本幅面的短边（B）成整数倍增加。

4.1.2　CAD 工程图中可根据需要，设置方向符号见图 2、剪切符号见图 3、米制参考分度见图 4 和对中符号见图 5。

4.1.3　对图形复杂的 CAD 装配图一般应设置图幅分区，其形式见图 5。

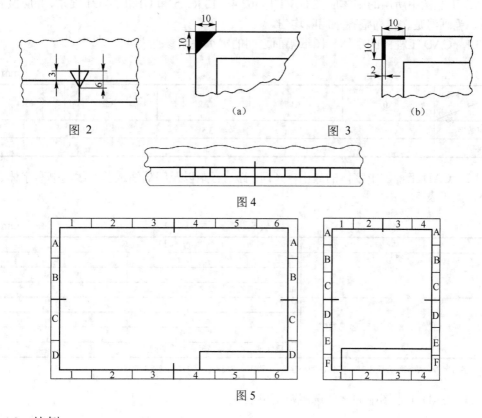

图 2　　　　　　　　　　　　　　　　　　　　图 3

图 4

图 5

4.2　比例

用计算机绘制工程图样时的比例大小应按照 GB/T 14690 中规定。

4.2.1　在 CAD 工程图中需要按比例绘制图形时，按表 2 中规定的系列选用适当的比例

表 2

种　类	比　例		
原值比例	1：1		
放大比例	5：1	2：1	
	$5 \times 10^n：1$	$2 \times 10^n：1$	$1 \times 10^n：1$
缩小比例	1：2	1：5	1：10
	$1：2 \times 10^n$	$1：5 \times 10^n$	$1：10 \times 10^n$

注：n 为正整数。

4.2.2　必要时，也允许选取表 3 中的比例。

表 3

种　类	比　例				
放大比例	4 : 1	2.5 : 1			
	$4 \times 10^{n} : 1$	$2.5 \times 10^{n} : 1$			
缩小比例	1 : 1.5	1 : 2.5	1 : 3	1 : 4	1 : 6
	$1 : 1.5 \times 10^{n}$	$1 : 2.5 \times 10^{n}$	$1 : 3 \times 10^{n}$	$1 : 4 \times 10^{n}$	$1 : 6 \times 10^{n}$

注：n 为正整数。

4.3　字体

CAD 工程图中所用的字体应按 GB/T 13362.4～13362.5 和 GB/T 14691 要求，并应做到字体端正、笔画清楚、排列整齐、间隔均匀。

4.3.1　CAD 工程图的字体与图纸幅面之间的大小关系参见表 4。

表 4　　　　　　　　　　　　　　　　　　　　　　　　　mm

字体 ＼ 图幅	A0	A1	A2	A3	A4
字母数字	3.5				
汉字	5				

4.3.2　CAD 工程图中字体的最小字（词）距、行距以及间隔线或基准线与书写字体之间的最小距离见表 5。

表 5　　　　　　　　　　　　　　　　　　　　　　　　　mm

字　体	最 小 距 离	
汉字	字距	1.5
	行距	2
	间隔线或基准线与汉字的间距	1
镰丁字母、阿拉伯数字、希腊字母、罗马数字	字符	0.5
	词距	1.5
	行距	1
	间隔线或基准线与字母、数字的间距	1

注：当汉字与字母、数字混合使用时，字体的最小字距、行距等应根据汉字的规定使用。

4.3.3　CAD 工程图中的字体选用范围见表 6。

表 6

汉字字型	国家标准号	字体文件名	应 用 范 围
长仿宋体	GB/T 13362.4～13362.5—1992	HZCF.*	图中标注及说明的汉字、标题栏、明细栏等
单线宋体	GB/T 13844—1992	HZDX.*	大标题、小标题、图册封面、目录清单、标题栏中设计单位名称、图样名称、工程名称、地形图等
宋体	GB/T 13845—1992	HZST.*	
仿宋体	GB/T 13846—1992	HZFS.*	
楷体	GB/T 13847—1992	HZKT.*	
黑体	GB/T 13848—1992	HZHT.*	

4.4　图线

CAD 工程图中所用的图线，应遵照 GB/T 17450 中的有关规定。

4.4.1　CAD 工程图中的基本线型见表 7。

表 7

代码	基 本 线 型	名　称
01		实线
02		虚线
03		间隔画线
04		单点长画线
05		双点长画线
06		三点长画线
07		点线
08		长画短画线
09		长画双点画线
10		点画线
11		单点双画线
12		双点画线
13		双点双画线
14		三点画线
15		三点双画线

4.4.2　基本线型的变形见表 8。

表 8

基本线型的变形	名　称
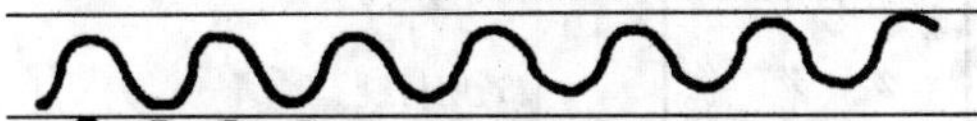	规则波浪连续线
	规则螺旋连续线
	规则锯齿连续线
	波浪线

注：本表仅包括表 7 中 No.01 基本线型的类型，No.02～15 可用同样方法的变形表示。

4.4.3　基本图线的颜色

屏幕上的图线一般应按表 9 中提供的颜色显示，相同类型的图线应采用同样的颜色。

表 9

图 线 类 型		屏幕上的颜色
粗实线		白色
细实线		绿色
波浪线		
双折线	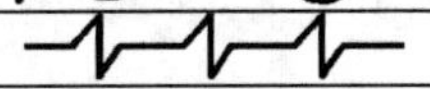	
虚线		黄色
细点画线		红色
粗点画线		棕色
双点画线		粉红色

4.5　剖面符号

CAD 工程图中剖切面的剖面区域的表示见表 10。

4.6　标题栏

CAD 工程图中的标题栏，应遵守 GB/T 10609.1 中的有关规定。

4.6.1　每张 CAD 工程图均应配置标题栏，并应配置在图框的右下角。

4.6.2　标题栏一般由更改区、签字区、其他区、名称及代号区组成，见图 6。CAD 工程图中标题栏的格式见图 7。

4.7　明细栏

CAD 工程图中的明细栏应遵守 GB/T 10609.2 中的有关规定，CAD 工程图中的装配图上一般应配置明细栏。

4.7.1　明细栏一般配置在装配图中标题栏的上方，按由下而上的顺序填写，见图 8。

4.7.2　装配图中不能在标题栏的上方配置明细栏时，可作为装配图的续页按 A4 幅面单独绘出，其顺序应是由上而下延伸。

表 10

剖面区域的式样	名　称	剖面区域的式样	名　称
	金属材料/普通砖		非金属材料（除普通砖外）
	固体材料·		混凝土
	液体材料		木质件
	气体材料		透明材料

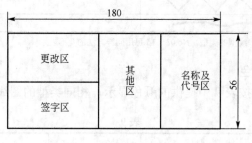

图 6

5.　投影法

5.1　正投影法

5.1.1　正投影的基本方法

CAD 工程图中表示一个物体可有六个基本投影方向，相应的六个基本的投影平面分别垂直于六个基本投影方向，通过投影所得到视图及名称见表 11，物体在基本投影面上的投影称为基本视图。

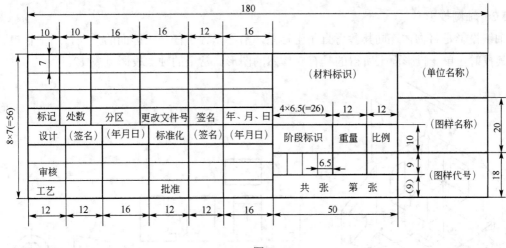

图 7

5.1.2　第一角画法

将物体置于第一分角内，即物体处于观察者与投影面之间进行投影，然后按规定展开投影面见图 9，各视图之间的配置关系见图 10，第一角画法的说明符号，见图 11。

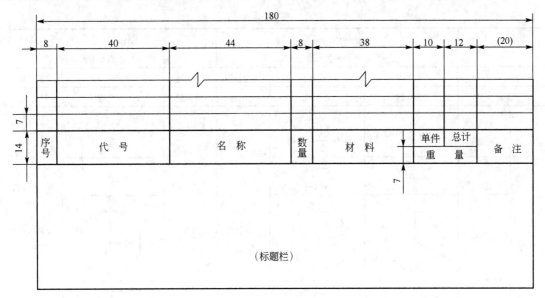

图 8

表 11

	投影方向		视图名称
	方向代号	方　　向	
	a	自前方投影	主视图或正立面图
	b	自上方投影	俯视图或平面图
	c	自左方投影	左视图或左侧立面图
	d	自右方投影	右视图或右侧立面图
	e	自下方投影	仰视图或底面图
	f	自后方投影	后视图或背立面图

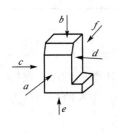

5.2　轴侧投影

轴侧投影是将物体连同其参考直角坐标系，沿不平行于任一坐标面的方向，用平行投影法将其投射在单一投影面上所得的具有立体感的图形。常用的轴侧投影见表 12。

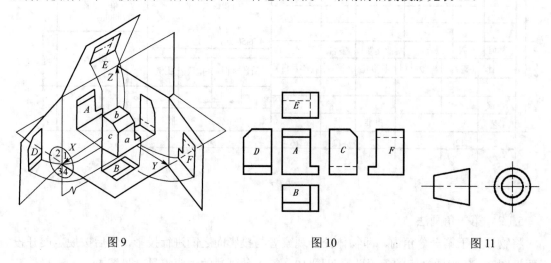

图 9　　　　　　　　　　　图 10　　　　　　　　　　图 11

表 12

特性		正轴测投影			斜轴测投影		
		投影线与轴测投影面垂直			投影线与轴测投影面倾斜		
轴测类型		等测投影	二测投影	三测投影	等测投影	二测投影	三测投影
简称		正等测	正二测	正三测	斜等测	斜二测	斜三测
应用举例	伸缩系数	$p_1=q_1=r_1=0.82$	$p_1=r_1=0.94$ $q_1=\dfrac{p_1}{2}=0.47$	视具体要求选用	视具体要求选用	$p_1=r_1=1$ $q_1=0.5$	视具体要求选用
	简化系数	$p=q=r=1$	$p=t=1$ $q=0.5$			无	
	轴间角	$120°$／$120°$／$120°$	$\approx97°$／$131°$／$132°$			$90°$／$135°$／$135°$	
	例图						

注：轴向伸缩系数之比值即 $p:q:T$ 应采用简单的数值以便于作图。

5.3　透视投影

透视投影是用中心投影法将物体投射在单一投影面上所得到的具有立体感的图形。根据画面对物体的长、宽、高三组主方向棱线的相对关系（平行、垂直或倾斜），透视图分为一点透视、二点透视和三点透视，可根据不同的透视效果分别选用。

6. 图形符号的绘制

在 CAD 工程图中绘制图形符号时，应该按照 GB/T 16900～16903 中规定的设计程序及图形表示的有关要求进行绘制。

7. CAD 工程图的基本画法

在 CAD 工程制图中应遵守 GB/T　17451 和 GB/T　17452 中的有关要求。

7.1　CAD 工程图中视图的选择

表示物体信息量最多的那个视图应作为主视图，通常是物体的工作位置或加工位置或安装位置。当需要其他视图时，应按下述基本原则选取：

① 在明确表示物体的前提下，使数量为最小；

② 尽量避免使用虚线表达物体的轮廓及棱线；

③ 避免不必要的细节重复。

7.2　视图

在 CAD 工程图中通常有基本视图、向视图、局部视图和斜视图。

7.3　剖视图

在 CAD 工程图中，应采用单一剖切面、几个平行的剖切面和几个相关的剖切面剖切物体得到全剖视图、半剖视图和局部剖视图。

7.4　断面图

在 CAD 工程图中，应采用移出断面图和复合断面图的方式进行表达。

7.5　图样简化

必要时，在不引起误解的前提下，可以采用图样简化的方式进行表示，见 GB/T　16675.1 的有关规定。

8. CAD 工程图的尺寸标注

在 CAD 工程制图中应遵守相关行业的有关标准或规定。

8.1　箭头

8.1.1　在 CAD 工程制图中所使用的箭头形式有以下几种供选用，见图 12。

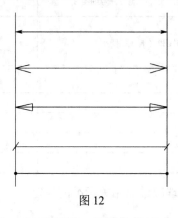

图 12

8.1.2　同一 CAD 工程图中一般只采用一种箭头的形式。当采用箭头位置不够时，允许用圆点或斜线代替箭头，如图 13。

8.2　CAD 工程图中的尺寸数字、尺寸线和尺寸界线应按照有关标准的要求进行绘制。

8.3　简化标注

必要时，在不引起误解的前提下，CAD 工程制图中可以采用简化标注方式表示，见 GB/T 16675.2。

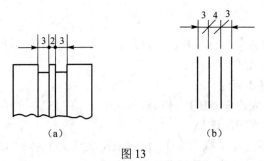

（a）　　　　　　　（b）

图 13

9. CAD 工程图的管理

9.1　CAD 工程图的图层管理见表 13。

表 13

层号	描述	图例
01	粗实线 剖切面的粗剖切线	
02	细实线 细波浪线 细折断线	
03	粗虚线	
04	细虚线	
05	细点划线 剖切面的剖切线	
06	粗点画线	
07	细双点画线	
08	尺寸线，投影连接，尺寸终端与符号细实线	
09	参考圆，包括引出线和终端（如箭头）	
10	剖面符号	
11	文本，细实线	ABCD
12	尺寸值和公差	432±1
13	文本，粗实线	KLMN
14, 15, 16	用户选用	

9.2　CAD 工程图及文件管理应遵照相关标准的规定。

附录 A

（提示的附录）

第三角画法

将物体置于第三分角内，即投影面处于观察者与物体之间进行投影，然后按规定展开投影面，见图 A1；各视图之间的配置关系见图 A2；第三角画法的说明符号见图 A3。

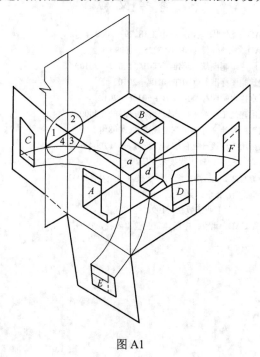

图 A1

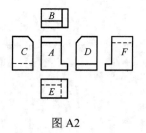

图 A2

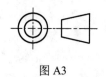

图 A3

参 考 文 献

[1] 中华人民共和国国家标准《CAD 工程制图规则》（GB/T 18229—2000）
[2] 中华人民共和国国家标准《CAD 文件管理》（GB/T 17825—1999）
[3] 中华人民共和国国家标准《房屋建筑制图统一标准》（GB/T 50001—2010）
[4] 中华人民共和国国家标准《建筑制图标准》（GB/T 50104—2010）
[5] 中华人民共和国国家标准《给水排水制图标准》（GB/T 50106—2010）
[6] 中国建筑标准设计研究院《民用建筑工程给水排水设计深度图样》. 2009.
[7] 中国住房和城乡建设部《建筑工程设计文件编制深度规定》（2008 年版）
[8] 中国住房和城乡建设部《市政公用工程设计文件编制深度规定》（2004 年版）
[9] 北京水环境技术与设备研究中心. 三废处理工程技术手册废水卷. 北京：化学工业出版社，2000.
[10] 魏先勋等. 环境工程设计手册(修订版). 长沙：湖南科学技术出版社，2002.
[11] 唐受印，戴友芝. 水处理工程师手册. 北京：化学工业出版社，2000.
[12] 唐受印等. 废水处理工程. 北京：化学工业出版社，1998.
[13] 李献文，安静. 建筑给排水工程 CAD. 北京：中国建筑工业出版社，1999.